工业和信息化
精品系列教材

数据分析

基础与案例实战

基于 Excel 软件｜第 2 版｜微课版

孙玉娣 顾锦江 / 主编

裴勇 林志斌 / 副主编

Data Analysis Basis and
Case Practice

人民邮电出版社
北京

图书在版编目（CIP）数据

数据分析基础与案例实战：基于 Excel 软件：微课
版 / 孙玉娣，顾锦江主编. -- 2 版. -- 北京：人民邮
电出版社，2025. --（工业和信息化精品系列教材）.
ISBN 978-7-115-64991-1

Ⅰ．TP391.13
中国国家版本馆 CIP 数据核字第 20243E02L8 号

内 容 提 要

　　本书主要介绍了数据分析的基础知识和实操过程。全书共 7 个单元，第 1 单元为数据分析概述，第 2～6 单元以 Microsoft Excel 2019（后简称"Excel 2019"）软件为例，从数据收集、数据分析常用函数、数据加工与处理、数据分析、数据展示等方面切入，结合具体的案例进行数据剖析；第 7 单元将理论与实践结合，以某新零售企业的销售数据为例，展现了数据分析完整的操作过程。

　　本书结构清晰、案例丰富、通俗易懂，可作为财经商贸类专业、大数据技术等专业的数据分析基础入门教材，也可作为数据分析初学者的自学用书，还可作为各企事业单位需要做数据分析的职场人士的参考书。

◆　主　　编　孙玉娣　顾锦江
　　副 主 编　裴　勇　林志斌
　　责任编辑　初美呈
　　责任印制　王　郁　焦志炜
◆　人民邮电出版社出版发行　　　北京市丰台区成寿寺路 11 号
　　邮编　100164　电子邮件　315@ptpress.com.cn
　　网址　https://www.ptpress.com.cn
　　固安县铭成印刷有限公司印刷
◆　开本：787×1092　1/16
　　印张：13　　　　　　　　　　2025 年 1 月第 2 版
　　字数：331 千字　　　　　　　2025 年 7 月河北第 2 次印刷

定价：49.80 元

读者服务热线：(010)81055256　印装质量热线：(010)81055316
反盗版热线：(010)81055315

前　言

在数据"大爆炸"的时代，数据分析越来越为大家所重视，数据分析这个行业受到了越来越多的青睐。为顺应时代的发展，大数据技术与应用、商务数据分析与应用等专业应运而生。在这些新兴的专业中，数据分析是核心技能。为满足职业院校这些专业的教学需求，几名拥有多年数据分析课程教学经验的教师联合北京新大陆时代科技有限公司编写了本书。

党的二十大报告强调，"我们要坚持教育优先发展、科技自立自强、人才引领驱动，加快建设教育强国、科技强国、人才强国"。本书根据高等职业院校的教学改革要求编写，体现了科学性、先进性和应用性等职业教育的特点，目录体系体现了工作过程系统化的思想。

结合近几年数据分析的发展与广大读者的反馈意见，本书在保留第 1 版特色的基础上，进行了全面的升级与改版。第 2 版以 Excel 2019 作为数据分析工具，修订了原来的教材体例，整体采用项目驱动、任务引领的思路，为第 1 单元之外的每个单元新增了案例任务，内容围绕实现案例任务所需的知识与技能展开。同时，依据教学内容新增了"知识目标""技能目标""素养目标"，增加了"思维导图""案例引入"模块，以及"拓展训练"的客观题等内容。为适应产业需求变化，更换了最后的综合案例。为给教学提供便利，丰富了微课视频，完善了 PPT、课程标准等，使教学资源更加充实、全面。

本书参考学时为 48 学时，建议采用"教、学、做"一体化教学模式，各单元的参考学时如表 1 所示。

表1　学时分配表

单元	课程内容	参考学时
第 1 单元	数据分析概述	6
第 2 单元	Excel 数据收集	2
第 3 单元	Excel 数据分析常用函数	12
第 4 单元	Excel 数据加工与处理	6
第 5 单元	Excel 数据分析	10
第 6 单元	Excel 数据展示	4
第 7 单元	新零售数据分析案例	6
	课程考评	2
学时总计		48

本书由孙玉娣、顾锦江任主编，裴勇、林志斌任副主编。第 1、2、4、5 单元由孙玉娣编写，第 3、6 单元由顾锦江编写，第 7 单元由裴勇编写，北京新大陆时代科技有限公司的林志斌提供了本书部分单元的企业案例数据，在此表示衷心的感谢。

本书配套的 PPT 课件等资源，读者可以登录人邮教育社区（www.ryjiaoyu.com）下载。

由于编者水平有限，书中疏漏和不足之处在所难免，殷切希望广大读者批评指正。同时，请读者发现错误后于百忙之中及时与编者联系，以便尽快更正，编者将不胜感激。E-mail：2777579@qq.com。

编　者

2024 年 7 月

数据分析基础与案例实战（基于 Excel 软件）（第 2 版）（微课版）

目 录

第4单元　Excel 数据加工与处理 / 93

数据分析基础与案例实战（基于Excel软件）（第2版）（微课版）

IV

数据分析基础与案例实战（基于 Excel 软件）（第2版）（微课版）

第1单元
数据分析概述

01

【学习目标】

☞ 知识目标

➢ 掌握数据分析的定义。

➢ 了解数据分析行业的发展历程与前景。

➢ 熟悉数据分析的工作流程。

➢ 掌握常用的数据分析方法论与数据分析方法。

➢ 了解常用的数据分析工具。

☞ 技能目标

➢ 具备描述数据分析业务能力。

➢ 能够熟练运用数据分析方法与数据分析方法论分析问题、解决问题。

➢ 能够针对实际应用场景选择合适的数据分析工具。

☞ 素养目标

➢ 提升对行业现状的认知，培养职业素养与敬业精神。

➢ 树立数据安全底线思维，提升数据安全防护能力。

➢ 具备强烈的社会责任感和高度的法律意识。

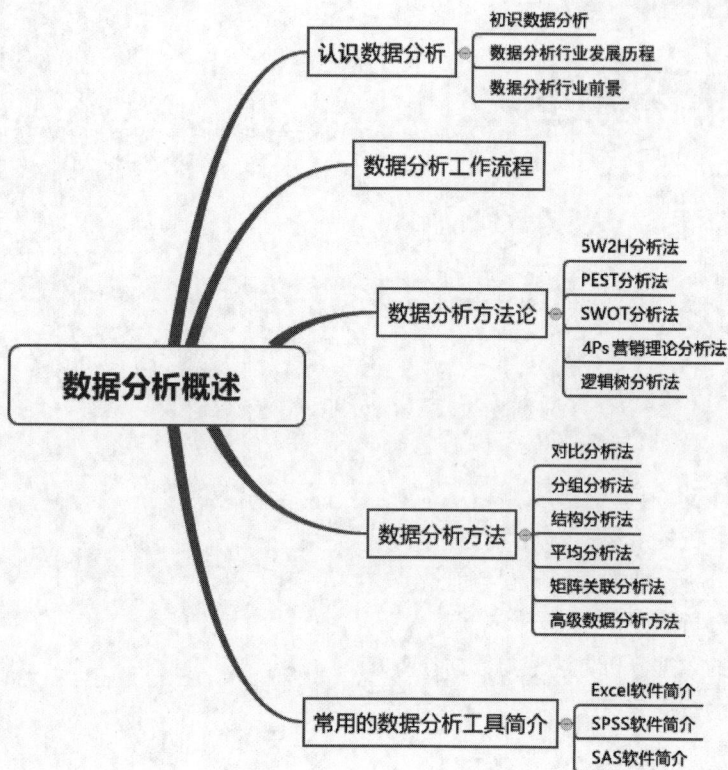

数据分析基础与案例实战（基于Excel软件）（第2版）（微课版）

【案例引入】

《中共中央 国务院关于构建数据基础制度更好发挥数据要素作用的意见》中提到，"数据作为新型生产要素，是数字化、网络化、智能化的基础，已快速融入生产、分配、流通、消费和社会服务管理等各环节，深刻改变着生产方式、生活方式和社会治理方式"。数据被认为是21世纪的"新石油"，数据与人工智能的结合不断催生新的商业模式和业态。在此背景下，国内外都出现了一些与数据侵权相关的不正当竞争案例。

A公司发现B公司经营的App未经许可，直接抓取、搬运其App平台数据集合中的5万余个短视频、1万多个用户信息、127条用户评论内容，并在B公司App上进行展示和传播。A公司认为，其App平台的用户信息、短视频、用户评论整体构成数据集合，为A公司带来了巨大的经济利益，在市场竞争中形成竞争优势。A公司基于数据集合形成的竞争性利益，属于受《中华人民共和国反不正当竞争法》（以下简称《反不正当竞争法》）保护的合法权益。B公司的行为构成不正当竞争。因此，A公司请求法院判B公司在其App刊登声明、消除影响，赔偿A公司经济损失4000万元。

经过审理，知识产权法院认定，A公司对涉案数据集合享有受《反不正当竞争法》保护的合法权益，B公司的被诉行为构成不正当竞争行为。法院认为，A公司投入巨大的人力、物力、财力，收集、存储、加工、传输其App平台数据，形成了包括用户信息、短视频和用户评论在内的非独创性数据集合。该数据集合的规模集聚效应能够为A公司带来巨大的经济利益,在市场竞争中形成竞争优势。A公司基于涉案非独创性数据集合形成的竞争性利益,并未在《中华人民共和国著作权法》或者其他知识产权专门法中予以规定,属于受《反不正当竞争法》保护的合法权益。而B公司采取不正当手段抓取、搬运A公司App中的非独创性数据集合的实质性内容,违反了诚实信用原则和商业道德,构成不正当竞争行为。

最终,知识产权法院认定B公司实施的涉案不正当竞争行为具有可责性,并且涉案短视频数量多达50392个,用户信息数量多达15924个,影响范围广泛,依法应当承担刊登声明、消除影响的法律责任,并赔偿A公司经济损失500万元。

【引思明理】

数字时代对信息保护和信息安全提出了严峻挑战。面对复杂的国际局势,应平衡好信息价值挖掘与主体信息自决权、信息共享与隐私保护、大数据分析与信息正确性保障、信息传输利用速度与安全保护等关系,尽快完善相关数据标准和有关规范,走出信息收集、处理、利用和传播的无序状态,让技术进步真正给社会带来福祉。

面对互联网时代的海量数据,我们如何合法地获取数据?如何实现数据安全与隐私保护?一方面,我们应树立正确采集数据、使用数据的法治意识,合理合法地收集数据,杜绝"拿来主义"式的"不劳而获"。另一方面,我们必须坚守数据应用的底线,合法合规地利用数据,筑牢数据安全屏障,加强风险感知与防控意识,提升数据安全防护能力。

【知识准备】

1.1 认识数据分析

人们常说"数据会说话",数据中蕴含了大量的有用信息。通过有效的数据分析,人们能发现数据间隐藏的关联,使数据为工作与生活服务。因此,认识数据分析是学习数据分析的第一步。

1.1.1 初识数据分析

1. 数据分析的定义

数据分析是指用适当的统计方法处理收集来的大量数据资料,以求最大化地开发数据资料的功能、发挥数据作用的过程。数据分析是为了提取有用信息及形成结论而对数据进行详细研究和概括总结的过程。这里的数据也称观测值,是通过实验、测量、观察、调查等方式获取的结果,常常以数量的形式展现出来。

2. 数据分析的目的与意义

数据分析的目的是把隐藏在一大批看似杂乱无章的数据背后的信息集中和提炼出来,总结出研究对象的内在规律。在实际工作中,数据分析能够帮助管理者进行判断和决策,以便采取适当的策略与行动。

随着我国经济的快速增长和企业规模的不断扩大,经济决策由过去的"经验决策"逐渐向

"数据决策"转变,"用数据说话,做理性决策"逐渐成为众多企业经营者和管理者的共识。不仅企业,越来越多的政府机构也开始意识到数据分析的重要性,在做一些关乎国计民生的重要决策时,总是先对数据进行收集和分析。

数据分析在管理上有十分重要的意义,它的分析价值是建立在详尽和真实的数据之上的。数据收集模式的完善是企业完善管理的过程,完善的数据收集模式是企业规范化管理过程中至关重要的环节。

对一个企业来说,数据分析的意义可以概括为以下几点。

(1)数据分析可以帮助企业及时纠正不当的生产和营销策略。

(2)数据分析可以帮助企业对计划进度进行实时跟踪。

(3)数据分析可以使管理者及时了解成本的控制情况,掌握员工的思想动态。

(4)完善的数据管理和分析可以实现生产流程的科学管理,最大限度地降低生产管理风险。

企业需要通过市场调查,分析所得数据以判定市场动向,从而制订合适的销售计划。因此,越来越多的企业聘用数据分析师对项目进行科学、合理的分析,以便做出正确决策。

1.1.2　数据分析行业发展历程

在经济发达国家,数据分析已广泛应用于各个领域,有很多国家成立了相应的行业组织机构,拥有专业的数据分析人员,数据分析行业比较成熟,而我国的数据分析行业才刚刚起步。短短20多年的时间,我国数据分析行业从无到有,不断发展、壮大,经历了萌芽、兴起、发展成型、发展壮大等时期,具体如下。

萌芽期(20世纪90年代初期至2002年):西方投资决策技术被引入我国,并在金融机构及一些大型企业中应用。

兴起期(2003年至2004年):2003年,原信息产业部正式设立"项目数据分析师"培训项目,并制定出我国项目数据分析师人才培养管理规则以及考核管理办法。2004年我国首批"项目数据分析师"经过考核在深圳诞生。这时出现了受过专业训练的数据分析师,更多的企业开始关注数据分析。

发展成型期(2005年至2007年):2005年4月,我国首家数据分析师事务所经工商局审批在陕西成立。此后,由数据分析师组建的事务所开始在北京、西安、深圳、成都等地纷纷诞生。数据分析专业事务所的出现是我国数据分析行业的一个里程碑,我国数据分析行业开始兴起,从此进入不断发展的新时期。

2006年至2007年,数据分析行业已经全面成型,课程体系进一步完善,项目数据分析师推广机构在全国已培养数千名学员,并在多个省市组建了几十家专业的项目数据分析师事务所。项目数据分析师职业和专业数据分析师事务所的出现,标志着数据分析行业已经全面成型。

发展壮大期(2008年至今):2008年,国家发展和改革委员会培训中心与项目数据分析师考培认证中心达成战略合作意向,共同推广项目数据分析师培训项目。2008年12月,中国商业联合会数据分析专业委员会成立大会暨数据分析行业研讨会在京召开,中国数据分析行业从此有了自己的全国性行业组织,这标志着我国数据分析行业由此开始走向组织化、规范化、标准化的发展道路,翻开了我国数据分析行业发展的新篇章,行业发展迈进了新的里程。

2009年,数据分析行业培训全面开展。同年8月,数据分析行业的第一个行业标准在行业专家及全体事务所的支持下正式发布。

2010年，在国家发展改革委及相关领导的支持和监督下，数据分析师事务所代表共同签署了行业自律宣言，并由行业协会牵头启动了行业首个社会公益服务平台——项目数据分析服务平台，开始面向社会开放公益性服务职能。

2013年，正式启动"企业经营决策服务年"活动，以此推动我国大数据领域的发展。随着媒体对"大数据"的关注，政府、企业以及公众开始认知"大数据"，大数据元年正式到来。

2016年，"CPDA项目数据分析师"正式更名为"CPDA数据分析师"，由此CPDA品牌向着更广阔的市场空间进军。

2021年，中国商业联合会数据分析专业委员会组织数据分析行业标准化制定工作，协同大数据领域相关企事业单位共同编制《数据分析行业服务参考文件》，为数据分析领域从业提供行之有效的指导意见。

近年来，数据分析的发展历经了商业智能、大数据分析、数据中台。随着人工智能、机器学习、深度学习的介入，数据分析全面进入到自动化、智能化的时代，自动化分析、智能化分析成为数据分析的方向。

1.1.3 数据分析行业前景

数据分析行业近年来快速发展，其主要职责是通过对数据的收集、整理、分析和解释，为企业和组织提供决策支持和业务优化建议。数据分析的应用范围非常广泛，包括金融、医疗、教育、电商、物流等各个领域。随着数字化时代的到来，数据分析行业前景非常广阔。

数据分析行业市场需求巨大。随着大数据、物联网、云计算等技术的普及，数据量呈现爆炸式增长，对数据分析的需求也随之增加。人工智能技术的发展也为数据分析提供了更多的应用场景和技术支持。随着企业数字化转型的加速，数据分析已经成为企业决策的重要依据，数据分析人才需求量也在不断增加。

数据分析行业的发展前景非常广阔。随着数据量的增长和数据分析技能重要性的提升，数据分析驱动的决策成为主流，数据分析工具不断发展，数据分析与AI的融合以及数据分析在各行业的广泛应用，该行业的前景将会越来越好。对于从事数据分析行业的人才来说，需要不断学习和提升自己的技能，跟上行业的发展趋势，才能在这个行业中获得更好的职业发展和更高的收入水平。

1.2 数据分析工作流程

数据分析在企业中有很重要的作用，那么如何进行数据分析呢？

数据分析的工作流程包括6个既相对独立又互相联系的阶段，分别是明确分析目的与内容、数据收集、数据处理、数据分析、数据展示、报告撰写，如图1-1所示。

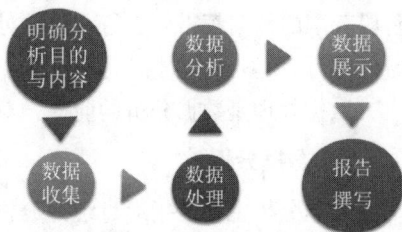

图 1-1 数据分析工作流程

1. 明确分析目的与内容

数据分析的第一步就是确定选题，明确分析目的。只有明确了目的，在开展数据分析工作时才不会偏离方向，否则得出的数据分析结果不仅没有指导意义，还有可能误导决策者，造成严重后果。

当分析目的明确后，就需要把它分解成若干个不同的分析要点。也就是说，要达到目的，需要从哪几方面、哪几个点进行分析，而这几个方面、几个点就是我们需要分析的内容。所以只有明确了分析目的，分析内容才能确定下来。

明确数据分析的目的和内容是确保数据分析过程有效进行的先决条件，它可以为数据收集、数据处理、数据分析提供清晰的指引方向。

2. 数据收集

数据收集是按照确定的数据分析内容，从多渠道收集相关数据的过程，它为数据分析提供了素材和依据。数据的获取渠道大致可分为两类：直接获取与间接获取。直接获取的数据称为第一手数据，是指通过统计调查或科学实验得到的直接的数据；间接获取的数据称为第二手数据，主要指通过查阅资料、使用数据统计工具加工整理得到的数据。

数据的获取渠道可以细分为5类，如表1-1所示。

表1-1　数据的获取渠道

数据的获取渠道	各渠道数据来源
公开出版物	可用于收集数据的公开出版物包括《中国统计年鉴》《中国社会统计年鉴》《中国人口统计年鉴》《世界经济年鉴》《世界发展报告》等统计年鉴或报告
企业内部数据库	每家公司都有自己的业务数据库，包含公司成立以来产生的相关业务数据。这个业务数据库就是一个庞大的数据源，需要有效利用起来
互联网数据	国家及地方统计局网站、行业组织网站、政府机构网站、传播媒体网站、大型综合门户网站等
数据分析工具	淘宝指数、百度指数、微指数、魔镜等
市场调查	市场调查就是运用科学的方法，有目的地、系统地收集、记录、整理有关市场营销的信息和资料，分析市场情况，了解市场现状及其发展趋势，为市场预测和营销决策提供客观、正确的数据资料。市场调查可以弥补其他数据收集方式的不足，但成本较高，而且会存在一定的误差，故其数据仅做参考之用

3. 数据处理

数据处理是指对收集到的数据进行加工、整理，使数据符合数据分析要求的过程，其目的是保证数据的一致性和有效性。它是进行数据分析前必不可少的阶段。数据处理的基本目的是从大量的、杂乱无章的、难以理解的数据中抽取并推导出对解决问题有价值、有意义的数据。

数据处理主要包括数据清洗、数据转化、数据提取、数据计算等方法。一般来说，数据收集阶段获取的数据都需要进行一定的处理才能用于后续的数据分析工作，再"干净"的原始数据也需要进行一定的处理才能使用。

数据处理是数据分析的前提，对有效数据进行分析才有意义。

4. 数据分析

数据分析主要是指通过统计分析或数据挖掘技术对处理过的数据进行分析和研究，从中发现数据的内部关系和规律，为解决问题提供参考的过程。

在确定数据分析目的和内容阶段，数据分析师就应当为要分析的内容确定合适的数据分析方法。这样到了数据分析阶段就能够驾驭数据，从容地进行分析和研究。

数据分析大多是通过软件来完成的，这就要求数据分析师不仅要掌握各种数据分析方法，还要熟悉主流数据分析软件的使用方法。一般的数据分析可以通过Excel完成，后面将对其进行重点介绍；高级的数据分析需要采用专业的分析软件，如数据分析工具SPSS Statistics（以下简称

SPSS）等。

5. 数据展示

通过数据分析，隐藏在数据内部的关系和规律就会逐渐浮现出来，那么如何将这些关系和规律展示出来呢？

一般情况下，数据是通过表格或图形的方式来呈现的，人们常说的"用图表说话"就是这个意思。常用的数据图表包括饼图、柱形图、条形图、折线图、散点图、雷达图等。当然还可以对这些图表进行进一步整理加工，从而得到需要的图形，如金字塔图、矩阵图、漏斗图、帕雷托图等。

大多数情况下，人们更愿意接受图形这种数据展示方式，因为它能有效、直观地传递出数据分析师所要表达的观点。一般情况下，能用图说明问题就不用表格，能用表格说明问题就不用文字。

6. 报告撰写

数据分析报告其实是对整个数据分析过程的总结与呈现。报告需要把数据分析的起因、过程、结果及建议完整地呈现出来，供决策者参考。所以数据分析报告是通过对数据进行全方位的科学分析来评估企业运营情况的，它可为决策者提供科学、严谨的决策依据，以降低企业运营风险，提高企业核心竞争力。

一份好的数据分析报告首先需要有一个好的分析框架，并且要层次明晰、图文并茂，这样才能够让阅读者一目了然。层次明晰可以使阅读者正确理解报告内容；图文并茂可以令数据更加生动活泼，提高视觉冲击力，有助于阅读者更形象、直观地看清楚问题和结论，从而进行思考。

其次，好的数据分析报告需要有明确的结论。没有明确结论的分析称不上分析，同时报告也失去了意义，因为我们最初就是为寻找或者求证一个结论才进行分析的，所以千万不要舍本逐末。

最后，好的数据分析报告一定要有建议或解决方案。决策者需要的不仅是找出问题，更需要的是建议或解决方案，以便在决策时做参考。所以，数据分析师不仅需要掌握数据分析方法，而且还要熟悉业务，这样才能根据发现的业务问题提出具有可行性的建议或解决方案。

由于本书侧重于数据分析工具的使用，明确分析目的与内容、报告撰写这两部分内容不涉及数据分析工具的使用，因此略过。

1.3 数据分析方法论

"什么样的数据分析方法是科学、有效的"是进行数据分析首先要思考的问题。我们经常提到数据分析方法论、数据分析方法这两个概念，本节先来介绍数据分析方法论。

数据分析方法论从宏观角度指导如何进行一个完整的数据分析，它是数据分析的思路，就像一个数据分析的前期规划指导着后期数据分析工作的开展。例如主要从哪几个方面开展数据分析，各方面包含什么内容或指标。常用的数据分析方法论有5W2H分析法、PEST分析法、SWOT分析法、4Ps营销理论分析法、逻辑树分析法等。

1.3.1 5W2H 分析法

5W2H分析法是指以5个W开头的英语单词和2个H开头的英语单词进行提问，从回答中发现解决问题的线索，即Why（何因）、What（何事）、Who（何人）、When（何时）、Where（何地）、How（如何做）、How much（何价），如图1-2所示。

Why（何因）：为什么要这么做？为什么会造成这样的结果？

What（何事）：目的是什么？做什么工作？

Who（何人）：由谁来承担？由谁来完成？由谁负责？

When（何时）：什么时间完成？什么时机最适宜？

Where（何地）：在哪里做？从哪里入手？

How（如何做）：该怎么做？如何提高效率？如何实施？方法是什么？

How much（何价）：做到什么程度？数量如何？质量水平如何？费用和产出如何？

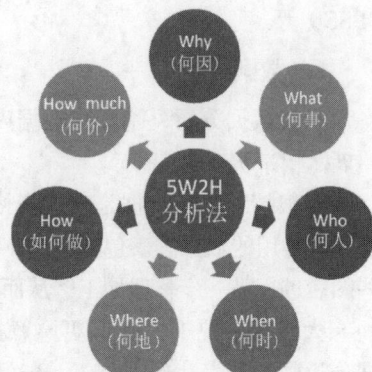

图1-2　5W2H分析法

5W2H分析法简单、方便，易于理解和使用，富有启发意义，完全抓住了事件的主骨架，有助于将思路条理化，广泛应用于企业营销、管理活动，对做出决策非常有帮助，也有助于弥补数据分析师考虑问题时的疏漏。

1.3.2　PEST 分析法

PEST分析法是战略咨询顾问用来帮助企业评估其外部宏观环境的一种方法，是对宏观环境进行分析的方法。宏观环境又称一般环境，是指影响一切行业和企业的各种宏观力量。对宏观环境因素做分析时，不同的行业和企业根据自身的特点和经营需要，分析的具体内容会有差异，但一般都应对政治（Political）、经济（Economical）、社会（Social）和技术（Technological）这四大类影响企业的主要外部环境因素进行分析，PEST是这几个单词的首字母组合，此分析方法称为PEST分析法。具体从哪些方面分析可以参考图1-3。

图1-3　PEST 分析法

1.3.3　SWOT 分析法

SWOT分析即基于内外部竞争环境和竞争条件下的态势分析，就是将与研究对象密切相关的各种主要内部优势（Strengths）、劣势（Weaknesses）和外部的机会（Opportunities）、威胁

数据分析基础与案例实战（基于Excel软件）（第2版）（微课版）

（Threats）通过调查列举出来，并依照矩阵形式排列，然后用系统分析的思想，把各种因素相互匹配并加以分析，从中得出一系列结论，而结论通常带有一定的决策性。

运用SWOT分析法，可以对研究对象所处的情景进行全面、系统、准确地研究，从而根据研究结果制订相应的发展战略、计划以及对策等。

从整体上看，SWOT分析可以分为两部分：第一部分为SW（优势和劣势）分析，主要着眼于企业自身的实力及与竞争对手的比较；第二部分为OT（机会和威胁）分析，将注意力放在外部环境的变化及对企业的可能影响上。企业利用这种方法可以找出对自己有利的、值得发扬的因素，以及对自己不利的、要避开的因素，发现存在的问题，找出解决办法，并明确以后的发展方向。

SWOT分析具体的分析步骤如下。

1. 环境因素分析

环境因素分析包括内部环境分析和外部环境分析两部分。

（1）内部环境分析：优势与劣势分析。

优势：一个企业超越其竞争对手的能力，或者企业所特有的能提高自身竞争力的方面。竞争优势可以从以下几个方面进行分析。

- 技术技能优势：独特的生产技术、低成本生产方法、领先的革新能力、雄厚的技术实力、完善的质量控制体系、丰富的营销经验、上乘的客户服务、卓越的大规模采购技能等。
- 有形资产优势：先进的生产流水线、现代化车间和设备、拥有丰富的自然资源储存、吸引人的不动产地点、充足的资金、完备的资料信息等。
- 无形资产优势：优秀的品牌形象、良好的商业信用、积极进取的企业文化等。
- 人力资源优势：拥有关键领域拥有专长的职员、积极上进的职员；职员有很强的组织学习能力、丰富的经验等。
- 组织体系优势：高质量的控制体系、完善的信息管理系统、忠诚的客户群、强大的融资能力等。
- 竞争能力优势：产品开发周期短、强大的经销商网络、与供应商良好的伙伴关系、对市场环境变化的灵敏反应、市场份额的领导地位等。

劣势：一个企业与其竞争对手相比，做得不好或没有做到的方面，从而使自己处于劣势。可能导致内部劣势的因素有。

- 缺乏具有竞争意义的技能技术
- 缺乏有竞争力的有形资产、无形资产、人力资源、组织资产
- 正在丧失关键领域里的竞争能力

（2）外部环境分析：机会与威胁分析。

机会：环境机会是公司在某些有吸引力的领域拥有竞争优势的情况，这些机会是影响企业战略的重要因素。企业经营者应当确认并充分把握每一个机会，评价每一个机会给企业带来的成长和利润空间。

威胁：环境中一种不利的发展趋势所带来的挑战，如果不采取果断的战略行为，企业的竞争地位可能会受到削弱，来自政策、经济、社会环境、技术壁垒、竞争对手等。对企业目前或未来会造成威胁的因素，企业经营者应一一识别，并规避或采取相应的对策，以降低企业经营的风险。

2. 构造SWOT矩阵

将调查出的各种因素填入矩阵图、构造SWOT分析矩阵，如表1-2所示。

表1-2　SWOT分析矩阵

S-优势	O-机会
W-劣势	T-威胁

3. 制定战略计划

SWOT分析只是战略发展的第一步，企业需要进一步运用系统分析的综合分析方法，将各种环境因素相互匹配起来加以组合，得到一系列企业未来发展的可选择对策。

制定战略计划的基本思路是：发挥优势，分析并克服劣势因素；利用机会，识别并规避或化解威胁因素。

为此，利用SWOT分析架构，构建SWOT战略分析表，如表1-3所示。

表1-3　SWOT战略分析表

外部因素	内部因素	
	列出内部优势（S）	列出内部弱势（W）
列出外部机会（O）	SO：最大与最大战略	WO：最小与最大战略
列出外部威胁（T）	ST：最大与最小战略	WT：最小与最小战略

通过将优势、弱势与机会、威胁进行组合，可得出企业应对环境变化的4个主要战略：

SO战略——增长型战略：外部的机会是优势，要找到趋势、加强优势。

WO战略——扭转型战略：外部的机会是劣势，要扭转劣势、抓住机会。

ST战略——多种经营战略：用自身优势分散外部的威胁，通过多样化经营和保持警惕来分散风险。

WT战略——防御型战略：外部没机会自身也有劣势，需要收缩边界、聚焦资源以应对威胁。

例如，某连锁餐饮店计划在办公楼附近开一家分店的SWOT分析为，S：口味好，其他位置的店已经得到认可；W：新地段租金高，增加营业成本；O：办公人多，周围餐厅少；T：消费者越来越注重健康饮食。构建SWOT战略分析表，如表1-4所示。

表1-4　案例SWOT战略分析表

SO：口味好、人多 战略：优惠促销、招揽新顾客、积累客户口碑	ST：口味好、健康趋势 战略：增加健康新菜品
WO：成本高、人多 战略：店铺位置远一点、开拓线上业务	WT：成本高、健康趋势 战略：线上营销强调健康饮食

1.3.4　4Ps营销理论分析法

4Ps营销理论产生于20世纪60年代的美国，它是随着营销组合理论的提出而出现的。4Ps指的是产品（Product）、价格（Price）、渠道（Place）、促销（Promotion），营销组合实际上有几十个要素，那些要素可以概括为这4类。

（1）产品（Product）：从市场营销的角度来看，产品是指能够提供给市场的、被人们消费和使用并满足人们某种需要的任何东西，包括有形产品、服务、组织、观念或它们的组合。

（2）价格（Price）：用户购买产品时的价格，包括基本价格、折扣价格等。价格或价格决策关系到企业的利润、成本补偿，以及是否有利于产品销售、促销等。

影响价格的主要因素有3个：需求、成本、竞争。最高价格取决于市场需求，最低价格取决于该产品的成本。在最高价格和最低价格的范围内，企业能把产品的价格定多高则取决于竞争对手的同种产品的价格。

（3）渠道（Place）：产品从生产企业流转到用户手上的全过程的各个环节。

（4）促销（Promotion）：企业通过销售行为的改变来刺激用户消费，以短期的行为（如让利、买一送一、营造现场气氛等）吸引其他品牌的用户或促使用户提前消费来推动产品销售。广告、宣传推广、人员推销、销售促进是一个机构促销组合的四大要素。

如果需要较为全面地了解公司的整体运营情况，就可以采用4Ps营销理论对数据分析进行指导。以4Ps营销理论为指导搭建的公司业务分析框架如图1-4所示。

图1-4所示的公司业务分析框架仅供参考，在做具体公司业务分析的时候，需要根据实际业务情况进行调整，灵活运用，切忌生搬硬套。只有深刻理解公司业务，才能较好地进行业务方面的数据分析，否则将脱离业务实际，得出无指导意义的结论。

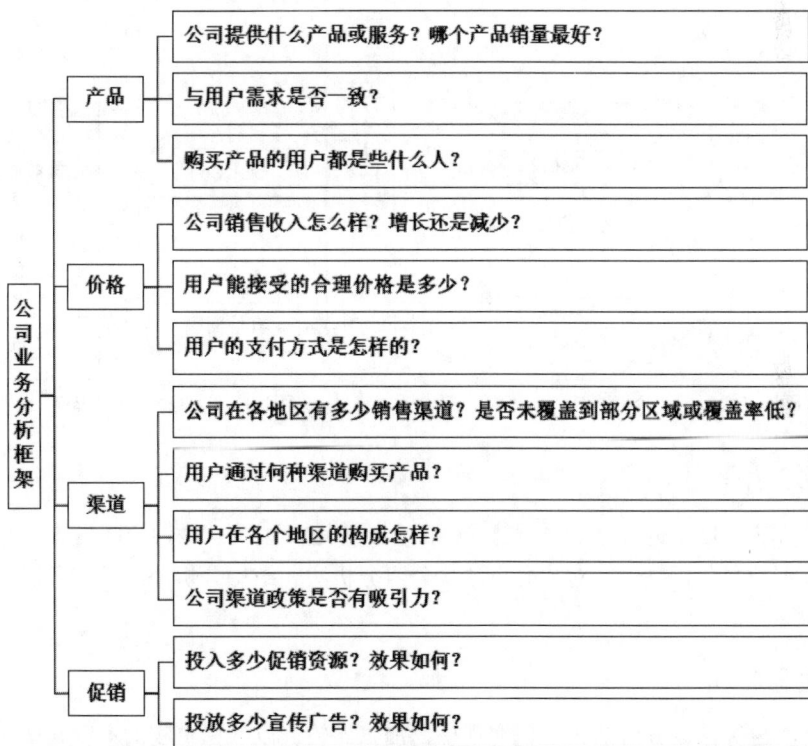

图1-4　公司业务分析框架

1.3.5　逻辑树分析法

逻辑树又称问题树、演绎树或分解树等。逻辑树是分析问题时最常用的工具之一，它将问题的所有子问题分层罗列，从最高层开始，逐步向下扩展。

把一个已知问题当成"树干"，然后考虑这个问题和哪些问题有关，每想到一点，就给这个问题所在的"树干"加一个"树枝",并标明这个"树枝"代表什么问题,如图1-5所示。

大的"树枝"上还可以有小的"树枝",以此类推,找出问题所有的关联项。逻辑树的作用主要是帮助人们厘清自己的思路,避免进行重复和无关的思考。

逻辑树能保证解决问题过程的完整性,能将工作细分为利于操作的任务,确定细分的优先顺序,明确地把责任落实到个人。

逻辑树的使用必须遵循以下3个原则。

(1)要素化:把相同问题总结归纳成要素。

(2)框架化:将各个要素组织成框架,遵守不重不漏的原则。

(3)关联化:框架内的各要素保持必要的关系,简单而不孤立。

利用逻辑树分析法同样可以厘清分析思路。例如,某公司利润增长缓慢的原因,可采用图1-6所示的框架进行分析。

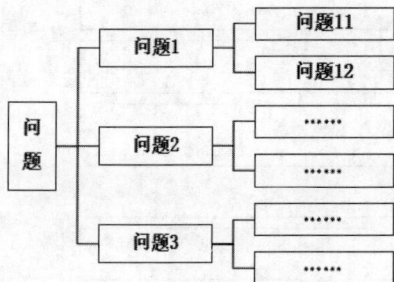

图1-5 逻辑树分析法   图1-6 逻辑树分析法案例

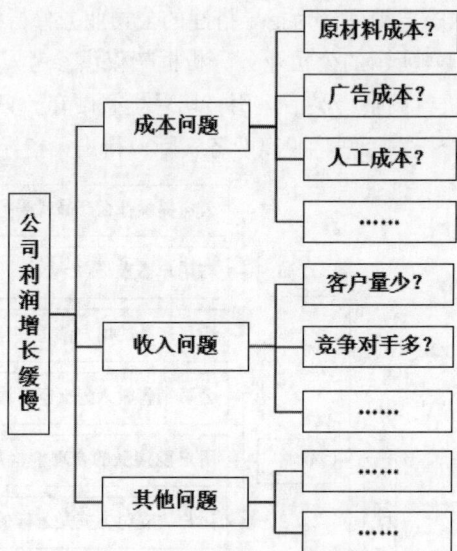

1.4 数据分析方法

数据分析方法是指在进行分析时具体采用的分析方法,主要从微观角度指导数据分析。

常见的基本数据分析方法有对比分析法、分组分析法、结构分析法、平均分析法、矩阵关联分析法等。

1.4.1 对比分析法

对比分析法也称比较分析法,是把客观事物加以比较,以认识事物的本质和规律并做出正确评价的方法。对比分析法通常是把两个相互联系的指标数据进行比较,从数量上展示和说明研究对象规模的大小、水平的高低、速度的快慢,以及各种关系是否协调。在对比分析中,选择对比标准是十分关键的步骤,通过合适的对比标准才能做出客观评价,通过不合适的对比标准可能会得出错误的结论。

对比分析可以选择不同的维度进行,常用的维度如下。

（1）时间维度

时间维度以不同时间的指标数据作为对比标准，是一种很常见的对比维度。根据选择比较的时间标准不同，可分为同比和环比。

同比是指本期分析数据与去年同期分析数据对比而得到的相对数据。这类数据一般消除了季节变动带来的影响，如今年第 1 季度与去年第 1 季度对比。

环比是指本期分析数据与前一时期的分析数据对比，以表明现象逐期的发展速度，如本年第 4 季度与第 3 季度对比、第 3 季度与第 2 季度对比等。

例如，某企业 2022 年第 1 季度与 2023 年第 1 季度的产值同比情况如图 1-7 所示，2023 年第 1 季度与第 2 季度的产值环比情况如图 1-8 所示。

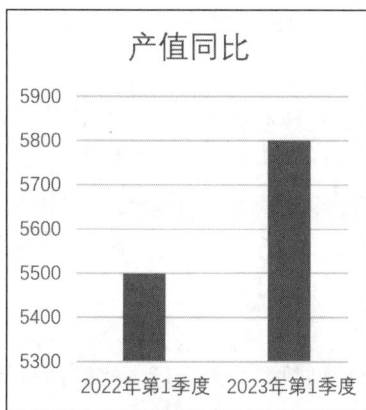

图 1-7　企业产值同比情况

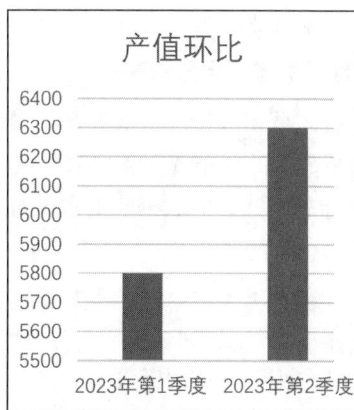

图 1-8　企业产值环比情况

（2）空间维度

空间维度以不同空间的指标数据作为对比标准。可以是同级部门、单位、地区进行比较，也可以与行业内的标杆企业、竞争对手或行业平均水平比较等。

（3）计划目标标准维度

计划目标标准维度的对比指实际完成值与目标、计划进度进行对比。这类对比在实际应用中是非常普遍的，如公司本季度完成的业绩与目标业绩相比，促销活动实际销售情况与计划销售情况相比等。

（4）经验与理论标准维度

经验标准是通过对大量历史资料的归纳而得到的标准。理论标准则是通过已知理论进行推理得到的依据，如对比农村家庭、城镇家庭的恩格尔系数等。

1.4.2　分组分析法

分组分析法是一种重要的数据分析方法，是根据数据分析对象的特征，并按照一定的标志，把数据分析对象划分为不同的部分或类型来进行研究，以揭示其内在的联系和规律。

分组是为了便于对比，把总体中具有不同性质的对象区分开，把性质相同的对象合并在一起，保持各组内对象属性的一致性、组与组之间对象属性的差异性，以便进一步运用各种数据分析方法来解构内在的数量关系。因此，分组分析法必须与对比分析法结合运用。

分组分析法的关键是分组。那么该如何分？按什么样的规则分？选择不同的分组标志，可以有不同的分组方法。通常可以按属性标志和数量标志等进行分组。

1. 属性标志分组分析法

属性标志分组分析法是指按分析数据中的属性标志来分组，以分析社会经济现象的各种类型特征，从而找出客观事物规律的一种分析方法。

属性标志所代表的数据不能进行运算，只用于说明事物的性质、特征，如人的姓名、所在部门、性别、文化程度等。

按属性标志分组一般较简单，分组标志一旦确定，组数、组名、组与组之间的界限也就确定了。例如，人口按性别分为男、女两组，具体到每一个人应该分在哪一组是显而易见的。

一些复杂问题的分组称为统计分类。统计分类是相对复杂的属性标志分组方法，需要根据数据分析的目的统一规定分类标准和分类目录。例如，反映国民经济结构的国家工业部门分类是先把工业分为采掘业和制造业两大部分，然后分为大类、中类、小类3个层次。

2. 数量标志分组分析法

数量标志分组分析法是指选择数量标志作为分组依据，将数据总体划分为若干个性质不同的部分，分析数据的分布特征和内部联系的一种分析方法。

数量标志所代表的数据能够进行加、减、乘、除运算，说明事物的数量特征，如人的年龄、工资水平、企业的资产等。

根据分组数量特征，可分为单项式分组和组距式分组。

（1）单项式分组

单项式分组一般适用于数值不多、变动范围较小的离散型数据。每个标志值就是一个组，有多少个标志值就分成多少个组，如按产品产量、技术级别、员工工龄等标志分组。

例如，某企业成立三年，现有员工100人，如以员工工龄标志作为分组依据，可以分成工龄为一年的员工、工龄为两年的员工、工龄为三年的员工3组。

（2）组距式分组

组距式分组是在数据变化幅度较大的条件下，将数据总体划分为若干个区间，每个区间作为一组，组内数据性质相同，组与组之间的数据性质相异。

分组的关键在于确定组数与组距。在数据分组中，各组之间的取值界限称为组限。一个组的最小值称为下限，最大值称为上限；上限与下限的差值称为组距；上限与下限的平均数称为组中值，它是一组变量值的代表值。

采用组距式分组需要经过以下几个步骤。

① 确定组数。组数可以由数据分析师根据数据本身的特点（数据的大小）来判断确定。由于分组的目的之一是观察数据分布的特征，因此确定的组数应适中。如果组数太少，数据的分布就会过于集中；如果组数太多，数据的分布就会过于分散。这两种情况都不便于观察数据分布的特征和规律。

② 确定各组的组距。组距可根据全部数据的最大值和最小值及所分的组数来确定，即"组距＝（最大值－最小值）/组数"。

③ 根据组距大小对数据进行分组整理，划归至相应组内。

分好组之后，就可以进行相应信息的分组汇总分析，从而对比各组之间的差异以及与总体间的差异。

上面介绍的分组属于等距分组，当然也可以进行不等距分组。采用等距分组还是不等距分组取决于所分析研究对象的性质和特点。在各单位数据变动比较均匀的情况下，比较适合采用等距分组；在各单位数据变动很不均匀的情况下，比较适合采用不等距分组，此时，不等距分组更能体现现象的本质特征。

例如，在调查某市居民的月收入情况时，可采用随机抽样方法，从全市居民中随机选取1000名样本进行统计分析，其统计结果如表1-5所示。

表1-5　某市居民月收入抽样统计结果

月收入（元）	人数（人）	比重
0～3000	83	8.3%
3000～6000	312	31.2%
6000～10000	384	38.4%
10000～25000	149	14.9%
25000及以上	72	7.2%

1.4.3　结构分析法

结构分析法是一种统计方法，通过分析整体现象中各组成部分的比重及其变化规律，揭示整体特征和发展趋势。其核心思路是将整体拆解为若干部分，计算各部分在整体中的占比，并通过比重的变化，深入理解整体的结构和动态变化趋势。该方法广泛应用于财务报表分析、市场调研、经济统计等领域，帮助分析者识别各组成部分的相对重要性及其对整体的影响。

结构分析法的基本原理是将总体视为100%，然后计算各组成部分所占的百分比，以清晰展现数据的内部结构。这种方法直观易懂，适用于多种数据分析场景。其计算公式如下：

结构相对指标（比重）=（总体某部分的数值 / 总体总量）× 100%

通过计算各部分的占比，可以清晰呈现整体结构的具体情况。

例如，某电商平台希望分析用户在不同品类的消费分布，以优化商品推荐策略和促销活动，提升用户体验和平台收益。表1-6展示了该平台某月各品类的销售额情况。

表1-6　电商平台各品类的销售额占比

品类	销售额（万元）	比重
服装	120	24%
电子产品	200	40%
家居用品	80	16%
食品	100	20%

从表1-6可见，电子产品占比最高，表明用户对该品类需求旺盛，平台可加大该品类的促销力度和推荐权重。服装品类的占比较为稳定，建议通过引入更多品牌或优化价格策略，进一步提升吸引力。而家居用品和食品占比较低，可通过精准营销活动提升用户关注度，扩大消费规模。

1.4.4　平均分析法

平均分析法就是运用计算平均数的方法来反映总体在一定时间、地点条件下，某一数量特征的一般水平的分析方法。平均指标可用于同一现象在不同地区、不同部门或单位间的对比，还可用于同一现象在不同时间的对比。

平均分析法的主要作用有以下两点。

（1）利用平均指标对比同类现象在不同地区、不同行业、不同类型单位等之间的差异程度，比用总量指标对比具有说服力。

（2）利用平均指标对比某些现象在不同历史时期的变化，更能说明其发展趋势和规律。平均指标有算术平均数、调和平均数、几何平均数、众数和中位数等，其中最常用的是算术平均数，也就是日常所说的平均数或平均值。

算术平均数的计算公式如下。

算术平均数=总体各单位数值的总和/总体单位个数

算术平均数是非常重要的基础性指标。平均数是综合指标，它的特点是将总体内各单位的数量差异抽象化，只能代表总体的一般水平，掩盖了平均数背后各单位的差异。

众数、中位数在平均数分析中也比较常用。众数是指在统计分布上具有明显集中趋势点的数值，代表数据的一般水平，也是一组数据中出现次数最多的数值。有时一组数中有好几个众数。例如，一组数 {1, 2, 2, 3, 3, 4}，其众数是2和3。

实际应用中，例如最佳、最受欢迎、最满意都与众数有关。众数本质上来说，反映的是数据中出现频率最高的一些数据指标，在做数据分析时，我们可以对这些数据指标提取一些共性的特点，进行提炼和总结，得出一些改进的意见。

中位数又称中值，是统计学中的专有名词，是按顺序排列的一组数据中居于中间位置的数，代表一个样本、种群或概率分布中的一个数值，其可将数值集合划分为相等的上下两部分。对于有限的数值集合，如果观察值有奇数个，可以通过把所有观察值高低排序后找出正中间的一个数值作为中位数；如果观察值有偶数个，通常取最中间的两个数值的平均数作为中位数。例如，一组数 { 20, 21, 23, 23, 25, 29, 32, 33 }，其中位数为（23+25）/2=24。

中位数主要反映的是一组数据的集中趋势，就像比较常见的正态分布。例如，统计某市的劳动者收入时，大部分人的收入都是在一定范围之内的，只有少部分是处于最低和最高的，这时中位数的意义较大。

在做数据分析时，如果各个数据之间的差异较小，平均数就有较好的代表性；如果各个数据之间的差异较大，特别是有极端值的情况下，中位数或众数有较好的代表性。

1.4.5 矩阵关联分析法

矩阵关联分析法是将事物（如产品、服务等）的两个重要属性（指标）作为分析的依据，进行分类关联分析，以解决问题的一种分析方法，也称为矩阵分析法。

以属性A为横轴，以属性B为纵轴，形成一个坐标系，在两坐标轴上分别按某一标准（可取平均值、经验值、行业水平等）进行刻度划分，构成4个象限，将要分析的每个事物对应投射至这4个象限内，进行交叉分类分析，直观地将两个属性的关联性表现出来，进而分析每个事物在这两个属性上的表现。因此，矩阵关联分析法也称为象限图分析法。

矩阵关联分析法能在解决问题和分配资源时为决策者提供重要参考依据。该方法先解决主要矛盾，再解决次要矛盾，有利于提高工作效率，并将资源分配到能产生最高绩效的部门、工作中，有利于决策者进行资源优化配置。

下面就用经典案例——用户满意度研究来介绍矩阵关联分析法。图1-9所示为某公司用户满意度调查象限图，通过该图能够非常直观地看出公司在各方面的竞争优势和劣势，从而合理分配公司有限的资源，有针对性地确定公司在管理方面需要提升的重点。

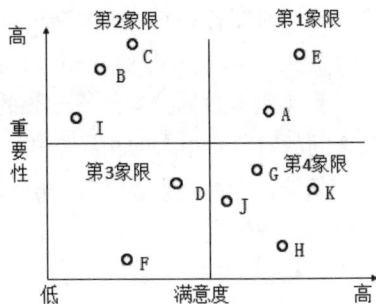

图1-9　某公司用户满意度调查象限图

（1）第1象限（高度关注区）：属于重要性、满意度都高的象限。A、E两个服务项目落在这个象限中，意味着用户对公司提供的某方面服务的满意程度与用户所认为的此方面服务的重要程度相符合，均高于平均水平。对该象限上的两个服务项目，公司应该继续保持并给予支持。

（2）第2象限（优先改进区）：属于重要性高但满意度低的象限。B、C、I这3个服务项目落在这个象限中。这个象限标志着还有改进机会，用户对公司提供的某方面服务的满意程度大大低于他们认为的此方面服务的重要程度。公司必须谨慎地确定需要进行什么类型的改进，因为用户的感觉与事实有时候能保持一致，有时候并不能保持一致。如果确定确实是产品或服务存在问题，则需要进行改进。做好这几个服务项目，可以有效地提高用户满意度，为公司赢得竞争优势。

（3）第3象限（无关紧要区）：属于重要性、满意度都低的象限。D、F这两个服务项目落在这个象限中。这个象限意味着用户认为此方面服务不太重要，而且公司也没有对此投入相应资源，满意度也低。对这个象限上的两个服务项目，公司应该进一步关注用户对其期望的变化，以便提供更好的服务。

（4）第4象限（维持优势区）：属于重要性低但满意度高的象限。G、H、J、K这4个服务项目落在这个象限中。这个象限标志着资源过度投入，用户对公司提供的某方面服务的满意程度大大超过了他们认为此方面服务的重要程度。公司投入了比达到用户满意的结果更多的时间、资金和资源。如果可能，公司应该把在此区域投入的过多资源转移至其他更重要的产品或服务上，如第2象限中的B、C、I这3个服务项目。

通过上述分析得知，矩阵关联分析法非常直观、清晰，使用简便，所以它在营销管理活动中应用广泛，对销售管理起到指导、促进、提高的作用，并且在战略定位、市场定位、产品定位、用户细分、满意度研究等方面都有较多应用。

1.4.6　高级数据分析方法

前面介绍的是常用的基本数据分析方法，在工作中，还可能需要一些高级数据分析方法来解决一些实际的业务问题，如聚类分析、相关分析、回归分析等。相关分析、回归分析后续会详细阐述，下面简单介绍聚类分析。

聚类分析是指将物理对象或抽象对象的集合分组，形成由类似对象组成多个类的分析过程。聚类分析的目标就是在相似的基础上收集数据来分类。聚类源于很多领域，包括数学、计算机科学、统计学、生物学和经济学等。在不同的应用领域，很多聚类技术都得到了发展，这些技术被用于描述数据，衡量不同数据源间的相似性，以及把数据源分到不同的簇中。

聚类分析是一种探索性的分析。在分类的过程中，人们不必事先给出一个分类的标准，聚类分析能够从样本数据出发，自动进行分类。使用的聚类分析的方法不同，常常会得到不同的结论。不同研究者对同一组数据进行聚类分析，所得到的聚类数未必一致。

聚类常常与分类放在一起讨论。聚类与分类的不同在于，聚类所要划分的类是未知的。

聚类是将数据分类到不同簇的一个过程。所以，同一个簇中的对象有很大的相似性，而不同簇之间的对象有很大的相异性。

从统计学的观点看，聚类分析是通过数据建模简化数据的一种方法。传统的统计聚类分析方法包括系统聚类法、分解法、加入法、动态聚类法、有序样品聚类法、重叠聚类法和模糊聚类法等。采用k均值聚类、k-中心点等算法的聚类分析工具已被加入许多有名的统计分析软件包中，如SPSS、SAS等。

从实际应用的角度看，聚类分析是数据挖掘的主要任务之一。而且聚类分析能够作为一个独立的工具用于获取数据的分布状况，观察每一簇数据的特征，集中对特定的簇集合做进一步分析。聚类分析还可以作为其他算法（如分类和定性归纳算法）的预处理步骤。

1.5 常用的数据分析工具简介

工欲善其事，必先利其器。要想做好数据分析，必须有分析"利器"。借助数据分析工具，能起到事半功倍的效果。常用的数据分析工具有Excel、SPSS、SAS等，下面进行简单介绍。

1.5.1 Excel 软件简介

Microsoft Excel是微软公司为使用Windows和macOS的计算机编写的一款电子表格软件，是Office系列办公软件的一种，可以实现对日常生活、工作中的表格的数据处理。它友好直观的界面、出色的计算功能和图表工具以及简单易学的智能化操作方式，使用户可以轻松创建出实用、美观、个性十足的表格，是工作、生活中的得力助手。

Excel功能全面，可以处理各种数据；具有丰富的数据处理函数与图表处理功能，能进行数据分析；还能方便地进行数据交换，同时还提供常用的Web工具。

这里重点讲解Excel的数据分析功能。Excel具有一般电子表格软件所不具备的强大的数据处理和数据分析功能，提供了财务、日期和时间、数学和三角函数、统计、查找与引用、工程、多维数据集、文本、逻辑、信息、兼容性、Web等类别的几百个内置函数，可以满足许多领域的数据处理与分析需求。如果内置函数不能满足需要，还可以使用Excel内置的Visual Basic for Applications（VBA）建立自定义函数。为了解决用户使用函数、编辑函数时的困难，Excel还提供了方便的粘贴函数功能。它分门别类地列出了所有内置函数的名称、功能，以及每个参数的意义和使用方法，并可以随时为用户提供帮助。除了具有一般数据库软件所提供的数据排序、筛选、查询、统计汇总等数据处理功能以外，Excel还提供了许多数据分析与辅助决策工具，如数据透视表、模拟运算表、假设检验、方差分析、移动平均、指数平滑、回归分析、规划求解、多方案管理分析等工具。利用这些工具，用户无须掌握很深的数学计算方法，无须了解具体的求解技术细节，更无须编写程序，只需选择适当的参数，即可完成复杂的求解过程，得到相应的分析结果和完整的求解报告。

1.5.2 SPSS 软件简介

SPSS是世界上最早的统计分析软件，其全称是Statistical Product and Service Solutions，即"统计产品与服务解决方案"软件，由斯坦福大学的3位研究生在1968年成功开发。SPSS是一个组合式软件包，它集数据整理、分析功能于一身。人们可以根据实际需要和计算机的功能来选择需要的模块进行安装。

SPSS的基本功能包括数据管理、统计分析、图表分析和输出管理等。SPSS统计分析分为聚类分析、数据简化、生存分析、时间序列分析及多重响应等几大类，每类又分为多个统计过程，如回归分析又分为线性回归分析、曲线估计、Logistic回归、加权估计、两阶段最小二乘法和非线性回归等统计过程，而且每个过程允许用户选择不同的方法及参数。SPSS也有专门的绘图系统，用户可以根据数据绘制各种图。

在国际学术交流中，凡是用SPSS软件完成的计算和统计分析，可以不必说明算法。由此可见其影响之大和可信度之高。

SPSS操作简单，已经在我国的社会科学和自然科学的各个领域发挥了巨大作用。该软件可以应用于经济学、生物学、心理学、地理学、医疗卫生、体育、农业、林业、商业和金融等各个领域。

SPSS具有以下特点。

（1）操作简便：界面非常友好，除了数据输入及部分命令程序输入等少数输入工作需要使用键盘外，大多数操作可通过鼠标以及"菜单""按钮""对话框"来完成。

（2）功能强大：具有完整的数据输入、编辑、统计分析、报表和图形制作等功能，提供了从简单的统计描述到复杂的多因素统计分析方法。

（3）全面的数据接口：能够读取及输出多种格式的文件。例如常用的FoxPro数据库文件（扩展名为".dbf"）、文本文件（扩展名为".txt"）、Excel文件（扩展名为".xlsx"）等，都可转换成可供分析的SPSS数据文件。SPSS的图形可转换为7种图形文件，分析结果可保存为文本文件及网页文件（扩展名为".html"）。

（4）适用人群：SPSS对初学者、熟练者及精通者都比较适用。初学者只需要掌握简单的操作就可以进行一些简单的分析，熟练者或精通者可以通过编程来实现更强大的功能。

1.5.3 SAS软件简介

SAS（Statistical Analysis System，统计分析系统）最初由美国北卡罗来纳州立大学的两位生物统计学研究生编写而成，1976年，SAS软件研究所成立，正式推出SAS软件。

SAS是一个模块化、集成化的大型应用软件系统。它由数十个专用模块构成，功能包括数据访问、数据存储及管理、应用开发、图形处理、数据分析、报告编制、运筹学方法、计量经济学与预测等。

SAS最早的功能仅限于统计分析。至今，统计分析功能仍是它的重要组成部分和核心功能。在经历了许多版本，并经过多年的发展和完善，SAS在国际上已被誉为统计分析的标准软件，在各个领域得到了广泛应用。

SAS把数据存取、管理、分析和展现有机地融为一体，其主要特点如下。

（1）功能强大，统计方法齐、全、新。

SAS提供了从基本统计数的计算到各种试验设计的方差分析、相关回归分析及多变数分析的多种统计分析过程，几乎囊括了所有最新分析方法，其分析技术先进、可靠。分析方法的实现通过过程调用完成。许多过程同时提供了多种算法和选项。例如方差分析中的多重比较，提供了包括LSD、DUNCAN、TUKEY测验在内的10多种方法；回归分析提供了9种自变量选择的方法，如STEPWISE、BACKWARD、FORWARD、RSQUARE等。

在回归模型中可以选择是否包括截距，还可以事先指定一些包括在模型中的自变量组合（使用SUBSET功能）等。对于中间计算结果，可以全部输出、不输出或选择输出，也可存储到文件中供后续分析过程调用。

（2）使用简便，操作灵活。

SAS以一个通用的数据（DATA）产生数据集，而后以不同的过程调用完成各种数据分析。其编程语句简洁、短小，通常只需几条语句即可完成一些复杂的运算，得出令人满意的结果。结果输出以简明的英文给出提示，统计术语规范易懂，用户具有初步的英语和统计基础即可理解。用户只需告诉SAS"做什么"，而不必告诉其"怎么做"。

SAS的设计具有一定的容错能力，能自动修正一些小错误。对于运行时的错误，它会尽可能地给出错误原因及改正方法。SAS将统计的科学严谨、准确与使用方便有机地结合起来，极大地方便了用户。

（3）提供联机帮助功能：使用过程中按功能键F1，可随时获得帮助信息，得到简明的操作指导。

【单元小结】

本单元主要对数据分析技术做了比较全面的阐述，内容包括认识数据分析、数据分析工作流程、数据分析方法论、数据分析方法及常用的数据分析工具。

（1）认识数据分析中主要阐述了数据分析的定义、数据分析行业的发展历程及前景。

（2）数据分析的工作流程包括明确分析目的与内容、数据收集、数据处理、数据分析、数据展示、报告撰写6个阶段。

（3）数据分析方法论中重点讲解了5W2H分析法、PEST分析法、SWOT分析法、4Ps营销理论分析法、逻辑树分析法。

（4）数据分析方法中重点讲解了对比分析法、分组分析法、结构分析法、平均分析法、矩阵关联分析法及高级数据分析方法。

【拓展训练】

一、单选题

1. 下列不属于数据分析工具的是（　　）。
   A. SPSS　　　　　　B. R　　　　　　C. PowerPoint　　　D. Python

2. 以下关于数据分析方法论的说法中，不正确的是（　　）。
   A. SWOT分析是指从优势、劣势、机会、威胁四个方面进行分析
   B. PEST分析是指从政治、经济、社会、技术四个方面进行分析
   C. 4Ps营销理论是指从产品、价格、渠道、促销四个方面进行分析
   D. 逻辑树分析法又称问题树分析法，是一种自下向上的分析方法

3. Excel的主要功能是（　　）。
   A. 电子表格、文字处理、数据库　　　　B. 电子表格、图表、数据分析
   C. 电子表格、工作簿、数据库　　　　　D. 工作表、工作簿、图表

4. 以下关于Excel与专业数据库系统的说法，描述正确的是（　　　）。

    A. 两者都具备数据的完整性约束

    B. 专业数据库系统的表是一个逻辑整体，而Excel的各个工作表是彼此独立的

    C. 两者都可以保存亿万行数据记录

    D. Excel具备数据库系统基本功能，所以可以替代专业数据库系统

5. 以下有关数据分析的工作流程，正确的是（　　　）。

    A. 明确分析目的与内容、数据收集、数据处理、数据分析、数据展示、报告撰写

    B. 数据收集、明确分析目的与内容、数据处理、数据分析、数据展示、报告撰写

    C. 明确分析目的与内容、数据收集、数据分析、数据处理、数据展示、报告撰写

    D. 明确分析目的与内容、数据收集、数据处理、数据分析、数据展示

二、多选题

1. 数据收集的流程主要包括的环节有（　　　）。

    A. 明确收集要求　　　　　　　　B. 明确分析对象

    C. 按需求收集数据　　　　　　　D. 数据挖掘

2. 以下选项中属于数据分析工具的有（　　　）。

    A. Word　　　　　B. Power BI　　　　C. Excel　　　　D. Python

3. 数据分析的目的主要包括（　　　）。

    A. 分析现状　　　B. 分析原因　　　C. 预测未来　　　D. 为决策者提供依据

4. 常用的数据分析方法论有（　　　）。

    A. 5W2H分析法　　B. PEST分析法　　C. SWOT分析法　　D. 4Ps营销理论分析法

5. 常用的数据分析方法有（　　　）。

    A. 对比分析法　　　B. 结构分析法　　　C. 分组分析法　　　D. 矩阵关联分析法

三、判断题

1. 数据分析报告是项目可行性判断的重要依据，是数据分析过程和思路的最终呈现。（　　　）

2. SWOT分析即基于内外部竞争环境和竞争条件下的态势分析，就是将与研究对象密切相关的各种主要内部优势、劣势和外部的机会、威胁结合起来加以分析，得出结论的过程。（　　　）

3. 数据分析是为了提取有用信息及形成结论而对数据进行详细研究和概括总结的过程。（　　　）

4. 5W2H分析法是指以5个W开头的英语单词和2个H开头的英语单词或短语进行提问，从回答中发现解决问题的线索，即Why、What、Who、When、Where、How、How much。（　　　）

5. 通过查阅资料、使用数据统计工具加工整理得到的数据称为第一手数据。（　　　）

第2单元
Excel数据收集

02

【学习目标】

☞ 知识目标

➤ 掌握单元格中不同类型数据的输入方法与格式设置方法。

➤ 掌握数据快速填充操作。

➤ 掌握不同来源的数据的导入方法。

➤ 掌握Excel工作表中的单元格与表格的美化操作。

☞ 技能目标

➤ 具备在Excel工作表中快速输入不同类型数据的能力。

➤ 能够在Excel工作表中导入不同来源的数据。

➤ 能够对Excel工作表中的单元格、表格进行美化。

☞ 素养目标

➤ 树立科技强国的理想，增强创新意识。

➤ 增强正确采集数据、使用数据的法治意识。

➤ 树立数据安全底线思维，提升数据安全防护能力。

【思维导图】

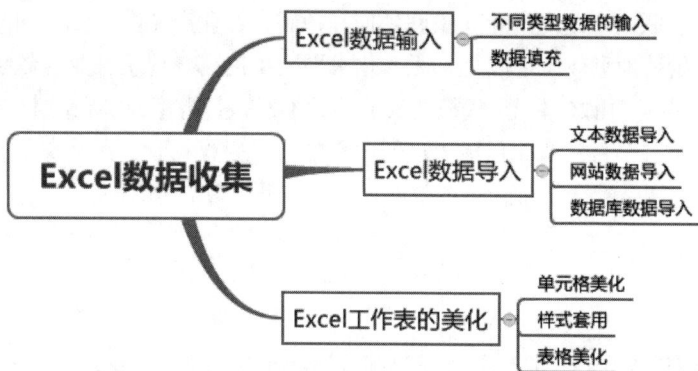

【案例引入】

随着数字经济成为新引擎，传统农业正走向智慧农业和数字农业。

什么是智慧农业？智慧农业是指充分利用现代信息技术成果，如云计算、大数据、物联网、人工智能、区块链等，对整个农业产业链进行全面升级改造，让农业生产、经营、管理过程更加智能、高效、精准。

智慧农业可以有效改善农业生态环境，精准计算出适合农作物种植、生长的环境，并将农业生产环境控制在农作物可接受的范围内；可以显著提高农业生产和管理的效率，多层次收集和分析农业生产数据，结合物联网感知设备进行智慧生产和管理；还可以改变农业生产者和消费者的观念，改变农业组织体系的结构。

例如，智能水肥一体控制系统通过土壤氮磷钾传感器等设备监测土壤信息，结合农作物生长特性，自动执行周期性灌溉策略，即当土壤养分低于标准值时，系统自动打开阀门，进行灌溉作业；当土壤养分达到标准值时，自动关闭阀门。通过对灌溉量、肥液浓度、酸碱度等参数的设定与修改，调整水肥灌溉作业，不仅能节约灌溉水60%以上，节省化肥50%以上，还能节省人力。可应用于大田、温室、果园等生产单位。

在数字时代，农业大数据成为农业科技创新的新动能，为农业生产提供了更加精细化、智能化的支持。

农业大数据是指从农业生产中产生的大量、多元化的数据，如气象数据、土壤数据、农作物数据、市场数据等，这些数据经过采集、整理和分析，可以帮助农业生产者更好地理解和掌握农业生产过程的各个环节，从而实现精准农业生产。

智慧农业与数字农业作用于整个农业产业链，极大地推动了现代农业的发展。可以扩大农业生产经营规模，提高农业生产经营效率，完善农业服务体系，让农产品从田间到舌尖的过程更加高效和完善。其中，综合利用大数据、物联网、智控软件、灌溉设备打造"互联网＋农业"灌溉管理体系，实现"万亩农场，一键管理"的案例屡见不鲜。

智慧农业和数字农业通过生产领域的智能化、业务领域的差异化、服务领域的全方位信息服务，推动农业产业链的转型升级，实现农业的精细化、高效化、绿色化，保障农产品的安全、提升农业竞争力、促进农业的可持续发展。

【引思明理】

近年来，消费互联网不断向产业互联网延伸和拓展，农业产业数字化、网络化、智能化转型加快，智慧农业开始落地见效，智能化、无人化水平逐步提高。智慧农业与数字农业是我国从农业大国走向农业强国的必由之路，是规模化农业的助推器，是智慧经济在农业中的具体体现。

我国正处在向第二个百年奋斗目标迈进的过程中，将智慧农业、数字农业的发展纳入建设网络强国、数字中国、智慧社会的布局中统筹谋划，以推动智慧农业建设。

【任务描述】

某农业农村局需要2019—2023年全国粮食产量数据，用来写调研报告，收集调研数据的任务交给了刚上班的小王，小王整理了一下手边的数据，发现有的年份数据缺少，有的年份数据格式不规范。因此，小王需要统一数据格式，再从国家统计局网站收集缺少的数据，最后整理成需要数据。

（1）收集整理数据，已有2019年、2020年、2021年的Excel格式的数据文件，缺少2023年的数据，2022年的数据文件格式是文本文档，格式不统一。

（2）转换文本文档，生成2022年粮食产量数据的Excel文件。

（3）从国家统计局网站导出2023年粮食产量数据。

（4）整理数据，设置数据格式，使其规范。

（5）设置表格的样式，添加合适的边框与底纹，使其美观。

【知识准备】

2.1 Excel 数据输入

表格是用于存放数据的，因此制作表格时，输入数据是必不可少的基础环节。在Excel中，除了可以直接输入数据外，也可以插入特殊符号，还支持快速输入有规律的数据，以提高输入数据的效率。

2.1.1 不同类型数据的输入

1. 在单元格中直接输入数据

在Excel中，新建一个工作簿，在其中的一个工作表中单击任意一个单元格，就可以方便地输入各种类型的数据，如图2-1所示。

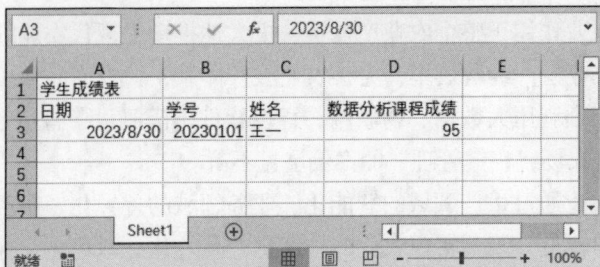

图 2-1　在单元格中输入数据

2. 设置输入数据的格式

输入完数据后，单元格内容会按照默认的格式显示，如果格式不符合要求，可以通过"设置单元格格式"对话框进行修改。选中需要修改的单元格，右击，弹出快捷菜单，选择"设置单元格格式"命令，弹出"设置单元格格式"对话框。也可以打开"开始"选项卡，选择"单元格"组"格式"下拉列表中的"设置单元格格式"选项，弹出"设置单元格格式"对话框，如图2-2所示。

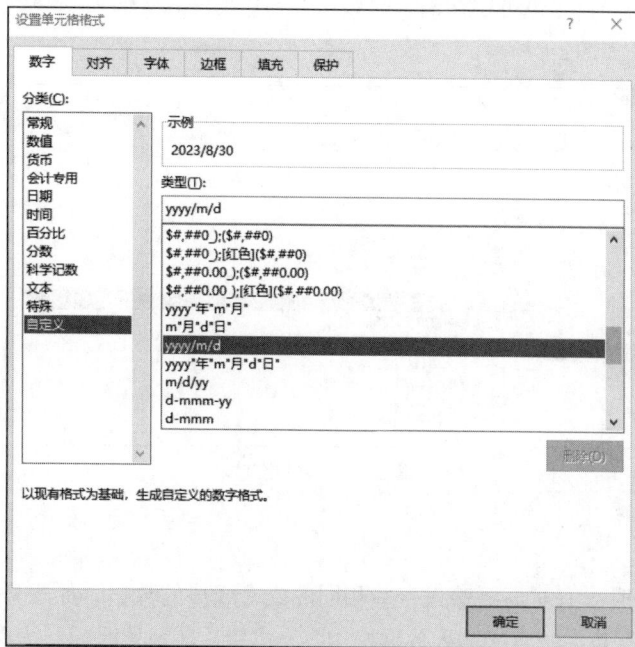

图2-2　"设置单元格格式"对话框

通过"设置单元格格式"对话框可以看出，单元格中支持"数值""货币""会计专用""日期""时间""百分比""分数""科学记数""文本"等多种类型的数据格式。用户也可以选择"自定义"选项，设置符合要求的数据类型。输入不同类型的数据时，有以下几点需要注意。

（1）如果想输入前面带0的数据，使用"数值"类型是不行的，可以先设置该单元格的类型为"文本"，再输入数据；也可以在输入的数据前加符号"'"，转换成"文本"类型进行显示；还可以通过"自定义"分类完成数据类型的定制。例如，要显示一个9位数的学号，可以在"自定义"分类的"类型"文本框中输入"000000000"，用于在输入数字时，如果不足9位，前面自动补0。

（2）如果输入的数据是日期，可以以"2018-5-20"或"2018/5/20"等格式快速输入，然后通过"设置单元格格式"对话框调整日期的格式，如图2-3所示。

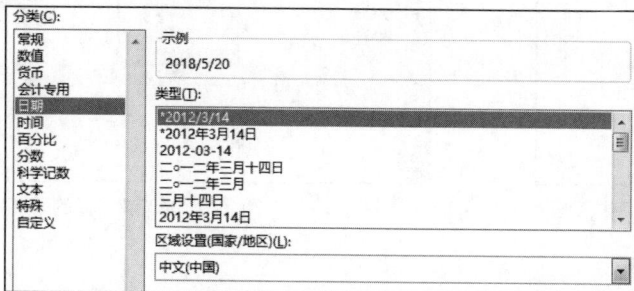

图2-3　日期格式

（3）如果在单元格中输入的数字超过11位，则自动显示为"科学记数"类型的格式；如果要完整显示输入的数据，可以将单元格格式设置为"文本"类型。

（4）"货币""会计专用"类型的格式可用于设置显示各国的货币符号，"数值"类型的格式可用于设置千位分隔符。

（5）默认情况下，输入分数时会显示为"日期"类型的格式，所以要先设置单元格格式为"分数"类型，再输入分数；也可以在输入时以"0"开头，如要输入"8/9"，可以在单元格中输入"0 8/9"，分数格式如图2-4所示。

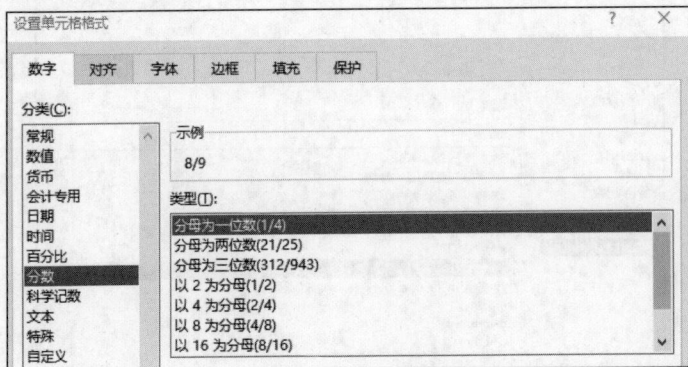

图2-4 分数格式

2.1.2 数据填充

在输入表格数据时，有时需要输入一些相同的或有规律的数据，如序号、编号、等差数列、连续日期等，如果数据量大，直接输入数据操作容易出错，还浪费时间。为此，Excel提供了"填充"功能，用来轻松、高效地完成数据输入工作。

1. 快速填充相同内容的数据

在当前单元格中输入内容后，将鼠标指针移动到单元格的右下角，当其变成实心细十字形的填充柄时，向需要填充的区域进行拖曳，可快速填充相同的内容；也可以先选中需要填充的区域，再单击"开始"选项卡"编辑"组中的"填充"按钮，选择"向下""向右""向左""向上"填充。"填充"下拉列表如图2-5所示，填充效果如图2-6所示。

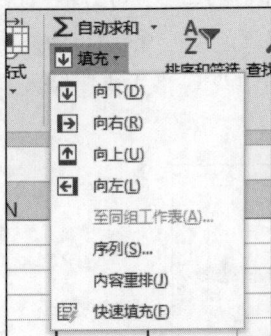

图2-5 "填充"下拉列表

图2-6 填充文本后的效果

2. 填充序列数据

单击"开始"选项卡"编辑"组中的"填充"按钮，选择"序列"选项，弹出"序列"对话框。从中可以看出，有序的数据（如等差序列、等比序列、日期等）都可以填充，如图2-7所示。如果填充的是"等差序列"，则"步长值"指的是公差；如果填充的是"等比序列"，则"步长值"指的是公比；如果填充的是"日期"，则"步长值"指的是间隔。"终止值"指填充的结束值。填充序列效果如图2-8所示。

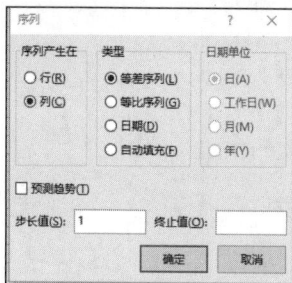

图 2-7 "序列"对话框

图 2-8 填充序列效果

3. 填充特殊序列数据

在某单元格内输入"一月"后选中该单元格，拖曳填充柄填充单元格，就会发现接下来的单元格中会出现"二月""三月""四月"等，这就是系统内置的序列，会自动填充。用户也可以编辑自定义序列，编辑自定义序列的步骤如下。

（1）选择"文件"→"选项"命令，弹出"Excel选项"对话框，选择"高级"选项，在"常规"组中可以看到"编辑自定义列表"按钮，如图2-9所示。

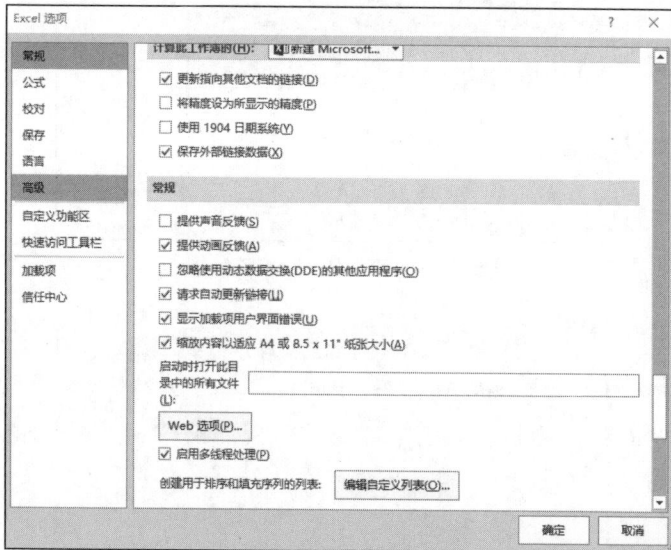

图 2-9 "Excel 选项"对话框

（2）单击"编辑自定义列表"按钮，弹出"自定义序列"对话框，如图2-10所示，从中可以看到系统内置的一些序列。使用时，只要单元格里的内容是序列里的任意一个值，使用"填充"功能就会出现有序填充的效果。

（3）如果需要填充一些非系统内置的序列，可以将新序列按顺序写到"输入序列"列表框内，单击"添加"按钮，就可以添加一个新的序列。添加完成后，自定义序列的填充效果如图2-11所示。

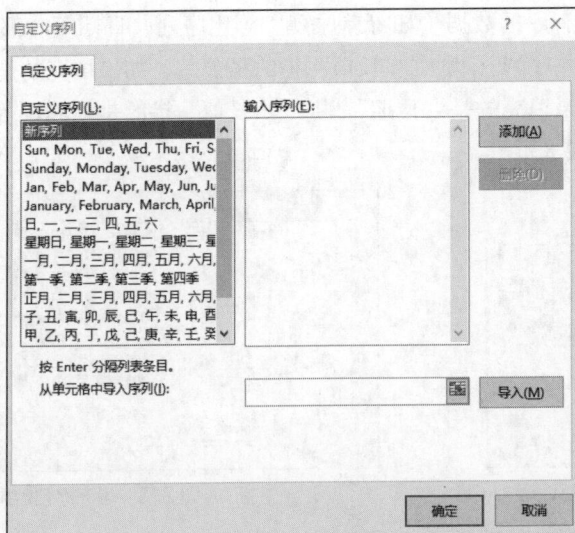

图 2-10 "自定义序列"对话框

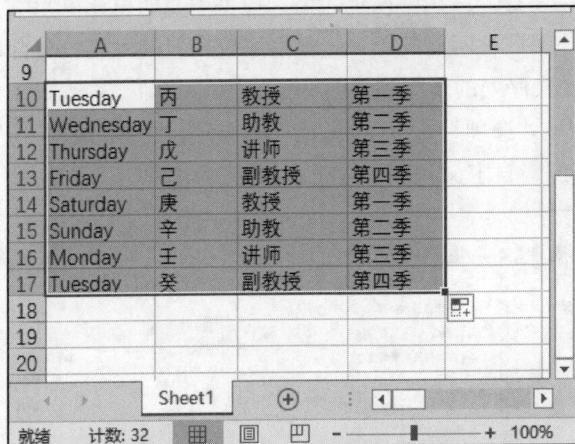

图 2-11 自定义序列的填充效果

> **多学一招**
>
> **Excel单元格中特殊符号的输入**
>
> 在制作Excel表格时可能需要使用版权、注册标志等特殊符号,输入时可以直接输入特殊字符,并加上括号"()"(英文括号)。例如输入"(c)"时,显示的是"©";输入"(R)"时,显示的是"®"等。

2.2 Excel 数据导入

在Excel中,可以直接输入数据,也可以导入数据。使用Excel导入数据主要有3种方式:一是导入文本数据,二是导入来自网站的数据,三是导入数据库的数据。在Excel中导入各种不同来源的数据,可以通过单击"数据"选项卡"获取和转换数据"组中的按钮完成。

2.2.1 文本数据导入

在Excel中导入文本数据,首先必须保证文本类型的数据是按照统一格式存储的。例如,一个文本文件的内容如图2-12所示，可以看出，该文本从第二行起的每一行表示一条记录，每条记录中的字段以制表符Tab分隔，记录以";"结尾。在Excel工作表中导入文本数据的操作步骤如下。

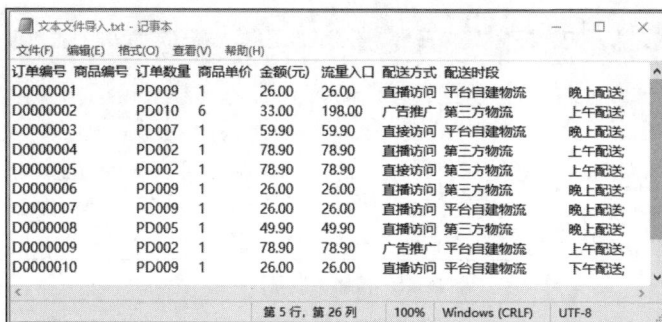

图 2-12　文本数据源

（1）单击"数据"选项卡"获取和转换数据"组中的"从文本/CSV"按钮，弹出"导入数据"对话框，如图2-13所示。

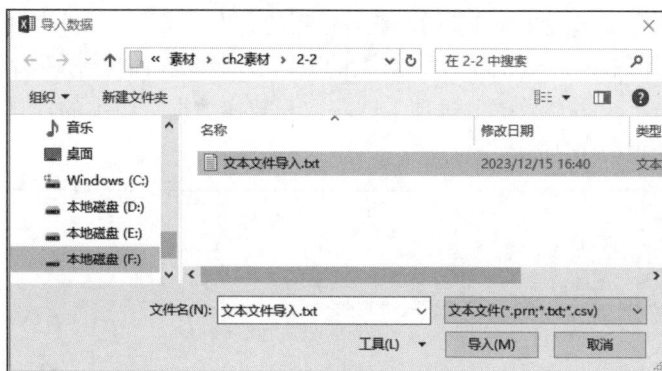

图 2-13　"导入数据"对话框

（2）选择相应的文件，单击"导入"按钮，弹出对话框，设置文本文件原始格式为"65001: Unicode(UTF-8)"，如图2-14所示。

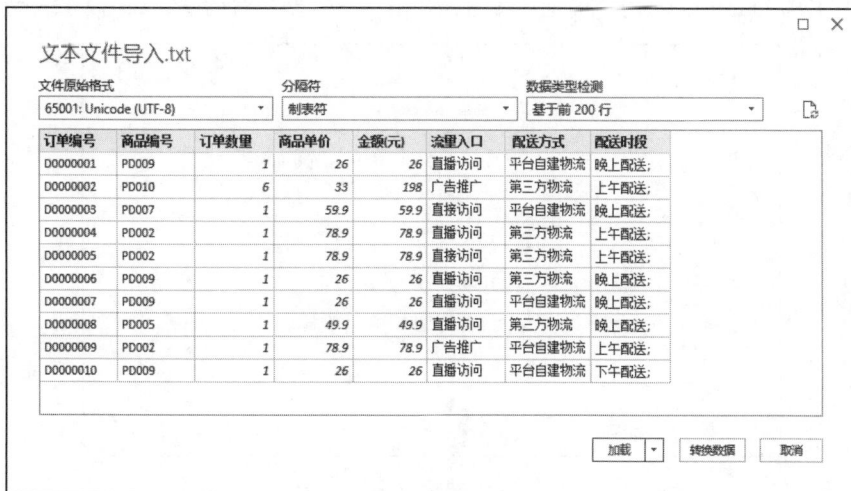

图 2-14　文本数据导入

（3）单击"加载"下拉按钮，选择"加载到"，确定加载位置，完成数据导入，最终效果如图2-15所示。

	A	B	C	D	E	F	G	H
1	订单编号	商品编号	订单数量	商品单价	金额(元)	流量入口	配送方式	配送时段
2	D0000001	PD009	1	26	26	直播访问	平台自建物流	晚上配送;
3	D0000002	PD010	6	33	198	广告推广	第三方物流	上午配送;
4	D0000003	PD007	1	59.9	59.9	直播访问	平台自建物流	晚上配送;
5	D0000004	PD002	1	78.9	78.9	直播访问	第三方物流	上午配送;
6	D0000005	PD002	1	78.9	78.9	直接访问	第三方物流	上午配送;
7	D0000006	PD009	1	26	26	直播访问	第三方物流	晚上配送;
8	D0000007	PD009	1	26	26	直播访问	平台自建物流	晚上配送;
9	D0000008	PD005	1	49.9	49.9	直播访问	第三方物流	晚上配送;
10	D0000009	PD002	1	78.9	78.9	广告推广	平台自建物流	上午配送;
11	D0000010	PD009	1	26	26	直播访问	平台自建物流	下午配送;
12								

图2-15　文本数据导入效果

2.2.2　网站数据导入

2.2.2 网站数据导入

如今，互联网上有很多有用的数据，在进行数据分析时，我们需要引用这些数据。这时，可以将网站上的数据导入Excel中，同时也可以将网站数据同步更新到Excel中，以保证Excel能随时获得最新的数据。下面用一个例子来演示网站数据的导入（由于Office版本问题，导入的数据展示情况可能会有不同），操作步骤如下。

（1）单击"数据"选项卡"获取和转换数据"组中的"自网站"按钮，弹出"从Web"对话框，如图2-16所示。

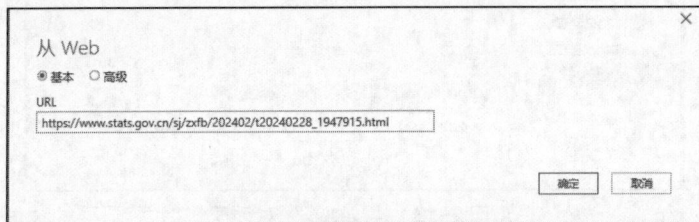

图2-16　"从Web"对话框

（2）在URL框中输入带有数据表的网站地址（https://www.stats.gov.cn/sj/zxfb/202402/t20240228_1947915.html），单击"确定"按钮，弹出"导航器"对话框，如图2-17所示。

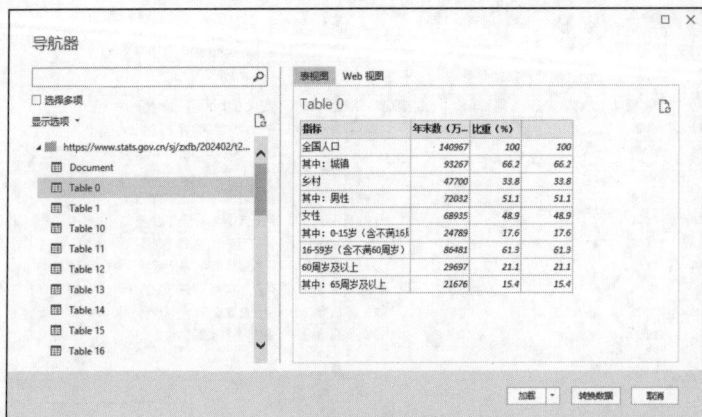

图2-17　转到有数据表的网站

（3）导航器中依次出现该网站中所有的表格，选择想要导出的表格加载即可。比如Table 0是第一个表，其数据是2023年年末人口数及其构成；选中Table 0，单击"加载"下拉按钮，选

择 "加载到"，确定加载位置，加载后的数据表如图2-18所示。

	A	B	C	D
1	指标	年末数（万人）	比重（%）	Column1
2	全国人口	140967	100	100
3	其中：城镇	93267	66.2	66.2
4	乡村	47700	33.8	33.8
5	其中：男性	72032	51.1	51.1
6	女性	68935	48.9	48.9
7	其中：0-15岁（含不满16周岁）[6]	24789	17.6	17.6
8	16-59岁（含不满60周岁）	86481	61.3	61.3
9	60周岁及以上	29697	21.1	21.1
10	其中：65周岁及以上	21676	15.4	15.4
11				

图2-18　导入网站数据表的效果

2.2.3　数据库数据导入

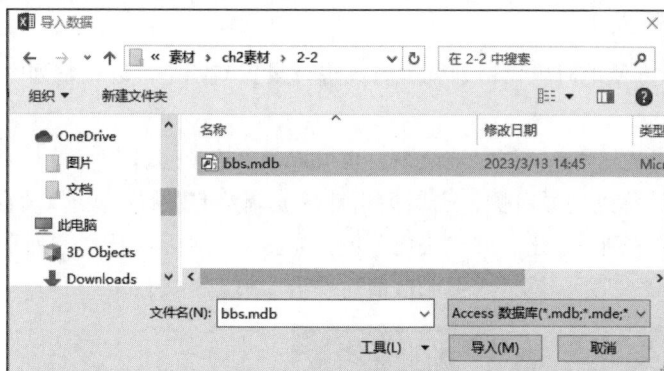

在Excel中除了可以导入文本数据、网站数据之外，也可以导入数据库数据。可以通过选择"数据"选项卡"获取数据"组中的"自数据库"下拉列表中的选项完成。接下来，以Access数据库为例，操作步骤如下。

（1）单击"数据"→"获取数据"→"自数据库"→"从Microsoft Access数据库"按钮，弹出"导入数据"对话框，选择需要导入的Access数据源，如图2-19所示。

图2-19　"导入数据"对话框

（2）单击"导入"按钮，弹出"导航器"对话框，如图2-20所示。该对话框中显示了Access数据库包括的所有表。

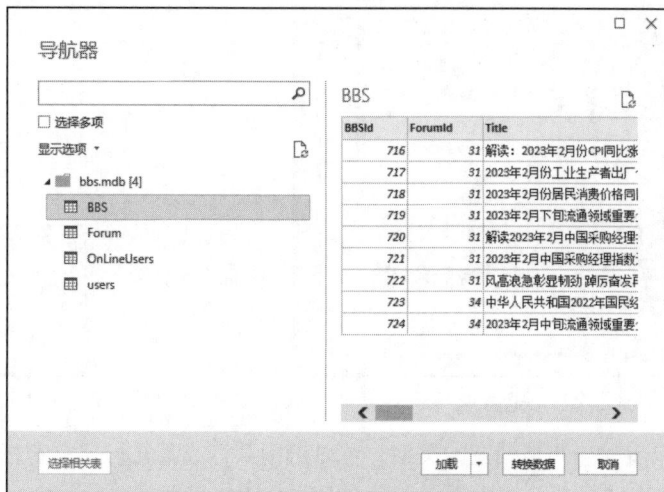

图2-20　"导航器"对话框

（3）选择任意想导入的表格，单击"加载"下拉按钮，选择"加载到"，确定加载位置，如A1，即可在指定 Excel 工作表位置加载表格。其加载的表格的效果如图 2-21 所示。

图 2-21　导入数据表的效果

2.3　Excel 工作表的美化

Excel 中提供了多种美化表格的方式，用户可以根据实际需要与个人喜好对表格进行美化。本节主要介绍单元格、工作表的美化。

2.3.1　单元格美化

1. 单元格的行列操作

在 Excel 中可以方便地对单元格列宽、行高进行设置与调整。以调整列宽为例，具体操作步骤如下。

（1）选中某列或某几列（可以是连续列，也可以是不连续列）。

（2）将鼠标指针移到列号右侧，当鼠标指针变成调整的左右箭头时，直接拖曳鼠标，可以调整列宽。也可以选中列，右击，弹出快捷菜单，如图 2-22 所示，选择"列宽"命令，弹出"列宽"对话框，如图 2-23 所示，输入合适的数值后单击"确定"按钮。

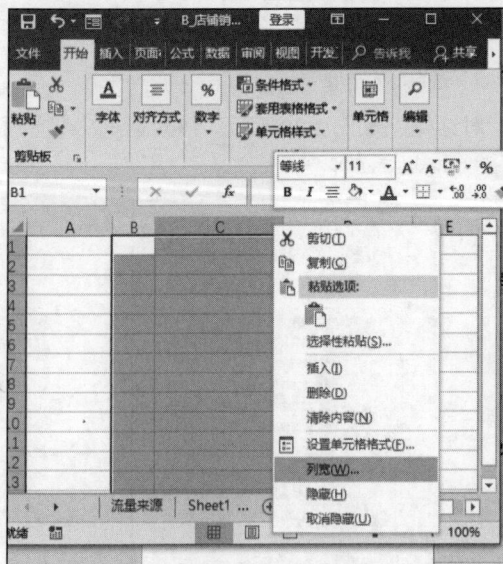

图 2-22　快捷菜单

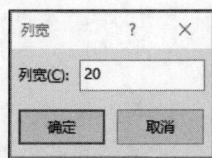

图 2-23　"列宽"对话框

调整行高的操作步骤与调整列宽的类似，可以选中某行或某几行，右击，弹出快捷菜单，选择"行高"命令，弹出"行高"对话框，在其中设置合适的行高。

数据分析基础与案例实战（基于 Excel 软件）（第 2 版）（微课版）

2. 单元格的合并

选中需要合并的单元格，单击"开始"→"对齐方式"→"合并后居中"右侧的下拉按钮，弹出下拉列表，有4种合并方式，根据需要选择合适的合并方式，如图2-24所示。

3. 设置单元格内文本的字体

选中含文本的单元格，单击"开始"→"字体"→"字体设置"按钮，打开"设置单元格格式"对话框的"字体"选项卡，如图2-25所示。在该选项卡中可对字体、字形、字号、颜色等进行设置。

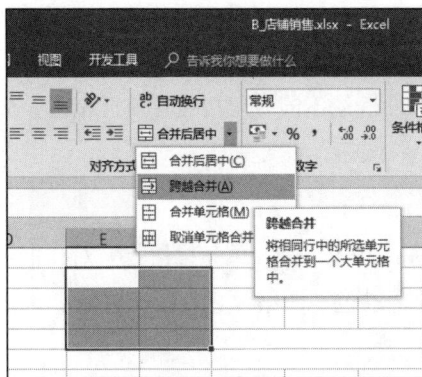

图 2-24 "合并后居中"下拉列表

图 2-25 "字体"选项卡

4. 设置单元格内文本的对齐方式

如果需要调整单元格中内容的对齐方式，可以单击"开始"→"对齐方式"→"对齐设置"按钮，打开"设置单元格格式"对话框的"对齐"选项卡，如图2-26所示。文本对齐方式包括"水平对齐""垂直对齐"，具体效果如图2-27所示。

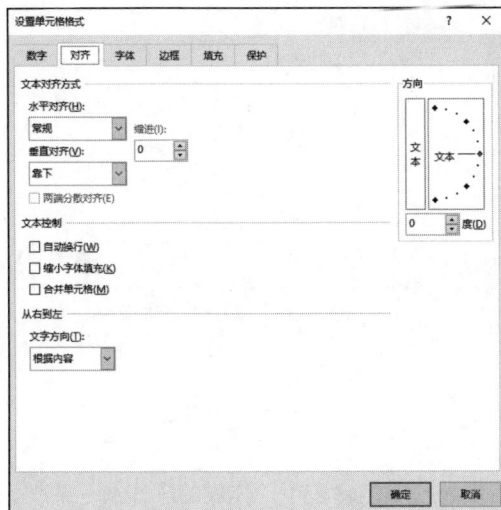

图 2-26 "对齐"选项卡

靠左靠上	居中居中		
		靠右靠下	填充填充填充
两端对齐	跨列居中	分 散 对 齐	

图 2-27 文本对齐效果

多学一招

Excel单元格内容强制换行

在Excel中制作表格时，可能会遇到单元格内容太多需要换行或需要全部内容在一个单元格里显示的情况，这时用户可以打开"设置单元格格式"对话框中的"对齐"选项卡，根据实际需要勾选"文本控制"组中的"自动换行""缩小字体填充""合并单元格"复选框，以满足排版的需要。在制表时，遇到斜表头中有内容跨越多行的问题，也可以通过勾选"自动换行"复选框来解决。

5. 设置单元格边框

在默认情况下，Excel显示的单元格边框是为了方便用户编辑，实际上并不存在，打印时也不显示。为了更清晰地显示表格，用户需要对单元格边框进行设置。选中需要设置边框的单元格，右击，弹出快捷菜单，选择"设置单元格格式"命令，打开"设置单元格格式"对话框，打开"边框"选项卡，如图2-28所示。其中可以设置边框的线条样式、颜色，可以具体到对上、下、左、右边框进行设置。在操作过程中，如果表格的内外框线不同，可以按照实际情况，先选择线条样式、颜色，再选择边框，操作两遍后单击"确定"按钮，设置完毕。

6. 单元格背景填充

设置单元格背景可以美化工作表或突出显示重要数据。打开"设置单元格格式"对话框中的"填充"选项卡，如图2-29所示。在该选项卡中可以设置背景色、图案颜色、图案样式，也可以单击"填充效果"按钮，设置渐变色填充。

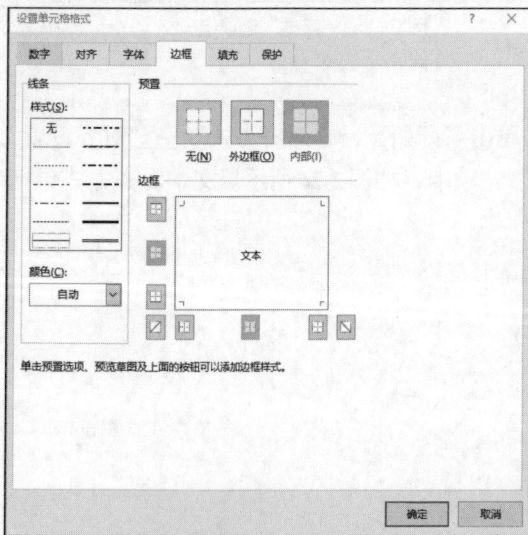

图2-28 "边框"选项卡

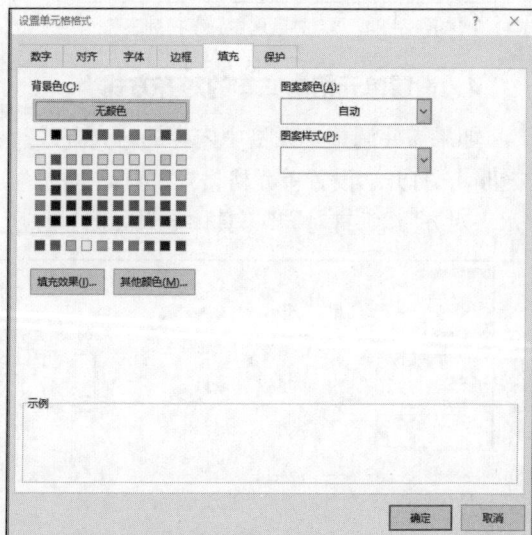

图2-29 "填充"选项卡

2.3.2 样式套用

1. 套用表格格式

在实际操作中，可能会遇到包含大量数据的工作表，或包含多个工作表的工作簿，需要设置特殊的格式，这时可以使用"套用表格格式"功能修改表格边框样式。

数据分析基础与案例实战（基于Excel软件）（第2版）（微课版）

选中需要套用样式的表格，单击"开始"→"样式"→"套用表格格式"按钮，可以看到系统提供了很多种表格样式。将鼠标指针移到相应的样式上，可以看到该样式的名称，如图2-30所示，选中"浅橙色，表样式浅色17"即可。确定表格样式后，可以通过"设计"选项卡修改表格样式选项，如图2-31所示。

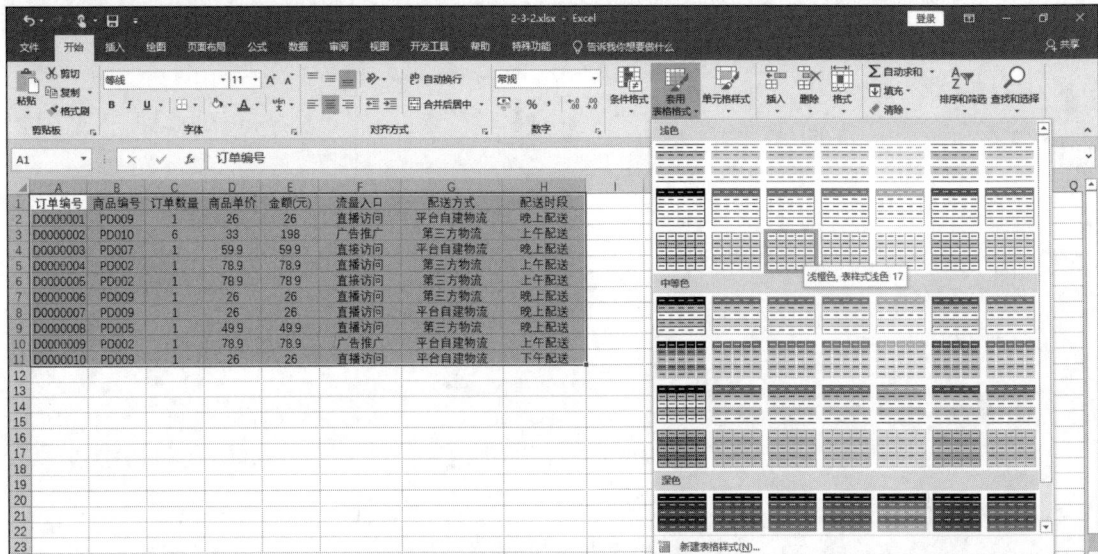

图2-30 "套用表格格式"下拉列表

2. 套用单元格样式

Excel工作表可以套用表格格式，单个单元格也可以套用单元格样式。单击"开始"→"样式"→"单元格样式"按钮，弹出的下拉列表中包含系统内置的很多单元格样式，如图2-32所示。从中可以预设主题单元格格式、数字格式、标题等多种样式，操作方法跟"套用表格格式"功能类似。

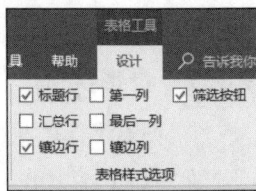

图2-31 "设计"选项卡

图2-32 "单元格样式"下拉列表

多学
一招

Excel中"选择性粘贴"的作用

　　Excel中的粘贴功能提供了"选择性粘贴"命令。"选择性粘贴"命令很强大，可以粘贴复制的内容，也可以选择性地只粘贴公式、数值、格式、批注等内容。操作方式是先复制内容，在粘贴时选择"选择性粘贴"命令，这时会弹出"选择性粘贴"对话框，如图2-33所示，选中相应的粘贴类型即可。

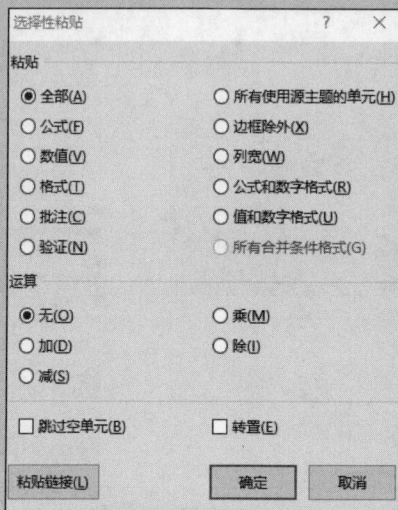

图2-33　"选择性粘贴"对话框

2.3.3　表格美化

1. 设置工作表背景

　　在当前工作表中，单击"页面布局"→"页面设置"→"背景"按钮，弹出"工作表背景"对话框，如图2-34所示，可以给工作表加上图片背景。

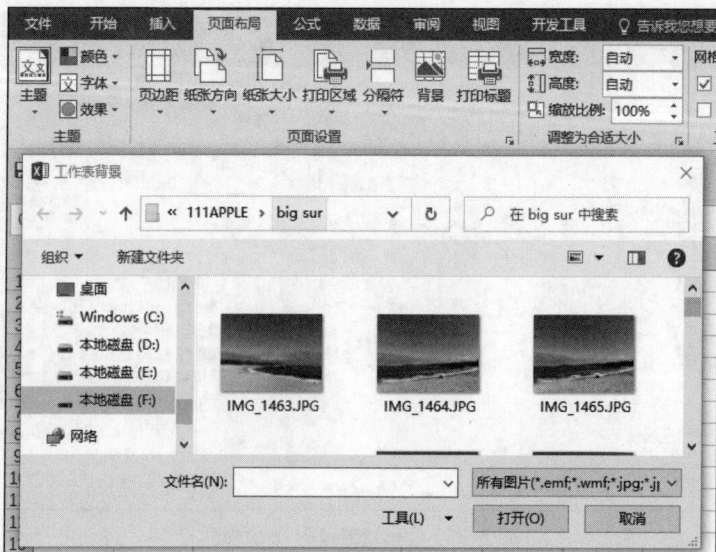

图2-34　"工作表背景"对话框

2. 设置工作表标签颜色

一个工作簿里可以包括许多个工作表，有时为了更好地区分工作表，可以使用不同颜色的标签。

右击需要设置标签颜色的工作表名称，弹出快捷菜单，选择"工作表标签颜色"命令，选择需要的颜色即可，如图2-35所示。

图2-35 设置工作表标签颜色

【任务实现】

任务2.1 数据导入

通过Excel中的数据导入功能，获取2022年、2023年的数据。

（1）单击"数据"→"获取和转换数据"→"从文本/CSV"按钮，如图2-36所示，找到案例素材中的"2022夏粮.txt"文件并导入，弹出对话框。如果预览文本是乱码，可修改文件原始格式，设置"文件原始格式"为"936：简体中文(GB2312)"，如图2-37所示。

任务2.1 数据导入

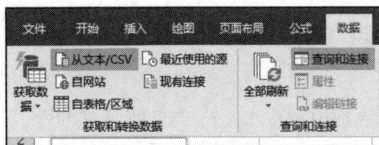

图2-36 导入数据

图2-37 "文本导入"对话框

（2）单击"加载"按钮，导入数据表的效果如图2-38所示。

（3）从网站中的数据表导入数据，单击"数据"→"获取和转换数据"→"自网站"按钮，弹出"从Web"对话框，在地址栏中输入地址（http://www.stats.gov.cn/sj/zxfb/202302/t20230203_1901508.html），如图2-39所示，单击"确定"按钮，弹出"导航器"对话框，如图2-40所示。

图2-38　导入文本数据的效果

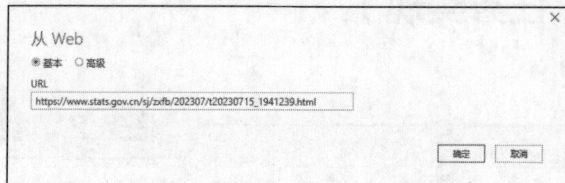

图2-39　"从Web"对话框

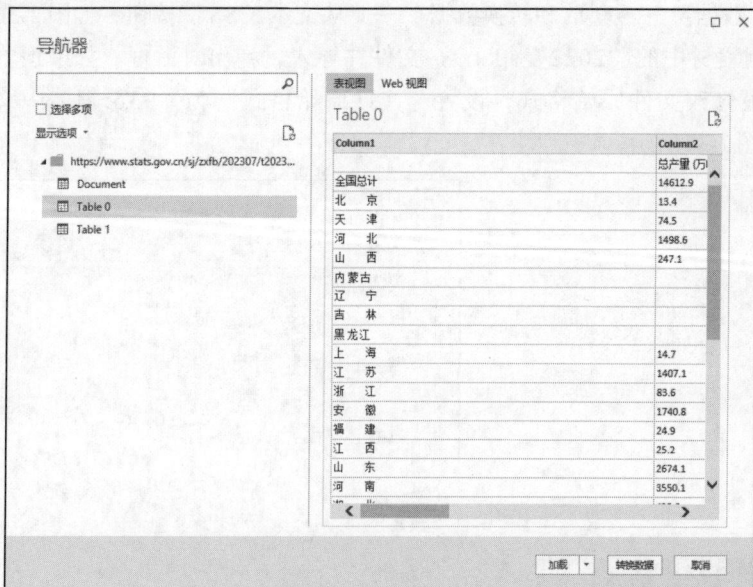

图2-40　"导航器"对话框

（4）从导航器的显示选项中选择所需的表格加载即可。选择Table 0，单击"加载"按钮，导入效果如图2-41所示。

图 2-41　导入网站数据的效果

任务 2.2　表格美化

导入 Excel 中的数据按需进行格式排版，表格美化。

（1）清除表格样式，设置标题居中，整理数据，调整字体，调整单元格格式。以 2022 年工作表为例。

选中表格，单击"设计"中"表格样式"的下拉框，选择"清除"，即可清除表格样式；在"表格样式选项"中勾掉"筛选按钮""标题行""镶边行"等设置，如图 2-42 所示。

任务2.2　表格美化

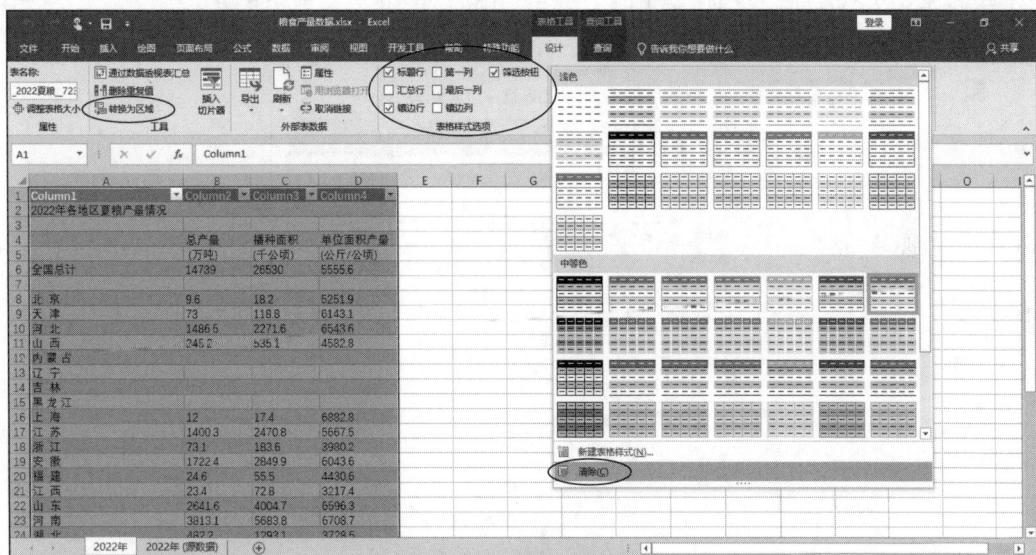

图 2-42　清除表格样式

设置表格标题需要居中区域，选中 A1～D1 单元格，单击"开始"→"对齐方式"→"合并后居中"。如"合并后居中"显示灰色，表示无法使用，则需要单击"设计"→"工具"→"转换为区域"，将此表格转换成普通区域，再执行"合并后居中"操作。

整理数据，将文本型数据转化成数值型数据，并保留一位小数。选中需调整的数据，右击弹出快捷菜单，选择"设置单元格格式"选项，如图 2-43 所示，弹出"设置单元格格式"对话框，选择"数字"中的"数值"，设置小数位数为 1。同样，可以设置表格中数据的字体、对齐方式等。

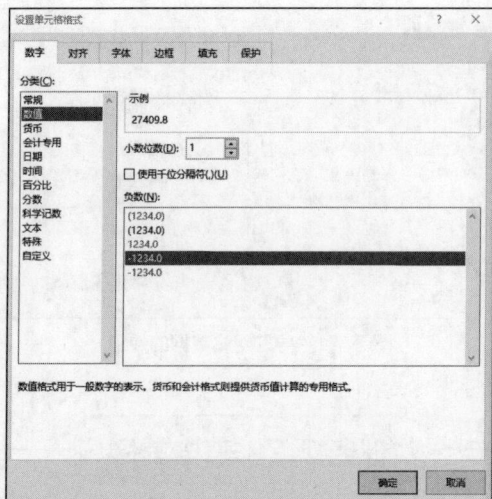

图 2-43　设置单元格格式

（2）设置行高、列宽。

选中A～D列，右击，在弹出的快捷菜单中，选择"列宽"，设置列宽为13。同理，调整行高。

（3）套用表格的样式，美化表格。

选中表格，选择"开始"→"样式"→"套用表格格式"下拉按钮，可以套用系统自定义的表格样式，如图2-44所示的效果是选用了"浅色"中的"蓝色，表样式浅色9"。

地区	总产量（万吨）	播种面积（千公顷）	单位面积产量(公斤/公顷)
全国总计	14739.0	26530.0	5555.6
北　京	9.6	18.2	5251.9
天　津	73.0	118.8	6143.1
河　北	1486.5	2271.6	6543.6
山　西	245.2	535.1	4582.8
内 蒙 古			
辽　宁			
吉　林			
黑 龙 江			
上　海	12.0	17.4	6882.8
江　苏	1400.3	2470.8	5667.5
浙　江	73.1	183.6	3980.2
安　徽	1722.4	2849.9	6043.6
福　建	24.6	55.5	4430.6

2022年各地区夏粮产量情况

图 2-44　表格最终效果

（4）类似的，2023年的数据也可以进行表格美化，添加标题，调整字段名，套用样式等。

【单元小结】

本单元主要讲解了如何使用Excel收集数据，包括不同类型数据的输入方法、将不同来源数据导入Excel中的方法，以及Excel工作表的美化方法。

（1）不同类型数据的输入：数值、货币、日期、时间、分数、文本等类型数据的输入方法及格式设置。

（2）不同来源数据的导入方法：将文本数据、网站中的表格数据、数据库里的数据等导入Excel的方法。

（3）Excel工作表的美化：单元格行高和列宽、单元格合并、单元格内文本的对齐方式、单元格边框、单元格背景等的设置；套用表格格式；工作表背景、工作表标签等的设置。

【拓展训练】

一、单选题

1. 在设置表头时，假设在单元格A1中已经输入"工业企业水消费"，为了使该表头占据4列位置，要选中哪几个单元格，并单击哪个按钮，使4个单元格合并为一个单元格，且表头文字置于整个单元格的正中间。下列选项中正确的是（　　　）

    A. A1至A4，合并后居中   B. A1至D1，合并后居中

    C. A1至D1，左对齐   D. A1至D1，右对齐

2. 在输入数字资料过程中，主要运用（　　　）3种方法。

    A. 直接输入法、鼠标拖曳法、菜单命令法

    B. 直接输入法、设置数据格式、菜单命令法

    C. 直接输入法、设置数据格式、鼠标拖曳法

    D. 设置数据格式、鼠标拖曳法、菜单命令法

3. 在Excel工作表中进行智能填充时，鼠标指针的形状为（　　　）。

    A. 空心粗十字   B. 左上方箭头   C. 实心细十字   D. 右上方箭头

4. 设B3单元格中的数值为20，在C3和D4单元格中分别输入"="B3"+8"和"=B3+"8""，则（　　　）。

    A. C3单元格与D4单元格中均显示28

    B. C3单元格中显示"#VALUE！"，D4单元格中显示28

    C. C3单元格中显示20，D4单元格中显示8

    D. C3单元格中显示20，D4单元格中显示"#VALUE！"

5. 在某单元格内输入公式后，单元格中显示"#REF！"，它表示（　　　）。

    A. 公式引用了无效的单元格   B. 某个参数不正确

    C. 公式被0除   D. 单元格太小

二、多选题

1. Excel可以导入的数据的来源有（　　　）。

    A. Access   B. 网站   C. Excel   D. 文本文件

2. 在使用Excel对重复数据进行清洗前，首先应该查找重复数据，可以采用的方法有（　　　）。

    A. 数据透视表法   B. 函数法   C. 高级筛选法   D. 条件格式法

3. 关于"套用表格格式"命令，说法错误的有（　　　）。

    A. 光标必须在表格中"套用表格格式"命令才有效

    B. "套用表格格式"命令在"样式"组中

    C. "套用表格格式"命令在"表格"组中

D. 一旦应用了"套用表格格式"命令，表格的格式就不能被其他命令修改

4. 需要（　　）而变化的情况下，必须引用相对地址。

A. 在引用的函数中填入一个范围时，为使函数中的范围随地址位置不同

B. 把一个单元格地址的公式复制到一个新的位置时，为使公式中单元格地址随新位置变化

C. 把一个含有范围的公式或函数复制到一个新的位置时，为使公式或函数中的范围不随新位置不同

D. 把一个含有范围的公式或函数复制到一个新的位置时，为使公式或函数中范围随新位置不同

5. 在Excel中，关于工作表区域的论述正确的有（　　）。

A. 区域名不能与单元格地址相同

B. 区域地址由矩形对角的两个单元格地址之间加":"组成

C. 在编辑栏的名称框中可以快速定位已命名的区域

D. 删除区域名，同时也删除了对应区域的内容

三、判断题

1. Excel不仅可以突出显示单元格中的数值，还可以通过相应的规则突出显示文本，如通过改变颜色、字形和特殊效果等方法突出显示某一类具有共性的单元格。（　　）

2. 在Excel中，在具有常规格式（默认格式）的单元格中输入数值（即数值型数据）后，其显示方式是右对齐。（　　）

3. 若在Excl工作表的A1和B1单元格中分别输入了6.5和7，并将这两个单元格选中，然后向右拖曳填充柄，C1和D1单元格中分别显示7.5和8。（　　）

4. 在Excel中，已知F1单元格的公式为"=A3+B4"，当B列被删除时，F1单元格中的公式将变为"=A3+C4"。（　　）

5. 在Excel的单元格中输入日期时，年、月、日之间的分隔符可以是"\"或"-"。（　　）

四、实操题

某网店准备销售品牌大闸蟹，要求数据分析岗位的小王对大闸蟹产品市场数据进行采集，通过近3年的市场趋势进行分析，以此来确定是否进行水产品大闸蟹销售。可通过产品相应关键词的百度搜索指数变化来获取用户对于该类产品的关注度及产品的年度交易额数据。

（1）确定数据来源。

百度搜索是全球最大的中文搜索引擎，其提供工具百度指数是以百度海量网民行为数据为基础的数据分享平台，数据参考度较高，可以将"螃蟹""大闸蟹"或相关品牌蟹的关键词的百度指数数据作为数据采集源。

（2）确定采集指标、采集范围。

以关键词的搜索指数为采集指标，选取指定日期的数据作为采集数据。为方便统计，只记录近3年每月固定某一日的数据。

（3）制作数据采集表。

以日期、关键词为字段，搜索指数为值，建立表格，统计完成后，适当地美化表格，形成所需的数据采集表。

数据分析基础与案例实战（基于Excel软件）（第2版）（微课版）

第3单元
Excel数据分析常用函数

03

【学习目标】

☞ 知识目标

- ➢ 掌握Excel中单元格地址的引用方法。
- ➢ 掌握不同类型函数的使用方法。
- ➢ 掌握名称的语法规则。
- ➢ 掌握常用函数的语法。

☞ 技能目标

- ➢ 能根据指定要求创建公式。
- ➢ 能根据不同应用场景定义并运用名称。
- ➢ 能根据不同应用场景选择并运用函数。

☞ 素养目标

- ➢ 培养严谨、有责任心的工作作风。
- ➢ 坚持守正创新，以满腔热忱对待新生事物，拓展认知的广度和深度。
- ➢ 要用发展的眼光看问题，用警惕的态度审视风险。

【思维导图】

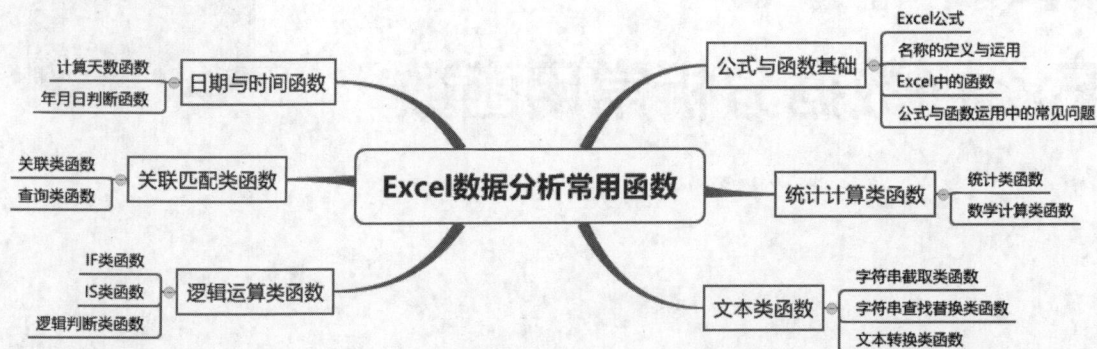

思维导图内容：

Excel数据分析常用函数
- 日期与时间函数
  - 计算天数函数
  - 年月日判断函数
- 关联匹配类函数
  - 关联类函数
  - 查询类函数
- 逻辑运算类函数
  - IF类函数
  - IS类函数
  - 逻辑判断类函数
- 公式与函数基础
  - Excel公式
  - 名称的定义与运用
  - Excel中的函数
  - 公式与函数运用中的常见问题
- 统计计算类函数
  - 统计类函数
  - 数学计算类函数
- 文本类函数
  - 字符串截取类函数
  - 字符串查找替换类函数
  - 文本转换类函数

【案例引入】

国家统计局网站数据显示：2023年1—9月，社会消费品零售总额342107亿元，同比增长6.8%。按零售业态分，1—9月，限额以上零售业单位中便利店、专业店、品牌专卖店、百货店零售额同比分别增长7.5%、4.3%、3.1%、7.7%，超市零售额同比下降0.4%。1—9月，全国网上零售额108198亿元，同比增长11.6%。

近年来，互联网的快速发展和消费者需求的演变催生了新兴业态，同时也使传统经营模式显得落后。网络购物的日益兴盛与传统经营模式的成本持续攀升，给零售业带来了前所未有的挑战。面对这些变化，许多实体零售商的业绩下滑，部分企业甚至选择关闭线下门店，专注于线上销售。

零售企业是实体经济的重要支柱，它们的衰落不仅影响了就业、税收、供应链等，也反映了实体经济的困境和转型需求。那么，线下商超该如何应对市场变化和消费升级？

【引思明理】

党的二十大报告强调"加快发展数字经济，促进数字经济和实体经济深度融合，打造具有国际竞争力的数字产业集群"。近年来科技进步，云计算、移动支付等技术助力实体零售快速转型，2020年9月发布的《国务院办公厅关于以新业态新模式引领新型消费加快发展的意见》明确指出"加力推动线上线下消费有机融合""到2025年，培育形成一批新型消费示范城市和领先企业，实物商品网上零售额占社会消费品零售总额比重显著提高"等。

【任务描述】

Z公司是一家服装销售公司，以布局线下实体店的传统销售为主，但近几年，线下实体店受到线上电商的冲击影响越来越大，公司面临客户流失、销售额下降等问题。为拓展线上渠道，公司收集了线上历史业务数据，拟分析该历史业务数据，为开拓线上销售提供决策依据。该公司的"历史订单数据"表如图3-1所示。素材中提供"销售分析"工作表与"客户分析"工作表。

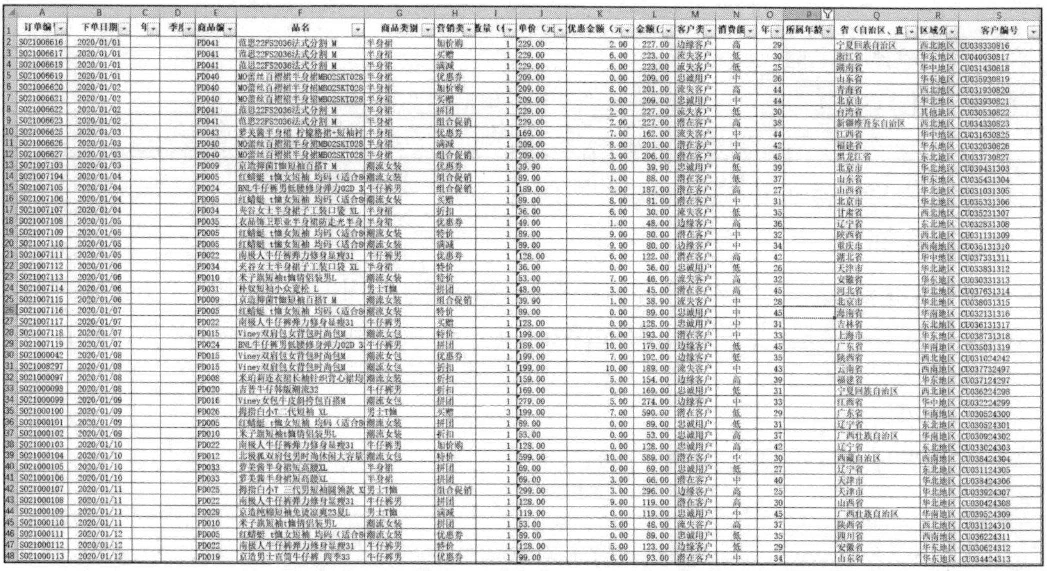

1	订单编	下单日期	年	季	商品编	品名	商品类别	营销类	数量（	单价（元	优惠金额（元	金额（	客户类	消费能	年	所属年龄	省（自治区、直	区域分	客户编号
2	S021006616	2020/01/01			PD041	范思22FS2036法式分割 M	半身裙	加价购	1	229.00	2.00	227.00	边缘客户	高	29		宁夏回族自治区	西北地区	CU038330816
3	S021006617	2020/01/01			PD041	范思22FS2036法式分割 M	半身裙	买赠	1	229.00	6.00	223.00	流失客户	低	30		浙江省	华东地区	CU040030817
4	S021006618	2020/01/01			PD041	范思22FS2036法式分割 M	半身裙	满减	1	229.00	6.00	223.00	流失客户	低	25		湖南省	华中地区	CU031430818
5	S021006619	2020/01/01			PD040	MO蕾丝百褶裙半身裙MB02SKT028	半身裙	优惠券	1	209.00	0.00	209.00	忠诚用户	中	26		山东省	华东地区	CU035930819
6	S021006620	2020/01/02			PD040	MO蕾丝百褶裙半身裙MB02SKT028	半身裙	加价购	1	209.00	8.00	201.00	流失客户	高	44		青海省	西北地区	CU031930820
7	S021006621	2020/01/02			PD040	MO蕾丝百褶裙半身裙MB02SKT028	半身裙	买赠	1	209.00	0.00	209.00	忠诚用户	中	44		北京市	华北地区	CU033930821
8	S021006622	2020/01/02			PD041	范思22FS2036法式分割 M	半身裙	拼团	1	229.00	2.00	227.00	流失客户	低	30		台湾省	其他地区	CU030530822
9	S021006623	2020/01/02			PD041	范思22FS2036法式分割 M	半身裙	组合促销	1	229.00	2.00	227.00	潜在客户	高	38		新疆维吾尔自治区	西北地区	CU034330823
10	S021006625	2020/01/03			PD043	萝美酱半身裙 柠檬格裙+短袖衬	半身裙	优惠券	1	169.00	7.00	162.00	流失客户	中	44		江西省	华中地区	CU031630825
11	S021006626	2020/01/03			PD040	MO蕾丝百褶裙半身裙MB02SKT028	半身裙	满减	1	209.00	8.00	201.00	潜在客户	中	42		福建省	华东地区	CU032030826
12	S021006627	2020/01/03			PD040	MO蕾丝百褶裙半身裙MB02SKT028	半身裙	组合促销	1	209.00	3.00	206.00	潜在客户	高	45		黑龙江省	东北地区	CU033730827
13	S021007103	2020/01/03			PD009	京造抑菌T恤短袖百搭T M	潮流女装	优惠券	1	39.90	0.00	39.90	忠诚用户	低	39		北京市	华北地区	CU039431303
14	S021007104	2020/01/04			PD005	红蜻蜓 t恤女短袖 均码（适合8	潮流女装	组合促销	1	89.00	1.00	88.00	潜在客户	低	37		山东省	华东地区	CU035431304
15	S021007105	2020/01/04			PD024	BNL牛仔裤男低腰修身弹力02D 3	牛仔裤男	组合促销	1	169.00	2.00	187.00	潜在客户	高	27		山西省	华北地区	CU031031305
16	S021007106	2020/01/04			PD005	红蜻蜓 t恤女短袖 均码（适合8	潮流女装	买赠	1	89.00	8.00	81.00	潜在客户	中	31		北京市	华北地区	CU035331306
17	S021007107	2020/01/04			PD034	夹谷女士半身裙子工装口袋 XL	半身裙	折扣	1	36.00	6.00	30.00	流失客户	低	35		甘肃省	西北地区	CU035231307
18	S021007108	2020/01/05			PD035	衣品饰卫职业半身裙防走光半身	半身裙	优惠券	1	49.00	1.00	48.00	边缘客户	高	36		辽宁省	东北地区	CU032831308
19	S021007109	2020/01/05			PD005	红蜻蜓 t恤女短袖 均码（适合8	潮流女装	特价	1	89.00	9.00	80.00	潜在客户	中	32		陕西省	西北地区	CU031131309
20	S021007110	2020/01/05			PD005	红蜻蜓 t恤女短袖 均码（适合8	潮流女装	满减	1	89.00	9.00	80.00	边缘客户	中	34		重庆市	西南地区	CU035131310
21	S021007111	2020/01/05			PD022	南极人牛仔裤弹力修身显瘦31	牛仔裤男	优惠券	1	128.00	6.00	122.00	潜在客户	高	42		湖北省	华中地区	CU037331311
22	S021007112	2020/01/06			PD034	夹谷女士半身裙子工装口袋 XL	半身裙	特价	1	36.00	0.00	36.00	忠诚用户	低	26		天津市	华北地区	CU033831312
23	S021007113	2020/01/06			PD010	米子旗短袖t恤情侣装男L	潮流女装	特价	1	53.00	7.00	46.00	流失客户	高	32		安徽省	华东地区	CU030331313
24	S021007114	2020/01/06			PD031	朴叙短袖小众宽松 L	男士T恤	拼团	1	48.00	3.00	45.00	潜在客户	高	45		河北省	华北地区	CU037631314
25	S021007115	2020/01/06			PD009	京造抑菌T恤短袖百搭T M	潮流女装	组合促销	1	39.90	1.00	38.90	流失客户	中	28		北京市	华北地区	CU038031315
26	S021007116	2020/01/07			PD005	红蜻蜓 t恤女短袖 均码（适合8	潮流女装	特价	1	89.00	0.00	89.00	忠诚用户	中	45		海南省	华南地区	CU032131316
27	S021007117	2020/01/07			PD022	南极人牛仔裤弹力修身显瘦31	牛仔裤男	买赠	1	128.00	0.00	128.00	忠诚用户	中	31		吉林省	东北地区	CU036131317
28	S021007118	2020/01/07			PD015	Viney双肩包女背包时尚包M	潮流女包	特价	1	199.00	6.00	193.00	潜在客户	中	33		上海市	华东地区	CU038731318
29	S021007119	2020/01/07			PD024	BNL牛仔裤男低腰修身弹力02D 3	牛仔裤男	拼团	1	189.00	10.00	179.00	边缘客户	低	45		广东省	华南地区	CU035031319
30	S021000042	2020/01/08			PD015	Viney双肩包女背包时尚包M	潮流女包	优惠券	1	199.00	7.00	192.00	边缘客户	低	35		陕西省	西北地区	CU031024242
31	S021008297	2020/01/08			PD015	Viney双肩包女背包时尚包M	潮流女包	折扣	1	199.00	10.00	189.00	流失客户	中	43		云南省	西南地区	CU037732497
32	S021000097	2020/01/08			PD008	米珀莉连衣裙长袖针织背心裙均	潮流女装	折扣	1	159.00	5.00	154.00	边缘客户	高	39		福建省	华东地区	CU037124297
33	S021000098	2020/01/08			PD020	吉普牛仔韩版潮流32	牛仔裤男	折扣	1	169.00	0.00	169.00	忠诚用户	低	31		宁夏回族自治区	西北地区	CU036224298
34	S021000099	2020/01/09			PD016	Viney女包牛皮斜挎包百搭M	潮流女包	拼团	1	279.00	5.00	274.00	边缘客户	中	33		江西省	华中地区	CU032224299
35	S021000100	2020/01/09			PD026	拇指白小T二代短袖 XL	男士T恤	买赠	3	199.00	7.00	590.00	潜在客户	低	29		广东省	华南地区	CU030524300
36	S021000101	2020/01/09			PD005	红蜻蜓 t恤女短袖 均码（适合8	潮流女装	拼团	1	89.00	0.00	89.00	忠诚用户	低	31		辽宁省	东北地区	CU030524301
37	S021000102	2020/01/09			PD010	米子旗短袖t恤情侣装男L	潮流女装	折扣	1	53.00	0.00	53.00	忠诚用户	高	37		广西壮族自治区	华南地区	CU030924302
38	S021000103	2020/01/10			PD022	南极人牛仔裤弹力修身显瘦31	牛仔裤男	加价购	1	128.00	0.00	128.00	忠诚用户	高	42		辽宁省	东北地区	CU033024303
39	S021000104	2020/01/10			PD012	北极狐双肩包男时尚休闲大容量	潮流女包	特价	1	599.00	10.00	589.00	潜在客户	中	30		西藏自治区	西南地区	CU038424304
40	S021000105	2020/01/10			PD033	萝美酱半身裙短高腰XL	半身裙	拼团	1	69.00	0.00	69.00	忠诚用户	低	27		辽宁省	东北地区	CU031124305
41	S021000106	2020/01/10			PD033	萝美酱半身裙短高腰XL	半身裙	拼团	1	69.00	3.00	66.00	潜在客户	中	40		天津市	华北地区	CU038424306
42	S021000107	2020/01/11			PD025	拇指白小T 三代男短袖圆领款 X	男士T恤	组合促销	1	299.00	3.00	296.00	边缘客户	高	25		天津市	华北地区	CU033924307
43	S021000108	2020/01/11			PD022	南极人牛仔裤弹力修身显瘦31	牛仔裤男	拼团	1	128.00	9.00	119.00	潜在客户	高	30		山西省	华北地区	CU030424308
44	S021000109	2020/01/11			PD029	京造纯棉短袖免烫凉爽23夏L	男士T恤	满减	1	119.00	0.00	119.00	忠诚用户	中	45		广西壮族自治区	华南地区	CU039524309
45	S021000110	2020/01/11			PD010	米子旗短袖t恤情侣装男L	潮流女装	拼团	1	53.00	5.00	48.00	流失客户	高	37		陕西省	西北地区	CU031124310
46	S021000111	2020/01/12			PD005	红蜻蜓 t恤女短袖 均码（适合8	潮流女装	优惠券	1	89.00	0.00	89.00	忠诚用户	低	35		四川省	西南地区	CU036224311
47	S021000112	2020/01/12			PD022	南极人牛仔裤弹力修身显瘦31	牛仔裤男	特价	1	128.00	5.00	123.00	边缘客户	低	29		安徽省	华东地区	CU030624312
48	S021000113	2020/01/12			PD019	京造男士直筒牛仔裤 四季33	牛仔裤男	优惠券	1	99.00	6.00	93.00	潜在客户	中	34		山东省	华东地区	CU034424313

图 3-1　历史订单数据

（1）基于“下单日期”提取“年”“季度”。

（2）统计不同“省（自治区、直辖市）”的销量、销售额及销售额排名。

（3）根据客户年龄划分其所属“年龄段”。

（4）统计历史订单中不同年龄段客户数，据此分析店铺客户群体的主要年龄段。

（5）统计不同区域、购买不同类别商品的客户数。

【知识准备】

Excel是数据分析时的一个必不可少的工具，在数据清洗、数据处理、数据分析等各个阶段均需要使用公式与函数。通过本单元的学习，读者能掌握Excel中单元格名称的定义与运用，能根据特定需求创建公式，能熟练运用Excel中的统计计算类函数、文本类函数、逻辑运算类函数、关联匹配类函数、日期与时间函数，为后期的数据处理与数据分析打下坚实的基础。

3.1　公式与函数基础

公式与函数作为Excel的重要组成部分，有着很强的计算功能，为用户分析与处理工作表中的数据提供了便利。公式是在工作表中对数据进行计算的式子，它可以对工作表中的数值进行加、减、乘、除等运算。一些特殊运算无法直接利用公式来实现，可以使用Excel内置的函数来求解。在利用公式或函数进行计算时，经常会用到单元格或单元格区域。

本节主要讨论公式和常用函数的使用方法。

3.1.1　Excel 公式

在Excel公式中，运算符可以分为以下4种类型。

（1）算术运算符，包括“+”（加）、“-”（减）、“*”（乘）、“/”（除）、“%”（百分比）、“^”（指数）。

（2）比较运算符，包括“=”（等于）、“>”（大于）、“<”（小于）、“>=”（大于等于）、“<=”（小

于等于）。

（3）字符运算符，即"&"（连接）。

（4）引用运算符，包括"："（冒号）、"，"（逗号）、" "（空格）。

要创建一个公式，首先需要选定一个单元格，输入一个"="，然后在其后输入公式的内容，最后按Enter键就可以按公式计算并得出结果。

1. 单元格引用

单元格引用就是标识工作表中的单元格或单元格区域，指明公式中所使用的数据的位置。在Excel中，可以引用同一工作表不同部分的数据、同一工作簿中不同工作表的数据，甚至不同工作簿的单元格数据。

（1）3个引用运算符

①"："（冒号）——区域运算符。例如，B2:F5表示B2单元格到F5单元格矩形区域内的所有单元格。

②"，"（逗号）——联合运算符。将多个引用合并为一个引用，如SUM(B5:B15,D4:D12)，表示对B5~B15及D4~D12区域的所有单元格求和（SUM是求和函数）。

③" "（空格）——交叉运算符。例如，SUM(B5:B15 A7:D7)表示两区域交叉单元格之和。

（2）单元格或单元格区域引用一般式

单元格或单元格区域引用的一般式如下。

工作表名!单元格引用或[工作簿名]工作表名!单元格引用。

2. 地址引用

若在一个公式中用到一个或多个单元格地址，则认为该公式引用了单元格地址。根据不同的需要，在公式中引用单元格地址有3种方式，即相对地址引用、绝对地址引用和混合地址引用。

（1）相对地址

当公式复制到其他单元格时，公式中的单元格地址会随之变化，这种地址称为相对地址，如"=C4+D4+E4"中的C4、D4、E4。若单元格F4中的公式为"=C4+D4+E4"，复制到G5，则G5中的公式为"=D5+E5+F5"。因为目标单元格由F4变为G5，即向下移动一行，向右移动一列，所以C4变为D5，D4变为E5，E4变为F5。

（2）绝对地址

与相对地址正好相反，当公式复制到目标单元格时，公式中的地址不改变，这样的单元格地址称为绝对地址。其形式是在普通地址前加"\$"，如\$D\$1（行、列均固定）。若单元格F4中的公式为"=\$C\$4+\$D\$4+\$E\$4"，复制到G5，则G5中的公式仍为"=\$C\$4+\$D\$4+\$E\$4"，公式不会发生任何变化。

（3）混合地址

行号或列号前面带有"\$"，称为混合地址，如\$A3（列固定为A，即第1列，行为相对地址）、B\$4（列为相对地址，行固定为第4行）。若单元格F4中的公式为"=\$C\$4+D\$4+\$E4"，复制到G5，则G5中的公式为"=\$C\$4+E\$4+\$E5"，相对地址引用部分发生变化，绝对地址引用部分不会发生变化。

例如，作为销售部门的统计员，小马每个月都要统计产品销售的情况。小马制作销售报表时，需要计算销售额和利润。利用单元格的引用功能，小马每次都能很快地制作出报表，具体步骤如下。

① 在工作表中输入基本数据,如图3-2所示。

	A	B	C	D	E
1	利润率	0.2			
2	商品名称	单价(万元)	销售数量	销售额(万元)	利润额(万元)
3	轿车A	13	1000		
4	轿车B	14	800		
5	轿车C	15	1200		
6	轿车D	16	500		
7	轿车E	17	600		

图3-2 输入基本数据

② 在"Excel选项"对话框中,选择左侧列表中的"高级"选项,在"此工作表的显示选项"组中勾选"在单元格中显示公式而非其计算结果"复选框,可以使单元格显示公式,而不是计算的结果,如图3-3所示。

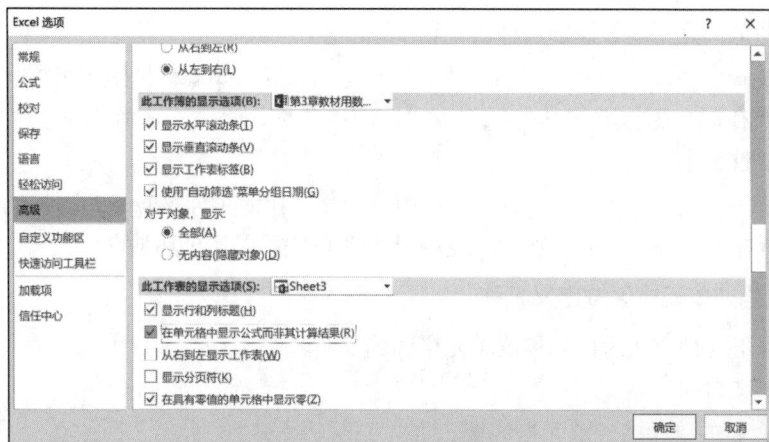

图3-3 勾选"在单元格中显示公式而非其计算结果"复选框

③ 在D3单元格中输入公式"=B3*C3",拖曳D3单元格右下角的填充柄至D7单元格,填充公式。公式中的"单价(万元)"单元格、"销售数量"单元格的地址随着"销售额(万元)"单元格位置的改变而改变。

④ 在E3单元格中输入公式"=D3*$B$1",拖曳E3单元格右下角的填充柄至E7单元格,填充公式。公式中的"销售额(万元)"单元格的地址随着"利润额(万元)"单元格位置的改变而改变,而利润率单元格的地址不变,结果如图3-4所示。

	A	B	C	D	E
1	利润率	0.2			
2	商品名称	单价(万元)	销售数量	销售额(万元)	利润额(万元)
3	轿车A	13	1000	=B3*C3	=D3*$B$1
4	轿车B	14	800	=B4*C4	=D4*$B$1
5	轿车C	15	1200	=B5*C5	=D5*$B$1
6	轿车D	16	500	=B6*C6	=D6*$B$1
7	轿车E	17	600	=B7*C7	=D7*$B$1

图3-4 小马制作的报表

3.1.2 名称的定义与运用

为单元格指定一个名称是实现绝对引用的方法之一。使用名称可以使公式更易于理解和维护,可为单元格或单元格区域、函数、常量、表格等定义名称。

1. 名称的语法规则

创建和编辑名称时需要注意以下语法规则。

（1）须为有效字符：名称的第一个字符必须是字母、下画线或反斜杠"\"。名称中的其余字符可以是字母、数字、点或下画线。注意：不能将大写和小写字符C、c、R或r用作自定义名称。

（2）名称不能与单元格引用地址相同，如Z\$100或R1C1。

（3）不能使用空格：在名称中不允许使用空格，可使用下画线"_"和点"."作为单词分隔符。

（4）名称长度限制：名称最多可以包含255个字符。

（5）不区分大小写：名称可以包含大写字母和小写字母，但不区分大小写。

（6）唯一性：名称在其适用范围之内必须具备唯一性，不可重复。

2. 名称的适用范围

名称的适用范围是指能够识别名称的位置。

如果定义了一个名称（如Budget_FY08）且其适用范围为Sheet1，则该名称只能在Sheet1中被识别，如果要在同一工作簿的其他工作表中使用该名称，必须在名称前加上工作表名称，如Sheet1!Budget_FY08。

如果定义了一个名称（如Sales_01）且适用范围是工作簿（即该Excel文件），则该名称对于该工作簿中的所有工作表都是可识别的，但对于其他工作簿是不可识别的。

3. 为单元格或单元格区域定义名称

可以使用以下几种方法为单元格或单元格区域定义名称。

（1）快速定义名称。

① 选择要命名的单元格或单元格区域。

② 单击编辑栏最左边的名称框。

③ 在名称框中输入引用选定内容时要使用的名称。

④ 按Enter键确认。

（2）将现有行或列标签转换为名称。

① 选择要命名的区域，包括行或列标签。

② 在"公式"选项卡的"定义的名称"组中，单击"根据所选内容创建"按钮。

③ 在弹出的"根据所选内容"对话框中，通过勾选"首行""最左列""末行""最右列"复选框来指定包含标签的位置，如图3-5所示。

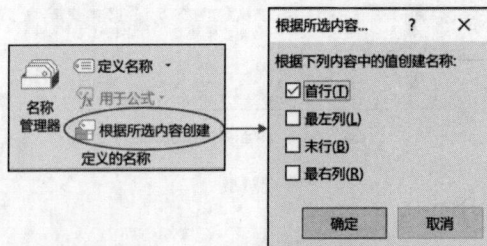

图3-5 根据所选内容创建名称

④ 单击"确定"按钮，完成名称的创建。通过该方式创建的名称仅引用相应标签下包含值的单元格，并且不包含现有行或列标签。

（3）使用"新建名称"对话框定义名称。

① 在"公式"选项卡的"定义的名称"组中，单击"定义名称"按钮，弹出"新建名称"对话框，如图3-6所示。

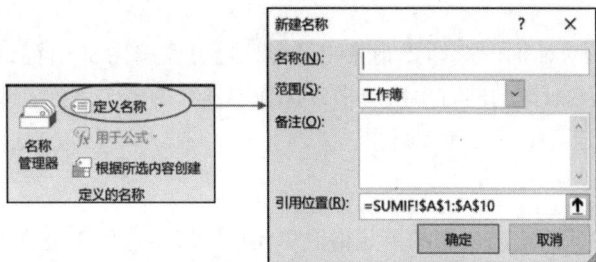

图 3-6 "新建名称"对话框

② 在"新建名称"对话框的"名称"文本框中输入用于引用的名称。

③ 指定名称的适用范围：在"范围"下拉列表中选择"工作簿"或工作簿中工作表的名称。

④ 根据需要，在"备注"文本框中输入对该名称的说明性批注，最多255个字符。

⑤ 在"引用位置"组合框中，执行下列操作之一。

a.若要引用一个单元格，则单击"引用位置"组合框，然后在工作表中重新选择需要引用的单元格或单元格区域。

b.若要引用一个常量，则输入"="，然后输入常量值。

c.若要引用公式，则输入"="，然后输入公式。

⑥ 单击"确定"按钮，完成命名并返回工作表。

4. 使用"名称管理器"管理名称

使用"名称管理器"可以处理工作簿中所有已定义的名称和表名称。例如，确认名称的值和引用、查看或编辑说明性批注、确定名称的适用范围、排序和筛选名称。此外，还可以轻松地添加、更改或删除名称。

单击"公式"选项卡"定义的名称"组中的"名称管理器"按钮，弹出"名称管理器"对话框，如图3-7所示。

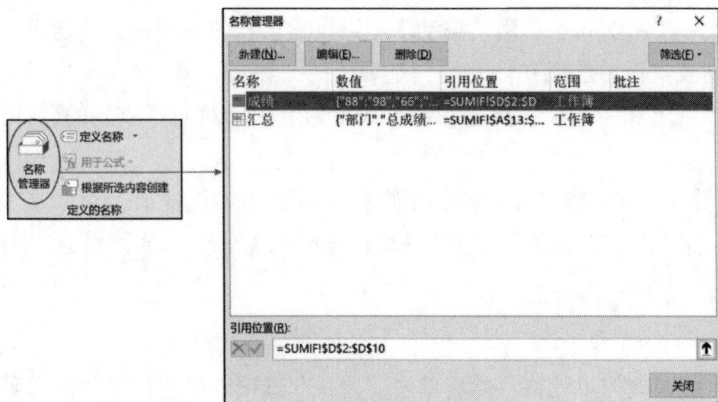

图 3-7 "名称管理器"对话框

（1）更改名称

如果更改某个已定义的名称或表名称，工作簿中该名称的所有实例也会随之更改。

打开"名称管理器"对话框，在该对话框中单击要更改的名称，然后单击"编辑"按钮，弹出"编辑名称"对话框。在该对话框中可按照需要修改名称、引用位置、备注等，但适用范围不能更改，更改完成后单击"确定"按钮。

（2）删除名称

在"名称管理器"对话框中选择要删除的名称，也可以按住 Shift 键，同时单击来选择连续的几个名称，或在按住 Ctrl 键的同时多次单击以选择不连续的多个名称，单击"删除"按钮或按 Delete 键，再单击"确定"按钮，确认删除。

5. 引用名称

名称可用来直接快速选定已命名的单元格或单元格区域，也可在公式中引用名称以实现精确引用。

（1）通过名称框引用名称。

① 单击名称框右侧的黑色箭头，打开名称下拉列表，其中显示了所有已被命名的单元格或单元格区域名称，但不包括常量和公式的名称。

② 选择某一名称，该名称所引用的单元格或单元格区域将被选中，如果是在输入公式的过程中进行这一操作，则该名称会出现在公式中。

（2）在公式中引用名称。

① 单击要输入公式的单元格。

② 在"公式"选项卡的"定义的名称"组中单击"用于公式"按钮，打开下拉列表，选择相应的名称即可。

3.1.3 Excel 中的函数

在 Excel 中，函数是预定义的内置公式，它使用被称为参数的特定数值，按照语法所列的特定顺序进行计算。Excel 提供了大量的函数，可以实现统计、逻辑判断、财务计算、工程分析、数值计算等功能。

1. 行列数据自动求和

在 Excel 中经常进行的工作是合计行或列中的数据，Excel 为用户提供了一个很方便的途径，即利用"自动求和"按钮求和。利用"自动求和"按钮求和的方法是，选定求和区域并在其右方或下方留有一空列或空行，然后在"开始"选项卡的"编辑"组中单击"自动求和"下拉按钮，在下拉列表中选择"求和"选项，便会在空行或空列上求出对应行或列的合计值，最后按 Enter 键确认。

例如，要计算单元格 B3~B6 中数据的和，并在 B7 中显示，可以首先选择单元格区域 B3:B6，然后单击"自动求和"按钮，检查一下可以发现，单元格 B7 中自动生成了公式"=SUM(B3:B6)"。

2. 插入函数

首先选定要生成函数的单元格，然后单击"公式"选项卡最左侧的"插入函数"按钮，打开"插入函数"对话框，如图 3-8 所示。

选择函数（如 COUNT）后，单击"确定"按钮，弹出"函数参数"对话框，如图 3-9 所示。在 Value1、Value2 文本框中输入单元格区域或单击拾取按钮 ⬆ 选择单元格区域（再次单击拾取按钮返回"函数参数"对话框），最后单击"确定"按钮即可。

数据分析基础与案例实战（基于 Excel 软件）（第 2 版）（微课版）

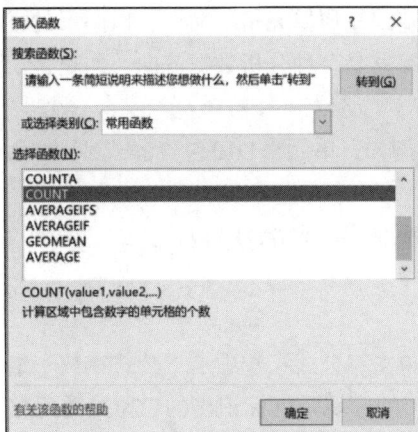

图 3-8 "插入函数"对话框

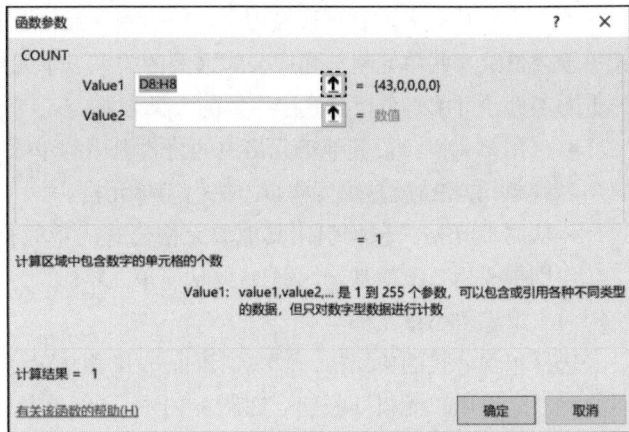

图 3-9 COUNT 函数的参数设置

3.1.4 公式与函数运用中的常见问题

1. 常见的错误信息与处理方法

在单元格中输入或编辑公式后，有时候会出现如"#######"或"#VALUE!"等的错误信息，常见的错误信息及其处理方法如表3-1所示。

表3-1 常见的错误信息及其处理方法

错误	常见原因	处理方法
#DIV/0!	公式中有除数为0或除数为空白的单元格（Excel把空白单元格也当作0）	把除数改为非0的数值，或者用IF函数进行控制
#N/A	在公式中使用查找功能的函数（如VLOOKUP、HLOOKUP、LOOKUP等）时找不到匹配的值	检查被查找的值，使之的确存在于查找的数据表中的第1列
#NAME?	在公式中使用了Excel无法识别的文本，如函数的名称拼写错误、使用了没有被定义的单元格区域或单元格名称、引用文本时没有加引号等	根据具体的公式逐步分析出现该错误的可能原因，并加以改正
#NUM!	当公式需要数值型参数时却给了它一个非数值型参数，或给了公式一个无效的参数，或公式返回的值太大或者太小	根据公式的具体情况逐一分析可能的原因并修正
#VALUE!	文本类型的数据参与了数值运算，函数参数的数值类型不正确；函数的参数本应该是单一值，却提供了一个区域作为参数；输入一个数组公式时，忘记按Ctrl + Shift + Enter组合键	更正相关的数据类型或参数类型；提供正确的参数；输入数组公式时，按Ctrl + Shift + Enter组合键确定
#REF!	公式中使用了无效的单元格引用。通常以下操作会导致公式引用无效的单元格：删除了被公式引用的单元格，把公式复制到引用自身的单元格中	应避免导致引用无效的操作；如果已经出现错误，先撤销，然后用正确的方法操作
#NULL!	使用了不正确的区域运算符，或引用的单元格区域的交集为空	改正区域运算符使之正确，或更改引用使之相交

2. 追踪单元格

在Excel中，当公式使用引用单元格或从属单元格，特别是交叉引用关系很复杂的公式时，检查其准确性或查找其错误的根源会很困难。

为了方便检查公式，可以使用"追踪引用单元格"和"追踪从属单元格"命令，以图形的方式显示或追踪这些单元格与相应公式之间的关系。单元格追踪器是一种分析数据流向、纠正错误的重要工具，可用来分析公式中用到的数据来源。

- 引用单元格：被其他单元格中的公式引用的单元格，例如，单元格D10包含公式"=B5"，则单元格B5就是单元格D10的引用单元格。
- 从属单元格：包含引用其他单元格公式的单元格，例如，单元格D10包含公式"=B5"，则单元格D10就是单元格B5的从属单元格。

（1）追踪引用单元格

选择包含公式的单元格，以找到该公式引用的单元格，单击"公式"选项卡"公式审核"组中的"追踪引用单元格"按钮。在图3-10中，H2单元格引用的区域是框标识出的C2:G2单元格区域。

若要移去引用单元格追踪箭头，则在"公式审核"中单击图3-11所示的"删除箭头"下拉按钮，在弹出的下拉列表中选择"删除引用单元格追踪箭头"选项。

图3-10　追踪引用单元格

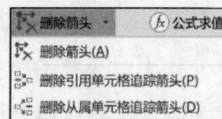

图3-11　"删除箭头"下拉列表

（2）追踪从属单元格

选择要对其标识从属单元格的单元格，单击"公式"选项卡"公式审核"组中的"追踪从属单元格"按钮，可追踪显示引用了该单元格的单元格。

3.2　统计计算类函数

统计计算类函数在数据分析中十分有用，如可用来求平均值、最大值、最小值、中位数、众数等，在数据清洗阶段还能使用统计类函数删除重复数据。本节主要讨论统计类函数与数学计算类函数的使用方法。

3.2.1　统计类函数

1. 平均值函数

平均值是表示一组数据集中趋势的量数，是反映数据集中趋势的一项指标。对于身高、体重、考试成绩等，人们都会将平均值作为参照标准进行比较。平均值主要有算术平均值、几何平均值、调和平均值等。

算术平均值又称加权平均值，是最常使用的平均值，其计算方法是把n个数据相加后除以n，在Excel中用统计函数AVERAGE求出。

```
AVERAGE(Number1,Number2,...)
```

功能：返回参数的平均值（算术平均值）。

参数说明：Number1、Number2等为需要计算算术平均值的1～255个参数；参数可以是数字，或者是包含数字的名称、数组或引用。

几何平均值又称比例中项，其计算方法是求n个数据连续乘积的n次方根，可以用统计函数GEOMEAN求出。

```
GEOMEAN(Number1,Number2,...)
```

功能：返回正数数组或数值区域的几何平均值。

参数说明：Number1、Number2等为需要计算几何平均值的1～255个参数，可以用单一数组或对某个数组的引用来代替用逗号分隔的参数。

调和平均值的计算方法是把n个数据的倒数和作为分母，把n作为分子来求比。可以用统计函数HARMEAN求出。

```
HARMEAN(Number1,Number2,...)
```

功能：返回一组正数的调和平均值。

参数说明：Number1、Number2等为需要计算调和平均值的1～255个参数，可以用单一数组或对某个数组的引用来代替用逗号分隔的参数。

【例3-1】某企业2022年上半年每个月的成本明细如图3-12所示，现要求计算出该企业2022年上半年的成本算术平均值、几何平均值和调和平均值，操作步骤如下。

① 将光标定位于D4单元格，单击"公式"选项卡最左侧的"插入函数"按钮，弹出"插入函数"对话框，设置"或选择类别"为"统计"，在"选择函数"列表框中选择GEOMEAN函数，如图3-13所示，单击"确定"按钮，弹出"函数参数"对话框。

图 3-12 某企业 2022 年上半年每个月成本明细

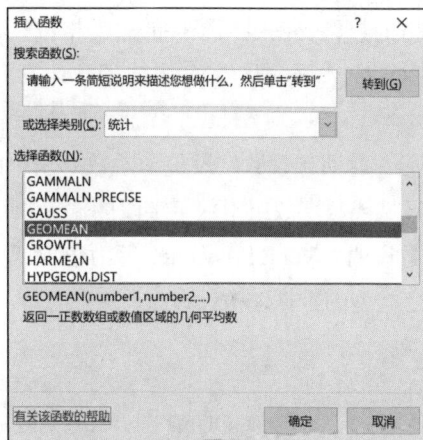

图 3-13 选择 GEOMEAN 函数

② 将光标定位于Number1文本框中，选取Excel工作表中的B2:B7单元格区域，如图3-14所示，再单击"确定"按钮，即计算得出上半年成本几何平均值。

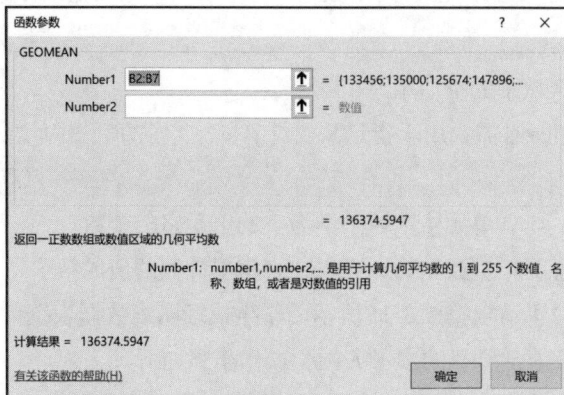

图 3-14 GEOMEAN 函数的参数设置

③ 同理，分别将光标定位于D2单元格和D6单元格，计算上半年成本算术平均值和上半年成本调和平均值。

多学一招

求某个区域内满足给定条件的单元格的平均值

在求平均值的过程中，有时会遇到要求计算满足给定条件的单元格的平均值。如果只有一个条件，可以使用AVERAGEIF函数计算；如果涉及多个条件，则使用AVERAGEIFS函数计算。

```
AVERAGEIF(Range,Criteria,[Average_range])
```

其中参数Range必需，是指需要计算平均值的一个或多个单元格，可以包含数字或包含数字的名称、数组或引用。参数Criteria必需，形式可以为数字、表达式、单元格引用或文本，用来限定计算平均值的单元格内容。例如，可以表示为32、"32"">32""苹果"或B4等形式。参数Average_range可选，是计算平均值的实际单元格组，如果省略，则使用Range。

2. 计数函数

在数据分析过程中，经常需要统计选定区域内数值型单元格的数目、空白单元格的数目、非空单元格的数目及满足某条件的单元格数目，此时，可分别使用COUNT函数、COUNTBLANK函数、COUNTA函数及COUNTIF函数计算。

```
COUNT(Value1,Value2,...)
```

功能：返回包含数字及包含参数列表中的数字的单元格的个数。利用COUNT函数可以计算单元格区域或数字数组中数字字段的输入项个数。

参数说明：Value1、Value2等为包含或引用各种类型数据的参数（个数范围为1～255），但只有数字类型的数据才被计算。

多学一招

COUNT函数使用时的注意事项

函数COUNT在计数时，会把数字、日期或文本型数字计算在内，但是错误值或其他无法转换成数字的文字将被忽略。如果参数是一个数组或引用，那么只统计数组或引用中的数字，数组或引用中的空白单元格、逻辑值、文字或错误值都将被忽略；如果要统计逻辑值、文字或错误值，可使用COUNTA函数。

```
COUNTBLANK(Range)
```

功能：计算单元格区域中的空白单元格的个数。

参数说明：参数Range必需，用于指定需要计算其中空白单元格个数的区域。

```
COUNTA(Value1,Value2,...)
```

功能：计算单元格区域中不为空的单元格的个数。

参数说明：参数Value1必需，表示要计数的值的第一个参数。

例3-2 COUNTA和COUNT函数的使用

【例3-2】请根据图3-15所示的学生成绩明细数据表统计学生人数、语文科目的参考人数及数学科目的参考人数，操作步骤如下。

（1）将光标定位于F4单元格，鼠标单击"公式"选项卡最左侧的"插入函数"

按钮，弹出"插入函数"对话框，将"或选择类别"设置为"统计"，选择COUNTA函数，如图3-16所示，单击"确定"按钮，弹出"函数参数"对话框。

图3-15 学生成绩明细数据表

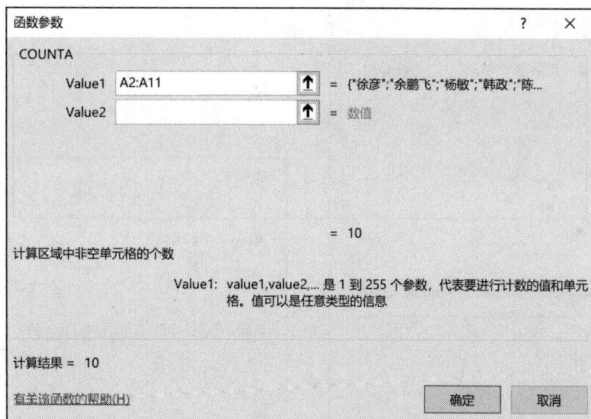

图3-16 选择COUNTA函数

（2）将光标定位于Value1右侧的文本框中，选取A2:A11单元格区域，如图3-17所示，单击"确定"按钮即可。

图3-17 COUNTA函数的参数设置

（3）将光标定位于F5单元格，单击"公式"选项卡最左侧的"插入函数"按钮，弹出"插入函数"对话框，将"或选择类别"设置为"统计"，选择COUNT函数，单击"确定"按钮，弹出"函数参数"对话框。将光标定位于Value1右侧的文本框中，选取B2:B11单元格区域，单击"确定"按钮即可。

（4）"数学参考人数"计算方法同"语文参考人数"。

COUNTIF(Range,Criteria)

功能：计算单元格区域中满足给定条件的单元格的个数。

参数说明：Range为需要计算其中满足条件的单元格数目的单元格区域；Criteria为确定哪些单元格将被计算在内的条件，其形式可以为数字、表达式或文本。

【例3-3】图3-18所示是会员数据明细表。一般数据库中的数据均有一个主键

例3-3 COUNTIF 函数的使用

（即不允许重复的键），计算主键的重复次数，如果大于1即重复。本例操作步骤如下。

	A	B	C	D	E	F	G	H
1	会员编号	重复次数	性别	生日	省（市、自治区）	城市	购买金额	购买总次数
2	DM181031	3	女	1956/1/2	江苏	无锡	1766.1	23
3	DM181032	3	女	1969/2/1	河南	郑州	11160.2335	23
4	DM181037	2	男	1987/3/2	浙江	宁波	21140.56	56
5	DM181038	2	女	1989/5/6	辽宁	沈阳	278.56	30
6	DM181039	1	男	1976/6/1	湖北	武汉	1894.848	14
7	DM181032	2	女	1990/1/4	河北	石家庄	2484.7455	23
8	DM181031	3	女	1976/11/2	河南	郑州	3812.73	34
9	DM181037	2	男	1987/4/1	广东	汕头	984108.15	56
10	DM181038	2	女	1988/6/5	内蒙古	呼和浩特	1186.06	13
11	DM181031	3	女	1987/12/1	江苏	南京	1764.9	10

图 3-18　会员数据明细表

（1）在A列与B列中间插入一列，命名为"重复次数"。

（2）将光标定位于B2单元格，单击"公式"选项卡最左侧的"插入函数"按钮，弹出"插入函数"对话框，将"或选择类别"设置为"统计"，选择COUNTIF函数，如图3-19所示，单击"确定"按钮，弹出"函数参数"对话框。

（3）将光标定位于Range右侧的文本框中，选取A2:A11单元格区域，由于此区域在公式复制过程中不变，因此行号前添加"$"，将相对地址改为混合地址。将光标定位于Criteria右侧的文本框中，选取A2单元格，如图3-20所示，单击"确定"按钮，B2单元格中显示3。

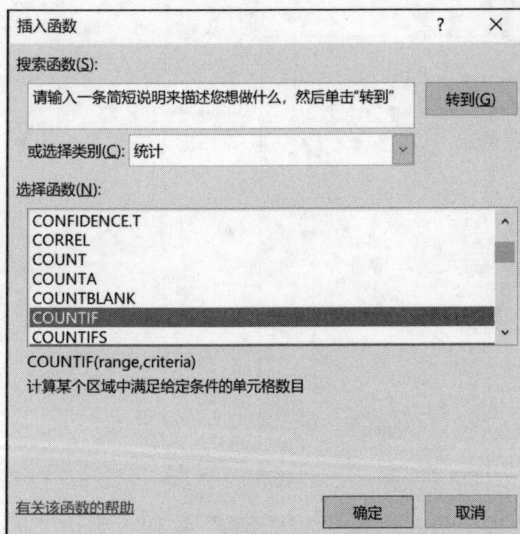

图 3-19　选择 COUNTIF 函数

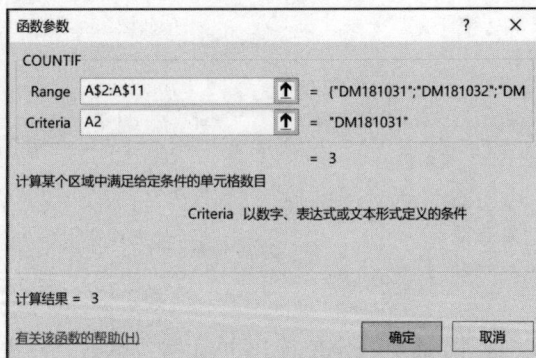

图 3-20　COUNTIF 函数的参数设置

（4）单击B2单元格，将鼠标指针移动到B2单元格右下角，此时鼠标指针变为填充柄，双击，后续的单元格自动按此公式进行计算。

```
COUNTIFS(Criteria_range1,Criteria1,[Criteria_range2,Criteria2],...)
```

功能：统计一组给定条件所指定的单元格数。

参数说明：参数Criteria_range1必需，表示计算第一个关联条件的区域；参数Criteria1必需，表示条件，条件的形式可为数字、表达式、单元格引用或文本。例如，条件可以表示为32、">32"、B4、"apples"或"32"。

例3-4 COUNTIFS 函数的使用

【例3-4】图3-21是某单位2022年1月的销售明细数据，现要求统计各部门男女员工的人数，操作步骤如下。

（1）将光标定位于工作表的D18单元格，单击"公式"选项卡最左侧的"插入函数"按钮，弹出"插入函数"对话框，将"或选择类别"设置为"统计"，选择COUNTIFS函数，如图3-22所示，单击"确定"按钮，弹出"函数参数"对话框。

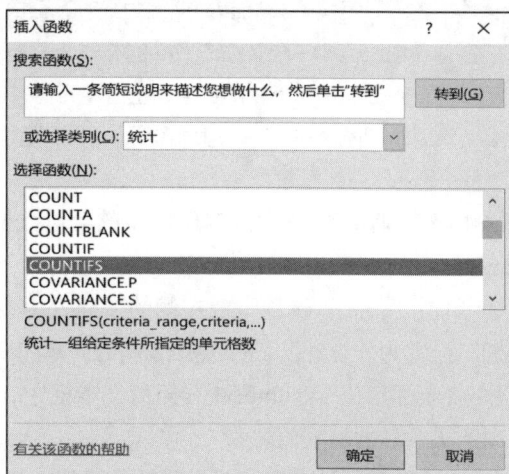

	A	B	C	D
1	1月销售数据			
2	姓名	性别	部门	销售额
3	徐伟	男	教学部	2000
4	徐良	男	研发部	1800
5	刘红	女	教学部	3000
6	刘子珍	女	研发部	3500
7	张伟	男	教学部	2000
8	张良	男	研发部	1800
9	顾红	女	教学部	3000
10	徐珍	女	研发部	3500
11	刘伟	男	教学部	2000
12	戴良	男	研发部	1800
13	张红	女	教学部	3000
14	顾珍	女	研发部	3500

图3-21　某单位2022年1月的销售明细数据

图3-22　选择COUNTIFS函数

（2）将光标定位于Criteria_range1右侧的文本框中，选取第一个条件区域$C$3:$C$14；将光标定位于Criteria1右侧的文本框中，单击B18单元格；将光标定位于Criteria_range2右侧的文本框中，选取第二个条件区域$B$3:$B$14；将光标定位于Criteria2右侧的文本框中，单击C18单元格，如图3-23所示。最后单击"确定"按钮即可。

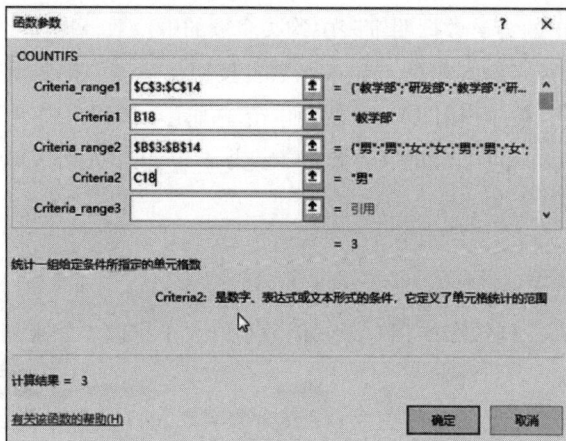

图3-23　COUNTIFS函数的参数设置

3. 其他统计类函数

（1）最大值函数MAX和最小值函数MIN

```
MAX(Number1,Number2,...)
```

功能：返回一组值中的最大值。

参数说明：Number1、Number2等为要从中找出最大值的1~255个数字参数。

```
MIN(Number1,Number2,...)
```

功能：返回一组值中的最小值。

参数说明：Number1、Number2等为要从中找出最小值的1～255个数字参数。

多学一招

MAX、MIN 函数使用时的注意事项

用户可以将参数指定为数字、空白单元格、逻辑值或数字的文本表达式。如果参数为错误值或不能转换成数字的文本，将产生错误；如果参数是数组或引用，则MAX、MIN函数仅使用其中的数字，空白单元格、逻辑值、文本或错误值将被忽略；如果逻辑值和文本不能忽略，可使用MAXA、MINA函数；如果参数中不含数字，则函数返回0。

【例3-5】计算例3-3中图3-18所示的会员数据明细表中购买金额的最大值与最小值，操作步骤如下。

① 单击"公式"选项卡最左侧的"插入函数"按钮，弹出"插入函数"对话框，将"或选择类别"设置为"统计"，选择MAX函数，单击"确定"按钮，弹出"函数参数"对话框。

② 将光标定位于Number1右侧的文本框中，选取F2:F11单元格区域，单击"确定"按钮即可求出购买金额的最大值。

③ 运用MIN函数计算购买金额的最小值，操作步骤与上述步骤相似。

（2）MEDIAN 函数

```
MEDIAN(Number1,Number2,...)
```

功能：返回给定数值集合的中位数。

参数说明：Number1是必需的，后续参数可选，用于指定要计算中位数的1～255个数字参数。

【例3-6】计算图3-18的会员数据明细表中购买金额的中位数，操作步骤如下。

① 单击"公式"选项卡最左侧的"插入函数"按钮，弹出"插入函数"对话框，将"或选择类别"设置为"统计"，选择MEDIAN函数，单击"确定"按钮，弹出"函数参数"对话框。

② 将光标定位于Number1右侧的文本框中，选取F2:F11单元格区域，单击"确定"按钮即可求出购买金额的中位数。

（3）RANK 函数

```
RANK(Number,Ref,Order)
```

功能：返回某数字在一列数字中相对于其他数字的大小排位（如果列表已排过序，则数字的排位就是它当前的位置）。

参数说明：Number为需要排位的数字；Ref为数字列表数组或对数字列表的引用，Ref中的非数值型参数将被忽略；Order为一个数字，指明排位的方式。如果Order为0或省略，则Excel对数字的排位是基于Ref按照降序排列的；如果Order不为0，则Excel对数字的排位是基于Ref按照升序排列的。

【例3-7】计算图3-24所示的学生成绩明细表中每位学生的成绩在年级中的排名，操作步骤如下。

① 将光标定位于工作表的E2单元格，单击"公式"选项卡最左侧的"插入函数"按钮，弹出"插入函数"对话框，将"或选择类别"设置为"全部"，选择RANK函数，单击"确定"按钮，弹出"函数参数"对话框。

例3-7、例3-8
RANK函数和
FREQUENCY函数
的使用

	A	B	C	D	E	F
1	班级1	成绩	班级2	成绩	1班年级排名	2班年级排名
2	徐彦	54	张钰波	78		
3	余鹏飞	65	崔瑾	79		
4	杨敏	87	杨娟	85		
5	韩政	98	赵鹏	84		
6	陈礼华	86	周蕾	93		
7	赵飞	66	赵腾	71		
8	孙娟	43	王日	84		
9	刘洁	99	宋全峰	82		
10	周冠英	97	臧晓晶	90		
11	周婷	75	钱永峰	96		

图 3-24 学生成绩明细表

② 将光标定位于 Number 右侧的文本框中，选取 B2 单元格。

③ 将光标定位于 Ref 右侧的文本框中，按住 Ctrl 键的同时选取 B2:B11 单元格区域与 D2:D11 单元格区域。为保证复制公式时此区域地址不变化，需要使用绝对地址，因此在行、列号前均加上 "$"，并在所选区域外添加英文括号。

④ 将光标定位于 Order 右侧的文本框中，输入 0 或省略，默认情况下为降序，如图 3-25 所示，单击"确定"按钮即可。

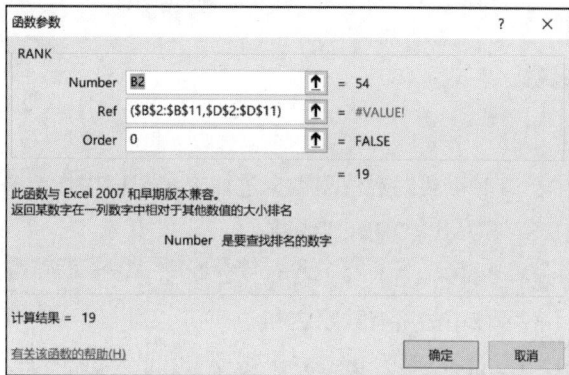

图 3-25 RANK 函数的参数设置

（4）FREQUENCY 函数

`FREQUENCY(Data_array,Bins_array)`

功能：以一列垂直数组返回一组数据的频数分布。

参数说明：Data_array 表示要对其频率进行计数的一组数值或对这组数值的引用。如果 Data_array 中不包含任何数值，则 FREQUENCY 函数返回一个 0 数组。

Bins_array 表示要将 Data_array 中的值插入的间隔数组或对间隔的引用。如果 Bins_array 中不包含任何数值，则 FREQUENCY 函数返回 Data_array 中的元素个数。

【例3-8】请分别统计图3-24所示的学生成绩明细表中学生成绩的分段人数，结果如图3-26所示，操作步骤如下。

① 选取 D14:D17 单元格区域，单击"公式"选项卡最左侧的"插入函数"按钮，弹出"插入函数"对话框，将"或选择类别"设置为"统计"，选择 FREQUENCY 函数，单击"确定"按钮，弹出"函数参数"对话框。

成绩	分段点	人数
成绩<=60（不合格）	60	2
60<成绩<=80（合格）	80	6
80<成绩<=90（良好）	90	7
成绩>90（优秀）	100	5

图 3-26 分段统计结果

② 将光标定位于 Data_array 右侧的文本框中，按住 Ctrl 键的同时选取 B2:B11 单元格区域和

D2:D11单元格区域。为保证复制公式时此区域地址不变化，需要使用绝对地址，因此要在行、列号前均加上"$"，并在所选区域外添加英文括号。

③ 将光标定位于Bins_array右侧的文本框中，选取C14:C17单元格区域。接收区间的结束单元格C17在复制公式时不能变化，需要使用混合地址，因此要在C17行号前加上"$"，如图3-27所示。最后单击"确定"按钮即可。

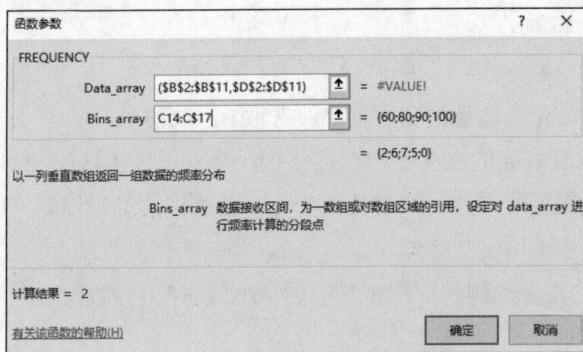

图3-27　FREQUENCY 函数的参数设置

3.2.2　数学计算类函数

1. 求和函数

在数据分析的过程中，有时需要对数值型数据进行求和或根据指定条件求和等，此时可以使用SUM、SUMIF、SUMIFS、SUMPRODUCT函数。

```
SUM(Number1,Number2,...)
```

功能：返回某一单元格区域中的所有数字之和。

参数说明：Number1、Number2等为1~255个需要求和的参数，可以是一个具体的数值、一个单元格或单元格区域。

```
SUMIF(Range,Criteria,Sum_range)
```

功能：对范围中符合指定条件的数值求和。

参数说明：参数Range必需，为根据条件进行计算的单元格区域；Criteria必需，用于确定对哪些单元格求和，其形式可以为数字、表达式、单元格引用、文本或函数；Sum_range指定要求和的实际单元格，若省略，则对在Range参数中指定的单元格求和。

```
SUMIFS(Sum_range,Criteria_range1,Criteria1,[Criteria_range2,Criteria2],...)
```

功能：用于计算满足多个条件的全部参数的总和。

参数说明：参数Sum_range必需，指定要求和的单元格区域；参数Criteria_range1必需，指定第一个条件区域；参数Criteria1必需，定义将计算Criteria_range1中的哪些单元格的和。

【例3-9】要求计算图3-28所示的成绩信息表中指定部门的总成绩，操作步骤如下。

（1）将光标定位于工作表的B14单元格，单击"公式"选项卡最左侧的"插入函数"按钮，弹出"插入函数"对话框，将"或选择类别"设置为"数学与三角函数"，选择SUMIF函数，如图3-29所示，单击"确定"按钮，弹出"函数参数"对话框。

例3-9 SUMIF函数的使用

图 3-28　成绩信息表

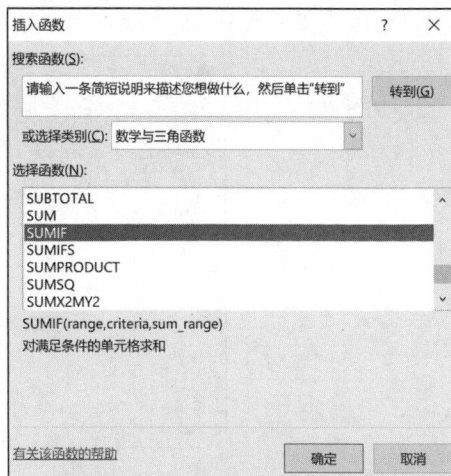

图 3-29　选择 SUMIF 函数

（2）将光标定位于 Range 右侧的文本框中，选取条件区域 A2:A10。将光标定位于 Criteria 右侧的文本框中，选取条件单元格 A14。将光标定位于 Sum_range 右侧的文本框中，选取求和区域 D2:D10，同样，需要将该区域地址修改为混合地址 D$2:D$10，如图 3-30 所示，单击"确定"按钮即可。

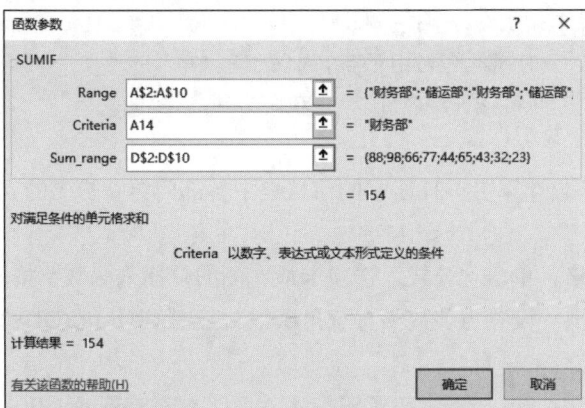

【例3-10】要求计算图 3-31 所示的表中各部门男女员工的销售总额，操作步骤如下。

图 3-30　SUMIF 函数的参数设置

图 3-31　各部门员工销售明细表

（1）将光标定位于工作表的 D18 单元格，单击"公式"选项卡最左侧的"插入函数"按钮，弹出"插入函数"对话框，将"或选择类别"设置为"数学与三角函数"，选择 SUMIFS 函数，单击"确定"按钮，弹出"函数参数"对话框。

（2）将光标定位于 Sum_range 右侧的文本框中，选取计算区域 D3:D14。为确保向下复制公式时计算区域始终定位于 D3:D14，需要将该地址改为绝对地址 $D$3:$D$14。

（3）将光标定位于 Criteria_range1 右侧的文本框中，选取条件区域 C3:C14。为确保向下复制公式时条件区域始终定位于 C3:C14，需要将该地址改为绝对地址 $C$3:$C$14。将光标定位于 Criteria1 右侧的文本框中，选取条件单元格 B18。

（4）将光标定位于 Criteria_range2 右侧的文本框中，选取条件区域 B3:B14。为确保向下复制公式时条件区域始终定位于 B3:B14，需要将该地址改为绝对地址 $B$3:$B$14。将光标定位于

Criteria2右侧的文本框中，选取条件单元格C18，如图3-32所示，单击"确定"按钮即可。

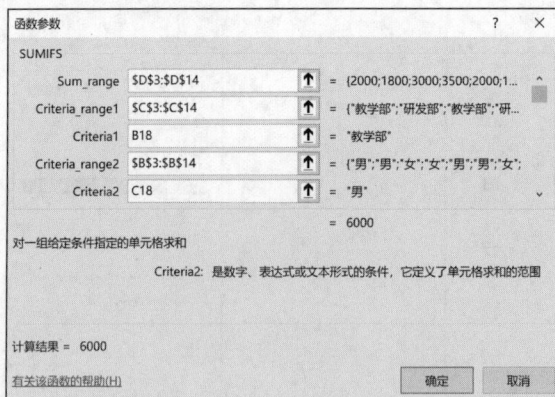

图3-32 SUMIFS函数的参数设置

```
SUMPRODUCT(Array1,Array2,Array3,...)
```

功能：在给定的几组数组中将数组间对应的元素相乘，并返回乘积之和。

参数说明：Array1指定包含构成计算对象的值的数组或单元格区域。

62

> **SUMPRODUCT函数使用时的注意事项**
>
> 多学一招
>
> （1）数组参数必须具有相同的维数，否则函数SUMPRODUCT将返回错误值"#VALUE!"。
>
> （2）数据区域引用时不能整列引用，如A:A、B:B。
>
> （3）SUMPRODUCT函数将非数值型的数组元素作为0处理。
>
> （4）数据区域不大时可以用SUMPRODUCT函数，否则运算速度会变慢。

【例3-11】要求使用SUMPRODUCT函数计算图3-31所示的信息表中各部门男女员工的人数及销售总额，操作步骤如下。

（1）将光标定位于工作表的D18单元格，单击"公式"选项卡最左侧的"插入函数"按钮，弹出"插入函数"对话框，将"或选择类别"设置为"数学与三角函数"，选择SUMPRODUCT函数，单击"确定"按钮，弹出"函数参数"对话框。

（2）将光标定位于Array1右侧的文本框中，输入公式"($C$3:$C$14=B18)*(B$3:B$14=C18)"。

（3）将光标定位于Array2右侧的文本框中，选取计算区域D3:D14，设置为绝对地址，如图3-33所示，单击"确定"按钮，鼠标向下拖曳复制公式，即可计算各部门男女员工的销售总额。

（4）计算各部门男女员工的人数时，只需要在Array1右侧的文本框中输入公式"($C$3:$C$14=B18)*($B$3:$B$14=C18)"，单击"确定"按钮即可。

> **函数使用时的注意事项**
>
> 多学一招
>
> （1）指定条件时可以使用通配符。如"=SUMIF(B:B,"*亚",E:E)"，只要包含字符"亚"，就对E列对应单元格中的数值进行求和汇总。
>
> （2）求和区域和条件区域要大小一致，并且两者的起始位置须保持一致。

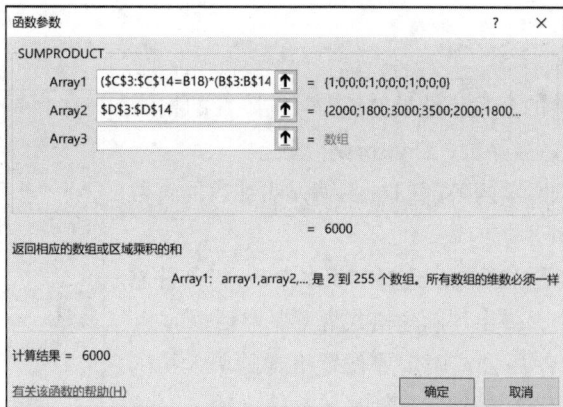

图 3-33　SUMPRODUCT 函数的参数设置

2. 其他数学函数

（1）INT 函数

```
INT(Number)
```

功能：将 Number 向下舍入为最接近的整数。

参数说明：Number 指定需要进行向下舍入取整的实数或实数所在的单元格引用。参数只能指定一个，且不能指定单元格区域。

【例3-12】计算发放职工工资时的备钞张数，如图3-34所示。操作步骤如下。

图 3-34　职工工资备钞张数

① 将光标定位于B2单元格中，单击"公式"选项卡最左侧的"插入函数"按钮，弹出"插入函数"对话框，将"或选择类别"设置为"数学与三角函数"，选择INT函数，单击"确定"按钮，弹出"函数参数"对话框。

② 将光标定位于Number右侧的文本框中，输入"A2/B\$1"，如图3-35所示，单击"确定"按钮即可计算出100元的备钞张数。

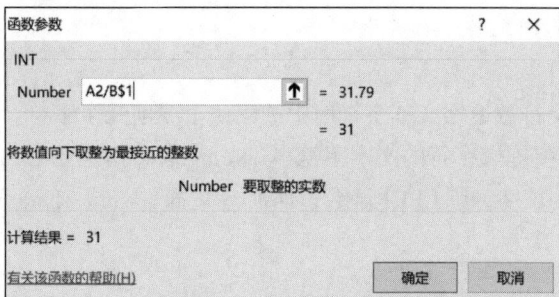

图 3-35　INT 函数的参数设置

③ 计算50元的备钞张数，操作与第②步相似，但需在Number右侧的文本框中输入"(A2-B2*B\$1)/ C\$1"。

（2）MOD函数

```
MOD(Number,Divisor)
```

功能：返回两数相除的余数，结果的正负号与除数的相同。

参数说明：Number是被除数，Divisor是除数。

【例3-13】为图3-31所示的各部门员工销售明细表的奇数行设置底纹，操作步骤如下。

① 选取A3:D14单元格区域，选择"开始"→"条件格式"→"新建规则"命令，弹出"新建格式规则"对话框。

② 选择规则类型"使用公式确定要设置格式的单元格"，在"为符合此公式的值设置格式"下面的文本框中输入公式"=mod(row($A3),2)"，如图3-36所示，单击"格式"按钮设置底纹颜色，然后单击"确定"按钮，则为奇数行的单元格设置了相应的底纹。

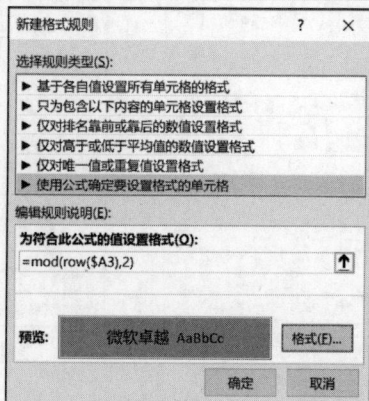

图 3-36　"新建格式规则"对话框

3.3　文本类函数

Excel提供了很多文本类函数，如求字符串长度函数、截取子字符串函数、连接字符串函数等。这些函数可以实现数据抽取、字段合并、数据转换等。本节主要介绍字符串截取类函数、字符串查找替换类函数及文本转换类函数的使用。

3.3.1　字符串截取类函数

有时需要提取文本字符串中特定的字符，并且没有特定的分隔符，此时就需要借助Excel的LEN、LENB、LEFT、RIGHT或MID等文本类函数来实现。

```
LEN(Text)
```

功能：返回文本字符串的字符数。

参数说明：Text是要计算长度的文本。空格将作为字符进行计数。

例如LEN(345克)返回4。

```
LENB(Text)
```

功能：返回文本字符串中用于代表字符的字符数。

参数说明：Text是要计算长度的文本。

例如LENB(345克)返回5。

```
LEFT(Text,Num_chars)
```

功能：根据指定的字符数返回文本字符串中的第一个或前几个字符。

参数说明：Text指定要提取字符的文本字符串；Num_chars指定要由LEFT函数提取的字符数。如果Num_chars大于文本长度，则LEFT函数返回所有文本。Num_chars必须大于或等于0。如果省略Num_chars，则默认其为1。

```
RIGHT(Text,Num_chars)
```

功能：根据指定的字符数返回文本字符串中的最后一个或多个字符。

参数说明：Text指定要提取字符的文本字符串；Num_chars指定要由RIGHT函数提取的字符数。如果Num_chars大于文本长度，则RIGHT函数返回所有文本。Num_chars必须大于或等于0。

如果省略Num_chars，则默认其为1。

【例3-14】 从图3-37所示的信息表的A列单元格中分别截取数字和单位。

	A	B	C
1	文本	数字	单位
2	28克		
3	369克		
4	56789吨		

图3-37 信息表

操作步骤分两大步：第一步，截取数字；第二步，截取单位。

（1）截取数字

① 将光标定位于B2单元格，单击"公式"选项卡最左侧的"插入函数"按钮，弹出"插入函数"对话框，将"或选择类别"设置为"文本"，选择LEFT函数，单击"确定"按钮，弹出"函数参数"对话框。

② 将光标定位于Text右侧的文本框中，选取A2单元格。

③ 将光标定位于Num_chars右侧的文本框中，输入"LEN(A2)*2-LENB(A2)"，如图3-38所示，单击"确定"按钮即可。

例3-14 LEFT、LEN、RIGHT函数的使用

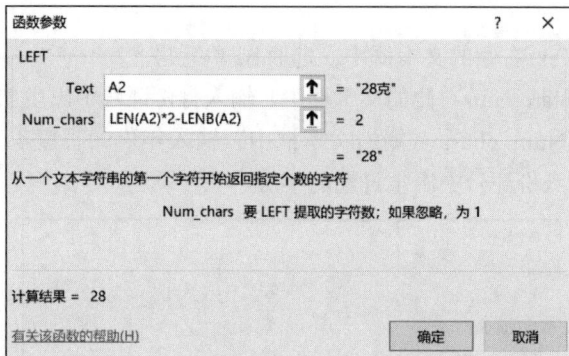

图3-38 LEFT函数的参数设置

（2）截取单位

① 将光标定位于C2单元格，单击"公式"选项卡最左侧的"插入函数"按钮，弹出"插入函数"对话框，将"或选择类别"设置为"文本"，选择RIGHT函数，单击"确定"按钮，弹出"函数参数"对话框。

② 将光标定位于Text右侧的文本框中，选取A2单元格。

③ 将光标定位于Num_chars右侧的文本框中，输入"LENB(A2)-LEN(A2)"，如图3-39所示，单击"确定"按钮即可。

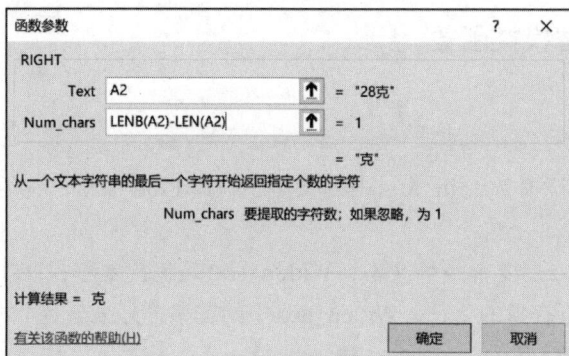

图3-39 RIGHT函数的参数设置

```
MID(Text,Start_num,Num_chars)
```

功能：返回文本字符串中从指定位置开始的特定数目的字符，该数目由用户指定。

参数说明：Text指定要提取字符的文本字符串；Start_num指定文本中要提取的第一个字符的位置，文本中第一个字符的Start_num为1，以此类推；Num_chars指定从文本中返回字符的个数。

【例3-15】从图3-40所示的员工信息表的身份证号中提取员工的生日，以"****年**月**日"的形式存放，操作步骤如下。

例3-15、例3-17、
例3-18 MID、
REPLACE、
SUBSTITUTE函数
的使用

	A	B	C
1	姓名	身份证号	生日
2	张良	371421197205164000	
3	徐琴	35264119801211508x	
4	王伟	265894198902241006	

图3-40　员工信息表

（1）将光标定位于C2单元格，单击"公式"选项卡最左侧的"插入函数"按钮，弹出"插入函数"对话框，将"或选择类别"设置为"文本"，选择MID函数，单击"确定"按钮，弹出"函数参数"对话框。

（2）将光标定位于Text右侧的文本框中，选取B2单元格。

（3）将光标定位于Start_num右侧的文本框中，输入身份证号中出生年份起始位置7。

（4）将光标定位于Num_chars右侧的文本框中，输入年份的长度4，如图3-41所示，单击"确定"按钮，即可截取身份证号中出生日期的年份。

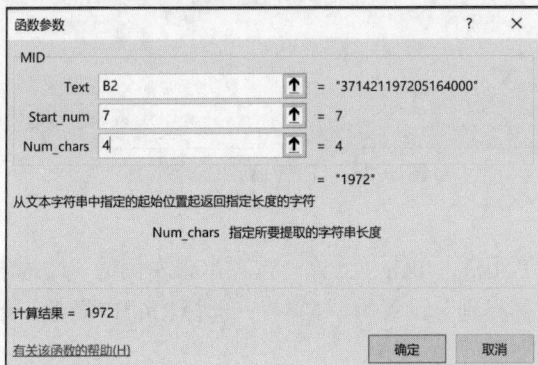

图3-41　MID函数的参数设置

（5）将截取的年、月、日用字符串连接符"&"连接，完整的公式为"=MID(B2,7,4) & "年" & MID(B2,11,2) & "月" & MID(B2,13,2) & "日""。

3.3.2　字符串查找替换类函数

1. FIND函数

```
FIND(Find_text,Within_text,Start_num)
```

功能：查找文本字符串Within_text内的文本字符串Find_text，并返回Find_text起始位置编号。

参数说明：Find_text是要查找的文本，Within_text是包含要查找文本的文本，Start_num指定开始进行查找的字符。Within_text中的首字符是编号为1的字符。如果忽略Start_num，则默认其为1。

例3-16 FIND
函数的使用

【例3-16】请从图3-42所示员工联系信息表的"员工联系地址信息"列中截取姓名、邮政编码、联系地址，操作步骤如下。

（1）将光标定位于B2单元格，单击"公式"选项卡最左侧的"插入函数"按钮，弹出"插入函数"对话框，将"或选择类别"设置为"文本"，选择 FIND 函数，单击"确定"按钮，弹出"函数参数"对话框。

图 3-42　员工联系信息表

（2）将光标定位于 Find_text 右侧的文本框中，输入""|""。由于姓名、邮政编码与联系地址之间均用"|"分隔，因此需要查找"|"在"员工联系地址信息"中的位置。

（3）将光标定位于 Start_num 右侧的文本框中，输入 1，若省略，则默认为 1，如图 3-43 所示，单击"确定"按钮，即可求出"|"在字符串中的位置。

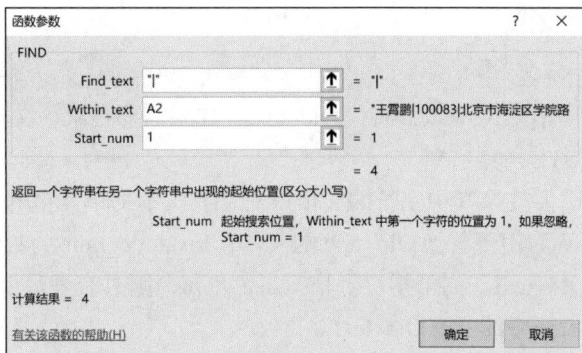

图 3-43　FIND 函数的参数设置

（4）截取姓名，用公式"=LEFT(A2,FIND("|",A2,1)-1)"即可。

（5）截取邮政编码，用公式"=MID(A2,FIND("|",A2,1)+1,6)"即可。

（6）截取联系地址，用公式"=RIGHT(A2,LEN(A2)-LEN(B2)-LEN(C2)-2)"即可。

2. REPLACE 函数

REPLACE(Old_text,Start_num,Num_chars,New text)

功能：根据指定的字符数使用其他文本字符串替换某文本字符串中的部分文本。

参数说明：Old_text 是要替换部分字符的文本，Start_num 是 Old_text 中要用 New_text 替换的字符的开始位置，Num_chars 是 Old_text 中使用 New_text 替换的字符个数，New_text 是用于替换 Old_text 中字符的文本。

【例 3-17】请隐藏图 3-40 所示的员工信息表中身份证号中的出生日期，将出生日期用"****"代替，操作步骤如下。

（1）单击"公式"选项卡最左侧的"插入函数"按钮，弹出"插入函数"对话框，将"或选择类别"设置为"文本"，选择 REPLACE 函数，单击"确定"按钮，弹出"函数参数"对话框。

（2）将光标定位于 Old_text 右侧的文本框中，选取 B2 单元格。

（3）将光标定位于 Start_num 右侧的文本框中，输入 7，确定开始替换字符的位置。

（4）将光标定位于 Num_chars 右侧的文本框中，输入 8，确定被替换字符的个数。

（5）将光标定位于 New_text 右侧的文本框中，输入""****""，表示身份证号中 8 位代表出生日期的字符将用"****"代替，如图 3-44 所示，单击"确定"按钮即可。

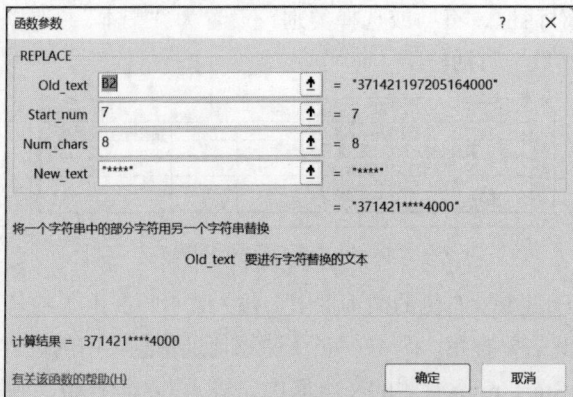

图 3-44　REPLACE 函数的参数设置

3. SUBSTITUTE 函数

`SUBSTITUTE(Text,Old_text,New_text,Instance_num)`

功能：在文本字符串中用New_text替代Old_text。如果需要在某一文本字符串中替换指定的文本，可使用SUBSTITUTE函数。

参数说明：Text为需要替换其中字符的文本或对含有文本的单元格的引用；Old_text为需要替换的旧文本；New_text为用于替换Old_text的文本；Instance_num为数值，用来指定用New_text替换第几次出现的Old_text。如果指定了Instance_num，则只有满足要求的Old_text被替换，否则将用New_text替换Text中的所有Old_text。

【例3-18】请使用SUBSTITUTE函数隐藏图3-40所示的员工信息表中身份证号中的出生日期，将出生日期用"****"代替，操作步骤如下。

（1）单击"公式"选项卡最左侧的"插入函数"按钮，弹出"插入函数"对话框，将"或选择类别"设置为"文本"，选择SUBSTITUTE函数，单击"确定"按钮，弹出"函数参数"对话框。

（2）将光标定位于Text右侧的文本框中，选取B2单元格。

（3）将光标定位于Old_text右侧的文本框中，输入"mid(B2,7,8)"，确定需要被替换的字符串。

（4）将光标定位于New_text右侧的文本框中，输入""****""，表示身份证号中8位代表出生日期的字符将用"****"代替。

（5）将光标定位于Instance_num右侧的文本框中，输入1或省略，如图3-45所示，单击"确定"按钮即可。

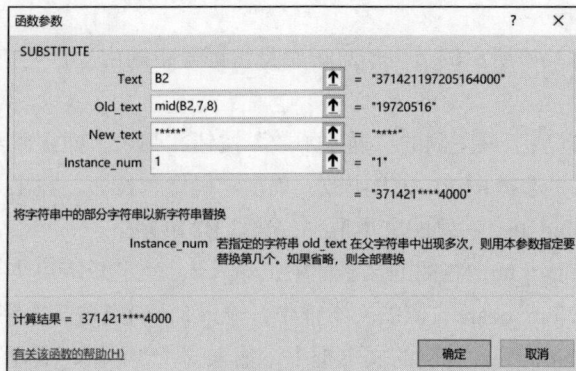

图 3-45　SUBSTITUTE 函数的参数设置

3.3.3 文本转换类函数

TEXT 函数

```
TEXT(Value,Format_text)
```

功能：根据指定的格式将数字转换为文本。

参数说明：Value可以为数值、计算结果为数值的公式，或对包含数值的单元格的引用；Format_text为"设置单元格格式"对话框中"数字"选项卡"分类"列表框中的文本形式的数字格式。

【例3-19】根据图3-46所示的信息表中的收入和支出数据进行盈亏平衡判断，收入大于支出设置为盈利，收入小于支出设置为亏损，收入等于支出设置为平衡。操作步骤如下。

	A	B	C
1	收入（单位：万元）	支出（单位：万元）	收益情况
2	6.74	6.42	盈利0.32万元
3	7.61	7.88	亏损0.27万元
4	6.94	6.51	盈利0.43万元
5	7.13	7.96	亏损0.83万元
6	6.99	6.99	平衡
7	7.67	6.46	盈利1.21万元
8	7.61	6.5	盈利1.11万元
9	6.15	6.65	亏损0.50万元

图3-46 收入支出信息表

例3-19 TEXT 函数的使用

（1）将光标定位于C2单元格，单击"公式"选项卡最左侧的"插入函数"按钮，弹出"插入函数"对话框，将"或选择类别"设置为"文本"，选择TEXT函数，单击"确定"按钮，弹出"函数参数"对话框。

（2）将光标定位于Value右侧的文本框中，输入"A2-B2"，确定盈亏的数值。

（3）将光标定位于Format_text右侧的文本框中，输入""盈利0.00万元；亏损0.00万元；平衡；""，如图3-47所示，单击"确定"按钮，即可完成"收益情况"的判断。其中，函数参数Format_text的常用参数代码如表3-2所示。

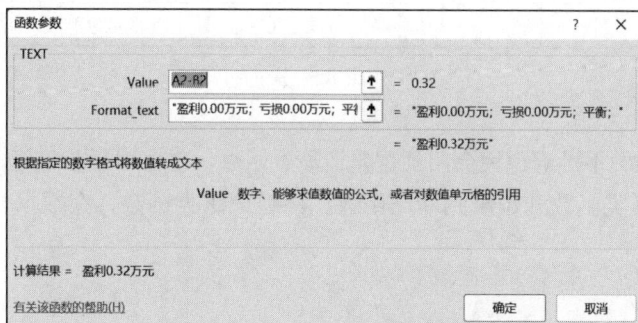

图3-47 TEXT 函数的参数设置

表3-2 Format_text的常用参数代码

Format_text	Value	TEXT(Value,Format_text) 函数返回值	说明
G/通用格式	10	10	常规格式
"000.0"	10.25	010.3	小数点前面不足3位以0补齐，保留一位小数，不足一位以0补齐

Format_text	Value	TEXT(Value,Format_text) 函数返回值	说明
####	10.00	10	没用的0一律不显示
00.##	1.253	01.25	小数点前不足两位以0补齐；保留两位小数，不足两位不补齐
正数；负数；零	1	正数	大于0，显示为"正数"
	0	零	等于0，显示为"零"
	−1	负数	小于0，显示为"负数"
0000-00-00	19820506	1982-05-06	按所示形式表示日期
0000年00月00日		1982年05月06日	
aaaa	2023/12/31	星期日	显示为中文星期几的全称
aaa		日	显示为中文星期几的简称
dddd	2023/12/31	Sunday	显示为英文星期几的全称
[>=90]优秀；[>=60]及格；不及格	90	优秀	大于等于90，显示为"优秀"
	60	及格	大于等于60，小于90，显示为"及格"
	59	不及格	小于60，显示为"不及格"
[DBNum1][$-804]G/通用格式	125	一百二十五	显示为中文小写数字
[DBNum2][$-804]G/通用格式		壹佰贰拾伍元整	显示为中文大写数字，并加入"元整"字尾
[DBNum3][$-804]G/通用格式		1百2十5	显示为中文小写数字与阿拉伯数字的混合
[>20][DBNum1];[DBNum1]d	19	十九	19显示为十九而不是一十九
0.00,k	12536	12.54k	以k（千）为单位
#!.0000万元		1.2536万元	以万元为单位，保留4位小数
#!.0,万元		1.3万元	以万元为单位，保留一位小数

3.4 逻辑运算类函数

在数据分析过程中不可避免地会用到逻辑运算类函数，也会用到布尔值。逻辑运算类函数主要包括IF类函数、IS类函数和逻辑判断类函数。特别是IF类函数，在数据处理阶段和数据分析阶段运用比较广泛。

3.4.1 IF 类函数

1. IF 函数

```
IF(Logical_test,Value_if_true,Value_if_false)
```

功能：执行真假值判断，根据逻辑计算的真假值返回不同结果。

参数说明如下。

Logical_test表示计算结果为TRUE或FALSE的任意值或表达式。本参数可使用任何比较运算符。

Value_if_true表示Logical_test为TRUE时返回的值。如果Logical_test为TRUE，而Value_if_

数据分析基础与案例实战（基于Excel软件）（第2版）（微课版）

true为空，则函数返回0。如果要显示TRUE，则可将本参数设置为逻辑值TRUE。Value_if_true也可以是其他公式。

Value_if_false表示Logical_test为FALSE时返回的值。如果Logical_test为FALSE且忽略了Value_if_false（即Value_if_true后没有逗号），则会返回逻辑值FALSE。如果Logical_test为FALSE且Value_if_false为空（即Value_if_true后有逗号，并紧跟着右括号），则函数返回0。Value_if_false也可以是其他公式。

【例3-20】图3-48所示为不同产品的上年和本年的销售量数据，现要求计算各个产品销售量的同比增长率。若无"上年销售量"，则是本年新增产品；若无"本年销售量"，则是本年停产产品。操作步骤如下。

	A	B	C	D
1	产品	上年销售量	本年销售量	同比增长率
2	产品A	5435	6324	
3	产品B	3254	2876	
4	产品C	354		
5	产品D	6545	7678	
6	产品E		1765	

例3-20　IF函数的使用

图3-48　不同产品上年和本年销售量数据表

（1）将光标定位于工作表的D2单元格，单击"公式"选项卡最左侧的"插入函数"按钮，弹出"插入函数"对话框，将"或选择类别"设置为"逻辑"，选择IF函数，单击"确定"按钮，弹出"函数参数"对话框。

（2）将光标定位于Logical_test右侧的文本框，输入"B2<>"""。

（3）将光标定位于Value_if_true右侧的文本框，输入"IF(C2<>"",(C2-B2)/B2,"已经停产")"。

（4）将光标定位于Value_if_false右侧的文本框，输入""新增项目""，如图3-49所示，单击"确定"按钮即可。

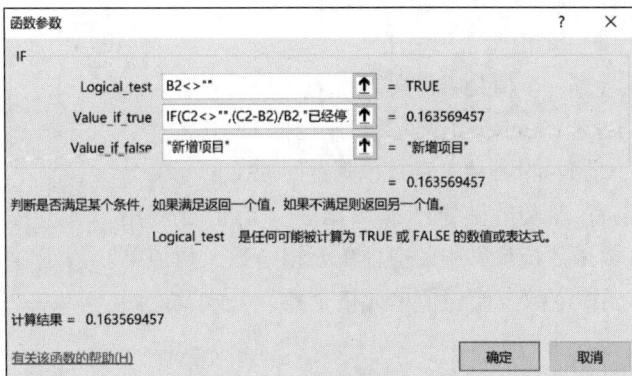

图3-49　IF函数的参数设置

2. IFNA 函数

```
IFNA(Value,Value_if_na)
```

功能：如果表达式返回错误值"#N/A"，则函数返回Value_if_na指定的值，否则返回表达式的结果。

参数说明：Value是待检查错误值"#N/A"的参数，Value_if_na表示表达式计算结果为错误值"#N/A"时要返回的值。

3. IFERROR 函数

IFERROR(Value,Value_if_error)

功能：如果 Value 是一个错误的表达式，则返回 Value_if_error 的值，否则返回表达式自身的值。

参数说明如下。

Value 是待检查是否存在错误的参数。

Value_if_error 表示表达式的计算结果错误时返回的值。计算结果错误主要有以下类型："#N/A""#VALUE!""#REF!""#DIV/0!""#NUM!""#NAME?""#NULL!"。

3.4.2 IS 类函数

IS类函数用于检验数据的类型，并根据参数取值返回TRUE或FALSE。例如，要判断某个单元格的数据是否为数字，可以使用ISNUMBER函数；要判断公式是否为错误值，可以使用ISERROR函数。

有以下11个IS类函数。

ISBLANK(Value)：检查是否引用了空白单元格。

ISERR(Value)：检查一个值是否为"#N/A"以外的错误值，如"#VALUE!""#REF!""#DIV/0!""#NUM!""#NAME?""#NULL!"等。

ISERROR(Value)：检查一个值是否为错误值，如"#N/A""#VALUE!""#REF!""#DIV/0!""#NUM!""#NAME?""#NULL!"等。

ISLOGICAL(Value)：检查一个值是否是逻辑值，如TRUE或FALSE。

ISNA(Value)：检查一个值是否为"#N/A"。

ISNONTEXT(Value)：检查一个值是否不为文本。

ISNUMBER(Value)：检查一个值是否为数值。

ISREF(Value)：检查一个值是否为引用。

ISTEXT(Value)：检查一个值是否为文本。

ISEVEN(Number)：若 Number 值是偶数，则返回 TRUE。

ISODD(Number)：若 Number 值是奇数，则返回 TRUE。

图 3-50 所示为各销售人员销售产品数据表，请结合使用SUMPRODUCT 和 IS 类函数统计其中的空白单元格个数、数值单元格个数、逻辑值单元格个数及错误值单元格个数，公式及返回值如表3-3所示。

	A	B	C
1	销售人员	A产品	B产品
2	张良	3000	
3	徐波		5000
4	李伟	1000	
5	张琴		
6	李红	TRUE	
7	唐辰	FALSE	#DIV/0!

图 3-50　销售人员销售产品数据表

表3-3　公式及返回值

公式	返回值	说明
=SUMPRODUCT(ISBLANK($B$2:$C$7)*1)	6	数据表中空白单元格个数
=SUMPRODUCT(ISNUMBER($B$2:$C$7)*1)	3	数据表中数值单元格个数
=SUMPRODUCT(ISLOGICAL($B$2:$C$7)*1)	2	数据表中逻辑值单元格个数
=SUMPRODUCT(ISERROR($B$2:$C$7)*1)	1	数据表中错误值单元格个数

数据分析基础与案例实战（基于Excel软件）（第2版）（微课版）

3.4.3 逻辑判断类函数

逻辑判断类函数主要包括AND函数、OR函数、NOT函数、TRUE函数、FALSE函数等。

1. AND 函数

`AND(Logical1,Logical2,...)`

功能：检查是否所有的参数均为TRUE。如果所有参数均为TRUE，则返回TRUE，否则返回FALSE。

参数说明：Logical参数必须是逻辑值TRUE或FALSE，或者是包含逻辑值的数组或引用。如果数组或引用参数中包含文本或空白单元格，则这些值将被忽略；如果指定的单元格区域内包括非逻辑值，则AND函数将返回错误值"#VALUE!"。

【例3-21】请根据图3-51所示的学生成绩表中3门科目的成绩判定成绩等级。若3门成绩均大于等于60，则等级为"及格"，否则等级为"补考"。操作步骤如下。

	A	B	C	D	E
1	姓名	语文	数学	英语	成绩等级
2	周学宗	100	94	60	
3	邹银一	92	43	97	
4	舒志豪	59	90	91	
5	熊继超	99	76	90	
6	马明才	97	100	50	

图3-51 学生成绩表

（1）将光标定位于E2单元格，单击"公式"选项卡最左侧的"插入函数"按钮，弹出"插入函数"对话框，将"或选择类别"设置为"逻辑"，选择AND函数，单击"确定"按钮，弹出"函数参数"对话框。

（2）将光标定位于Logical1右侧的文本框中，输入表达式"B2>=60"。

（3）将光标定位于Logical2右侧的文本框中，输入表达式"C2>=60"。

（4）将光标定位于Logical3右侧的文本框中，输入表达式"D2>=60"，如图3-52所示，单击"确定"按钮，此时编辑栏中显示E2单元格的公式 fx ` =AND(B2>=60,C2>=60,D2>=60)`，选中该公式中除第一个等号以外的部分，右击，弹出快捷菜单，选择"剪切"命令。

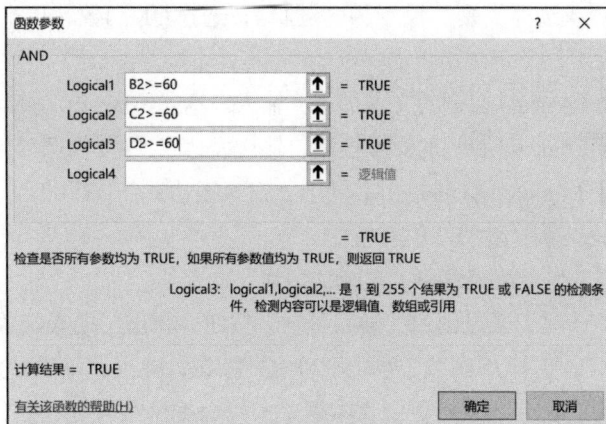

图3-52 AND函数的参数设置

（5）单击"公式"选项卡最左侧的"插入函数"按钮，弹出"插入函数"对话框，将"或选择类别"设置为"逻辑"，选择IF函数，单击"确定"按钮，弹出"函数参数"对话框。

（6）将光标定位于Logical_test右侧的文本框中，按Ctrl+V组合键，粘贴公式。

（7）将光标定位于Value_if_true右侧的文本框中，输入""及格""。

（8）将光标定位于Value_if_false右侧的文本框中，输入""补考""，如图3-53所示，单击"确定"按钮即可。

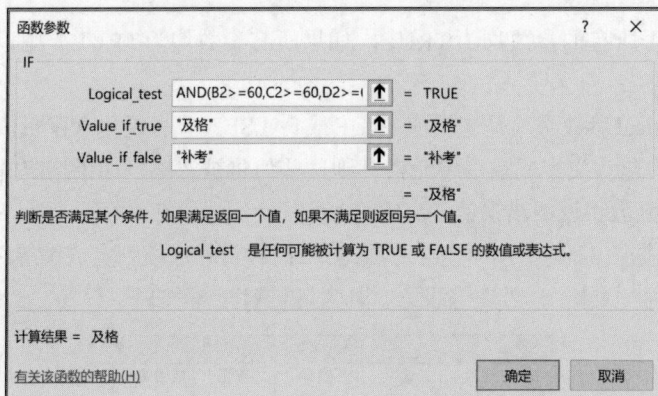

图3-53　IF函数的参数设置

2. OR函数

```
OR(Logical1,Logical2,...)
```

功能：如果任意参数值为TRUE，则返回TRUE；只有当所有参数值均为FALSE时，才返回FALSE。

参数说明：参数必须能计算为逻辑值，如TRUE或FALSE，或者为包含逻辑值的数组或引用。如果数组或引用中包含文本或空白单元格，则这些值将被忽略；如果指定的区域中不包含逻辑值，则OR函数返回错误值"#VALUE!"。用户可以使用OR数组公式来检验数组中是否包含特定的数值。若要输入数组公式，可按Ctrl+Shift+Enter组合键。

【例3-22】请使用IF函数和OR函数组合完成例3-21，操作步骤如下。

（1）将光标定位于E2单元格，单击"公式"选项卡最左侧的"插入函数"按钮，弹出"插入函数"对话框，将"或选择类别"设置为"逻辑"，选择OR函数，单击"确定"按钮，弹出"函数参数"对话框。

（2）将光标定位于Logical1右侧的文本框中，输入表达式"B2<60"。

（3）将光标定位于Logical2右侧的文本框中，输入表达式"C2<60"。

（4）将光标定位于Logical3右侧的文本框中，输入表达式"D2<60"，如图3-54所示，单击"确定"按钮，此时编辑栏中显示E2单元格的公式 f_x =OR(B2<60,C2<60,D2<60) 。选中该公式中除第一个等号以外的部分，右击，弹出快捷菜单，选择"剪切"命令。

（5）单击"公式"选项卡最左侧的"插入函数"按钮，弹出"插入函数"对话框，将"或选择类别"设置为"逻辑"，选择IF函数，单击"确定"按钮，弹出"函数参数"对话框。

（6）将光标定位于Logical_test右侧的文本框中，按Ctrl+V组合键，粘贴公式。

（7）将光标定位于Value_if_true右侧的文本框中，输入""补考""。

（8）将光标定位于Value_if_false右侧的文本框中，输入""及格""，如图3-55所示，单击"确定"按钮即可。

数据分析基础与案例实战（基于Excel软件）（第2版）（微课版）

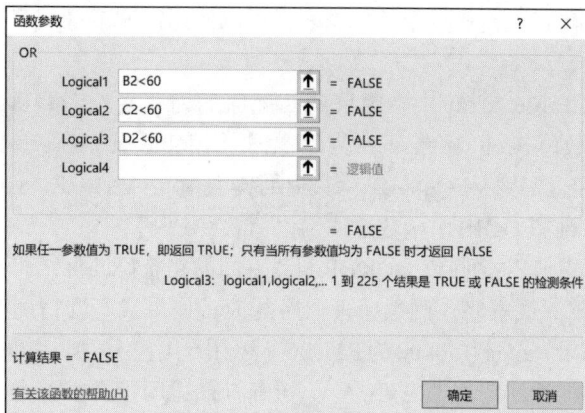

图 3-54　OR 函数的参数设置

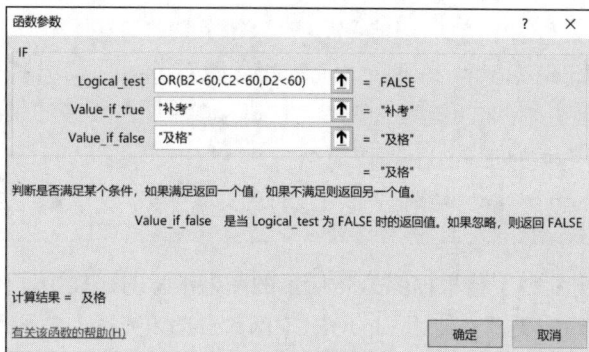

图 3-55　IF 函数的参数设置

3. NOT 函数

```
NOT(Logical)
```

功能：对参数的逻辑值求反，参数值为 TRUE 时返回 FALSE，参数值为 FALSE 时返回 TRUE。

参数说明：Logical 是一个逻辑值或可以计算出 TRUE 或 FALSE 的逻辑表达式。

3.5　关联匹配类函数

在数据分析的过程中，经常要进行多表关联或行列对比，此时需要使用关联匹配类函数，主要包括 VLOOKUP、LOOKUP 等关联类函数，以及 INDEX、MATCH、COLUMN、ROW 等查询类函数。

3.5.1　关联类函数

1. VLOOKUP 函数

```
VLOOKUP(Lookup_value,Table_array,Col_index_num,Range_lookup)
```

功能：在表格或数组的首列查找指定的值，并返回表格或数组当前行中指定列的值。当比较值位于数据表首列时，用 VLOOKUP 函数；当比较值位于数据表首行时，用 HLOOKUP 函数。VLOOKUP 中的 V 代表垂直，HLOOKUP 中的 H 代表水平。

参数说明如下。

Lookup_value 为需要在数据表第一列中查找的值。Lookup_value 可以为数值、引用或文本字符串。

Table_array为需要在其中查找数据的数据表，可以使用区域或区域名称的引用，如数据库或数据清单。

Col_index_num为Table_array中待返回的匹配值的列序号。Col_index_num为1时，返回Table_array第一列中的数值；Col_index_num为2时，返回Table_array第二列中的数值，以此类推。如果Col_index_num小于1，则VLOOKUP函数返回错误值"#VALUE!"；如果Col_index_num大于Table_array的列数，则VLOOKUP函数返回错误值"#REF!"。

Range_lookup为逻辑值，指明VLOOKUP函数返回的是精确匹配结果还是近似匹配结果。如果为TRUE（可用1代替）或省略，则返回近似匹配值；如果找不到精确匹配值，则返回最接近Lookup_value的值；如果Range_lookup为FALSE（可用0代替），则VLOOKUP函数将返回精确匹配值；如果找不到，则返回错误值"#N/A"。精确查找适用于文本，也适用于数值，但对数值进行查找时必须注意格式一致，否则会出错。

多学一招

VLOOKUP函数使用时的注意事项

（1）如果Range_lookup为TRUE，则Table_array中第一列的值必须按升序排列，否则VLOOKUP函数不能返回正确的值；如果Range_lookup为FALSE，则Table_array中的值不必进行排序。

（2）Table_array中第一列的值可以为文本、数字或逻辑值，字母不区分大小写。

例3-23 VLOOKUP函数的使用

【例3-23】请根据图3-56所示的图书编号对照表中"图书编号"与"图书名称"的对应关系，使用VLOOKUP函数自动填充图3-57所示的图书销售订单明细表中的"图书名称"，操作步骤如下。

（1）将光标定位于E3单元格（即"图书名称"下方第一个单元格），单击"公式"选项卡最左侧的"插入函数"按钮，弹出"插入函数"对话框，将"或选择类别"设置为"查找与引用"，选择VLOOKUP函数，单击"确定"按钮，弹出"函数参数"对话框。

（2）将光标定位于Lookup_value右侧的文本框中，选取D3单元格。

（3）将光标定位于Table_array右侧的文本框中，选取"编号对照"工作表中的A3:B19单元格区域。为确保复制公式时Table_array区域不变，将A3:B19单元格区域的相对地址改为绝对地址 \$A\$3:\$B\$19。

	A	B	C
1		图书编号对照表	
2	图书编号	图书名称	定价
3	BK-83021	《计算机基础及MS Office应用》	¥ 36.00
4	BK-83022	《计算机基础及Photoshop应用》	¥ 34.00
5	BK-83023	《C语言程序设计》	¥ 42.00
6	BK-83024	《VB语言程序设计》	¥ 38.00
7	BK-83025	《Java语言程序设计》	¥ 39.00
8	BK-83026	《Access数据库程序设计》	¥ 41.00
9	BK-83027	《MySQL数据库程序设计》	¥ 40.00
10	BK-83028	《MS Office高级应用》	¥ 39.00
11	BK-83029	《网络技术》	¥ 43.00
12	BK-83030	《数据库技术》	¥ 41.00
13	BK-83031	《软件测试技术》	¥ 36.00
14	BK-83032	《信息安全技术》	¥ 39.00
15	BK-83033	《嵌入式系统开发技术》	¥ 44.00
16	BK-83034	《操作系统原理》	¥ 39.00
17	BK-83035	《计算机组成与接口》	¥ 40.00
18	BK-83036	《数据库原理》	¥ 37.00
19	BK-83037	《软件工程》	¥ 43.00

图 3-56 图书编号对照表

数据分析基础与案例实战（基于Excel软件）（第2版）（微课版）

销售订单明细表

订单编号	日期	书店名称	图书编号	图书名称
BTW-08001	2021年1月2日	鼎盛书店	BK-83021	
BTW-08002	2021年1月4日	博达书店	BK-83033	
BTW-08003	2021年1月4日	博达书店	BK-83034	
BTW-08004	2021年1月5日	博达书店	BK-83027	
BTW-08005	2021年1月6日	鼎盛书店	BK-83028	
BTW-08006	2021年1月9日	鼎盛书店	BK-83029	
BTW-08007	2021年1月9日	博达书店	BK-83030	
BTW-08008	2021年1月10日	鼎盛书店	BK-83031	
BTW-08009	2021年1月10日	博达书店	BK-83035	
BTW-08010	2021年1月11日	隆华书店	BK-83022	
BTW-08011	2021年1月11日	鼎盛书店	BK-83023	
BTW-08012	2021年1月12日	隆华书店	BK-83032	
BTW-08013	2021年1月12日	鼎盛书店	BK-83036	
BTW-08014	2021年1月13日	隆华书店	BK-83024	
BTW-08015	2021年1月15日	鼎盛书店	BK-83025	
BTW-08016	2021年1月16日	鼎盛书店	BK-83026	
BTW-08017	2021年1月16日	鼎盛书店	BK-83037	

图 3-57 图书销售订单明细表

（4）将光标定位于 Col_index_num 右侧的文本框中，输入 2，返回 Table_array 中第二列的值。

（5）将光标定位于 Range_lookup 右侧的文本框中，输入 "false"，设置为精确匹配，如图 3-58 所示，单击 "确定" 按钮即可。

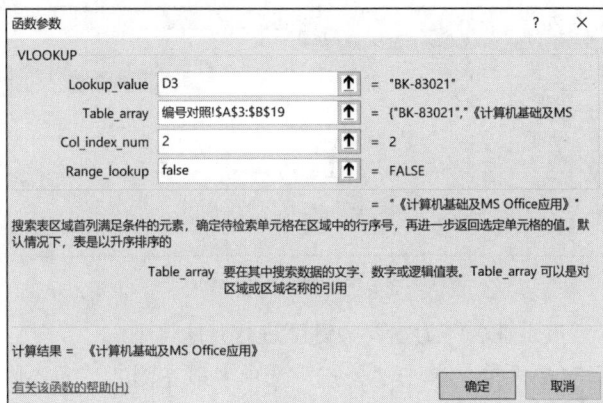

图 3-58 VLOOKUP 函数的参数设置

2. LOOKUP 函数

LOOKUP 函数有两种使用方式：向量形式和数组形式。

向量形式：

```
LOOKUP(Lookup_value,Lookup_vector,Result_vector)
```

功能：从单行或单列中查找一个值。

参数说明如下。

Lookup_value 为 LOOKUP 函数在第一个向量中所要查找的值，Lookup_value 可以为数值、文本、逻辑值，或包含值的名称或引用。

Lookup_vector 为只包含一行或一列的区域，其值可以为文本、数值或逻辑值。Lookup_vector 中的值必须按升序排列，如数值：-2，-1，0，1，2；文本：A～Z；逻辑值：FALSE，TRUE。否则，LOOKUP 函数可能无法返回正确的值。字母不区分大小写。

Result_vector 为只包含一行或一列的区域，其大小必须与 Lookup_vector 相同。

数组形式：

```
LOOKUP(Lookup_value,Array)
```

功能：从数组中查找一个值。

参数说明：Lookup_value参数含义同上；Array为包含文本、数值或逻辑值的单元格区域，它的值用于与Lookup_value进行比较。

多学一招

LOOKUP 函数使用时的注意事项

（1）通常情况下，最好使用HLOOKUP函数或VLOOKUP函数来替代LOOKUP函数的数组形式。

（2）如果LOOKUP函数找不到Lookup_value，则该函数会与Lookup_vector中最接近Lookup_value的值进行匹配。

（3）如果Lookup_value小于Lookup_vector中的最小值，则LOOKUP函数会返回错误值"#N/A"。

【例3-24】图3-59所示为员工部门和职务信息表，现需要根据E4单元格中的姓名查找相应员工的职务信息，操作步骤如下。

图3-59　员工部门和职务信息表

（1）将该信息表以"员工姓名"为主要关键字进行升序排列。

（2）将光标定位于F4单元格，单击"公式"选项卡最左侧的"插入函数"按钮，弹出"插入函数"对话框，将"或选择类别"设置为"查找与引用"，选择LOOKUP函数，连续两次单击"确定"按钮，弹出"函数参数"对话框。

（3）将光标定位于Lookup_value右侧的文本框中，选取E4单元格。

（4）将光标定位于Lookup_vector右侧的文本框中，选取B2:B10单元格区域。

（5）将光标定位于Result_vector右侧的文本框中，选取C2:C10单元格区域，如图3-60所示，单击"确定"按钮，即可实现根据E4单元格中的姓名查找对应员工的职务信息。

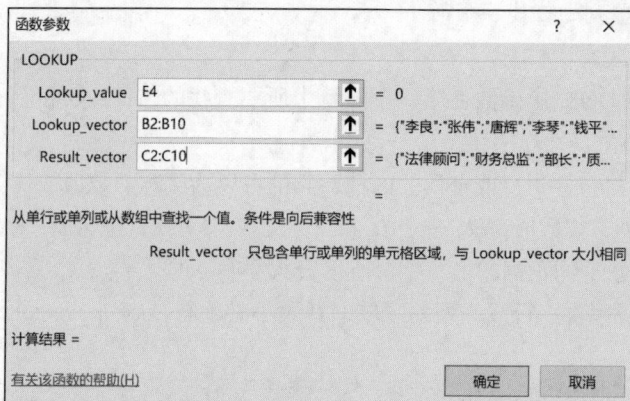

图3-60　LOOKUP 函数的参数设置

数据分析基础与案例实战（基于Excel软件）（第2版）（微课版）

多学一招

LOOKUP函数的万能查找

　　要想使用LOOKUP函数实现正确的查找，首先要对查找值所在的范围（LOOKUP函数的第二个参数）进行升序排列，如果不想排序，则可以通过LOOKUP函数的万能查找实现。在目标单元格中输入公式"=LOOKUP(1,0/(条件),目标区域或数组)"，如上例，则输入公式"=LOOKUP(1,0/(B2:B10=E4), C2:C10)"，即可实现根据姓名查找相应员工的职务信息。

3.5.2　查询类函数

1. 行列函数

```
COLUMN([Reference])
```

功能：返回引用的列号。

参数说明：Reference是要返回列号的单元格或单元格区域。若省略Reference，则假定是对COLUMN函数所在单元格的引用。

```
ROW([Reference])
```

功能：返回引用的行号。

参数说明：Reference为需要得到行号的单元格或单元格区域。若省略Reference，则假定是对ROW函数所在单元格的引用。

【例3-25】图3-61所示为某单位员工销售信息表，现要求根据姓名查询"订单数量""客户名称""班组""生产月份"等信息，操作步骤如下。

例3-25、例3-26 COLUMN、INDEX和MATCH函数的使用

（1）为A9单元格设置数据有效性：将光标定位于A9单元格，单击"数据"选项卡中的"数据验证"按钮，弹出图3-62所示的"数据验证"对话框，设置验证条件"允许"为"序列"，将光标定位于"来源"下方的文本框中，选取A2:A5单元格区域，单击"确定"按钮，即可完成A9单元格的数据有效性设置。

图3-61　员工销售信息表

图3-62　"数据验证"对话框

（2）将光标定位于B9单元格，单击"公式"选项卡最左侧的"插入函数"按钮，弹出"插入函数"对话框，将"或选择类别"设置为"查找与引用"，选择VLOOKUP函数，单击"确定"按钮，弹出"函数参数"对话框。

（3）将光标定位于Lookup_value右侧的文本框中，选取A9单元格。

（4）将光标定位于Table_array右侧的文本框中，选取A2:E5单元格区域。为确保复制公式时Table_array区域不变，将A2:E5单元格区域的相对地址改为绝对地址 $A$2:$E$5。

（5）将光标定位于Col_index_num右侧的文本框中，输入"COLUMN()"，返回Table_array中当前单元格的列号。

（6）将光标定位于Range_lookup右侧的文本框中，输入"FALSE"，设置为精确匹配，如图3-63所示，单击"确定"按钮即可。

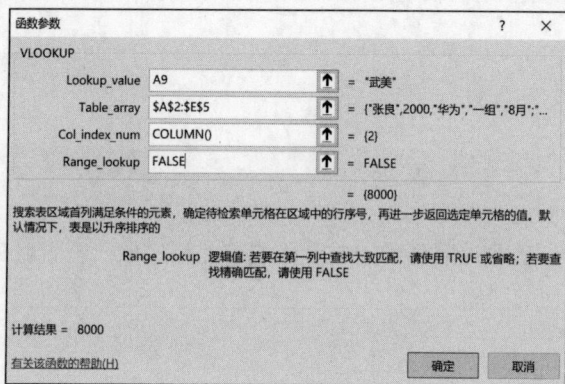

图3-63　VLOOKUP函数的参数设置

2. INDEX 函数

INDEX函数有两种使用方式：数组形式和引用形式。

数组形式：

```
INDEX(Array,Row_num,Column_num)
```

功能：返回表格或数组中的元素值，此元素值由行号和列号的索引值给定。

参数说明如下。

Array为单元格区域或数组常量，如果数组只包含一行或一列，则相对应的参数Row_num或Column_num可选；如果数组有多行和多列，但只使用Row_num或Column_num，则INDEX函数返回数组中的整行或整列，且返回值也为数组。

Row_num为某行的行序号，函数从该行返回数值。如果省略Row_num，则必须有Column_num。

Column_num为某列的列序号，函数从该列返回数值。如果省略Column_num，则必须有Row_num。

引用形式：

```
INDEX(Reference,Row_num,Column_num,Area_num)
```

功能：返回指定的行与列交叉处的单元格引用。如果引用由不连续的选定区域组成，可以选择某一选定区域。

参数说明如下。

Reference表示对一个或多个单元格区域的引用。如果输入一个不连续的区域，必须用括号括起来。如果引用中的每个区域只包含一行或一列，则相应参数Row_num或Column_num分别为可选项；如果是对单行的引用，可以使用函数INDEX(Reference,Column_num)。

Area_num为选择的引用中的一个区域，并返回该区域中Row_num和Column_num的交叉区域。选中或输入的第一个区域序号为1，第二个区域序号为2，以此类推。如果省略Area_num，则INDEX函数使用区域1。

3. MATCH 函数

`MATCH(Lookup_value,Lookup_array,Match_type)`

功能：返回符合特定值特定顺序的项在区域中的相对位置。

参数说明如下。

Lookup_value为需要在数据表中查找的值，可以为数值、文本、逻辑值，或对包含数值、文本、逻辑值的单元格引用。

Lookup_array为可能包含所要查找的数值的连续单元格区域。

Match_type为数字1、0或-1，其含义如表3-4所示。

Match_type	含义
1或省略	MATCH函数查找小于或等于Lookup_value的最大值。Lookup_array参数中的值必须按升序排列
0	MATCH函数查找完全等于Lookup_value的第一个值。Lookup_array参数中的值可按任何顺序排列
-1	MATCH函数查找大于或等于Lookup_value的最小值。Lookup_array参数中的值必须按降序排列

【例3-26】使用INDEX函数和MATCH函数实现例3-25，操作步骤如下。

（1）为A9单元格设置数据有效性，与例3-25中的操作相同。

（2）将光标定位于B9单元格，单击"公式"选项卡最左侧的"插入函数"按钮，弹出"插入函数"对话框，将"或选择类别"设置为"查找与引用"，选择MATCH函数，单击"确定"按钮，弹出"函数参数"对话框。

（3）将光标定位于Lookup_value右侧的文本框中，选取A9单元格。

（4）将光标定位于Lookup_array右侧的文本框中，选取A2:A5单元格区域。

（5）将光标定位于Match_type右侧的文本框中，输入0，指定为精确匹配，如图3-64所示，单击"确定"按钮。

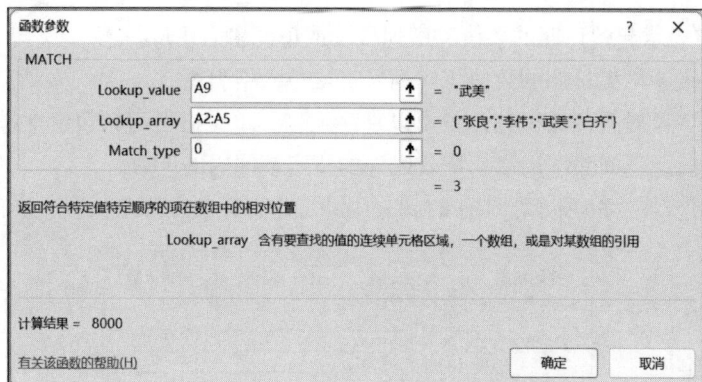

图3-64　MATCH 函数的参数设置

（6）编辑栏中显示B9单元格中的公式 f_x `=MATCH(A9,A2:A5,0)`，选中该公式中除第一个等号以外的部分，右击，弹出快捷菜单，选择"剪切"命令。

（7）单击"公式"选项卡最左侧的"插入函数"按钮，弹出"插入函数"对话框，将"或选择

81

类别"设置为"查找与引用",选择INDEX函数,单击"确定"按钮,弹出"函数参数"对话框。

(8)将光标定位于Array右侧的文本框中,选取B2:B5单元格区域。

(9)将光标定位于Row_num右侧的文本框中,按"Ctrl+V"组合键,粘贴剪切的MATCH公式。

(10)Column_num参数省略,如图3-65所示,单击"确定"按钮即可。

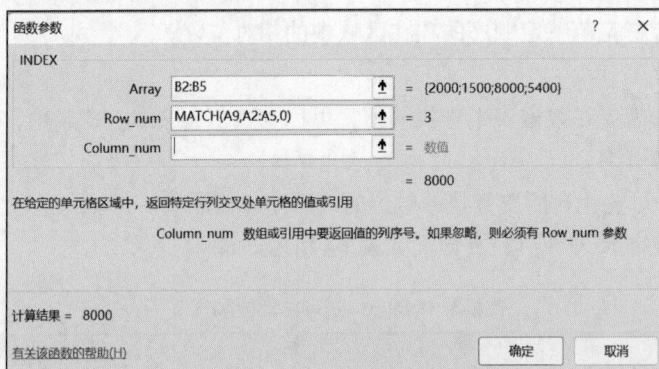

图3-65 INDEX函数的参数设置

3.6 日期与时间函数

在Excel中进行数据处理时,经常需要处理时间或日期,如提取出生年月日、计算工龄、计算员工的加班考勤记录等,这些都依赖于Excel中的日期与时间函数。本节主要讲解用于计算天数的NETWORKDAYS函数,计算天数、月数或年数的DATEDIF函数,以及用于年月日判断的TODAY、YEAR、MONTH、DAY等函数。

3.6.1 计算天数函数

1. NETWORKDAYS 函数

`NETWORKDAYS(Start_date,End_date,Holidays)`

功能:返回两个日期之间的完整工作日数。

参数说明如下。

Start_date指定表示起始日期的数值(序列号)或单元格引用。

End_date指定表示结束日期的数值(序列号)或单元格引用。

Holidays指定节日或假日等休息日,可以是序列号、单元格引用和数组常量。此参数可以省略,当省略此参数时,返回除了周六、周日之外的指定期间内的天数。

【例3-27】请计算图3-66所示的工作时间表中的工作日天数和周末天数,操作步骤如下。

例3-27 日期
函数的使用

	A	B	C	D
1	开始日期	结束日期	工作日天数	周末天数
2	2022年7月1日	2022年7月10日		
3	2022年1月14日	2022年2月13日		
4	2022年3月2日	2022年4月20日		
5	2022年4月10日	2022年5月23日		
6	2022年2月18日	2022年4月5日		
7	2022年1月16日	2022年3月22日		
8	2022年3月24日	2022年6月10日		
9	2022年4月2日	2022年6月8日		
10	2022年1月24日	2022年3月9日		
11	2022年4月7日	2022年5月14日		
12	2022年2月21日	2022年3月28日		

图3-66 工作时间表

（1）将光标定位于C2单元格，单击"公式"选项卡最左侧的"插入函数"按钮，弹出"插入函数"对话框，将"或选择类别"设置为"日期与时间"，选择NETWORKDAYS函数，单击"确定"按钮，弹出"函数参数"对话框。

（2）将光标定位于Start_date右侧的文本框中，选取单元格A2。

（3）将光标定位于End_date右侧的文本框中，选取单元格B2，如图3-67所示，单击"确定"按钮即可。

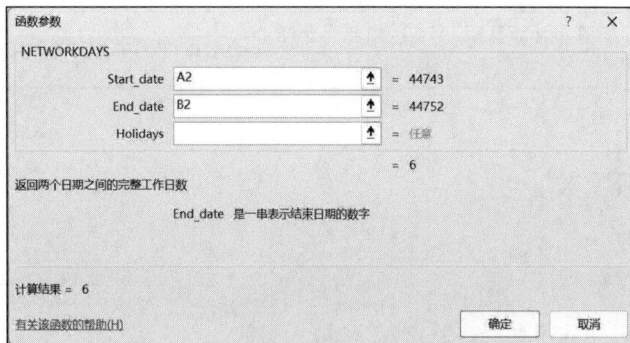

图3-67　NETWORKDAYS函数的参数设置

（4）将光标定位于D2单元格，输入公式"=B2-A2-C2+1"，完成"周末天数"的计算。

> **多学一招**
>
> **用NETWORKDAYS.INTL函数计算工作日天数**
>
> NETWORKDAYS函数在计算工作日天数时默认周六和周日为周末，若某单位的周末不是周六和周日，此时可以使用NETWORKDAYS.INTL函数计算工作日天数。
>
> NETWORKDAYS.INTL(Start_date,End_date,Weekend,Holidays)的参数Weekend是用于指定周末的数字或字符串。

2. DATEDIF函数

```
DATEDIF(Start_date,End_date,Unit)
```

功能：计算两个日期之间的天数、月数或年数。

参数说明如下。

Start_date表示起始日期。

End_date表示结束日期。

Unit为返回时间的单位代码，如表3-5所示。

表3-5　Unit返回时间的单位代码

序号	单位代码	示例	公式	返回结果
1	Y：计算两个日期间隔的年数	计算出生日期为1975-1-30的人的年龄	=DATEDIF("1975-1-30",TODAY(),"Y")	48
2	M：计算两个日期间隔的月份数	计算日期1975-1-30与当前日期的间隔月份数	=DATEDIF("1975-1-30",TODAY(),"M")	585
3	D：计算两个日期间隔的天数	计算日期1975-1-30与当前日期的间隔天数	=DATEDIF("1975-1-30",TODAY(),"D")	17809

第3单元　Excel数据分析常用函数

序号	单位代码	示例	公式	返回结果
4	YD：忽略年数差，计算两个日期间隔的天数	计算日期 1975-1-30 与当前日期的不计年数的间隔天数	=DATEDIF("1975-1-30",TODAY(),"YD")	277
5	MD：忽略年数差和月份差，计算两个日期间隔的天数	计算日期 1975-1-30 与当前日期的不计月份和年份的间隔天数	=DATEDIF("1975-1-30",TODAY(),"MD")	4
6	YM：忽略年数差，计算两个日期间隔的月份数	计算日期 1975-1-30 与当前日期的不计年份的间隔月份数	=DATEDIF("1975-1-30",TODAY (),"YM")	9

注：TODAY()="2023-11-3"。

3.6.2 年月日判断函数

1. TODAY 函数

```
TODAY()
```

功能：返回当前日期的序列号。TODAY 函数无参数。

2. YEAR 函数

```
YEAR(Serial_number)
```

功能：返回某个日期的年份，为 1900～9999 的整数。

参数说明：参数 Serial_number 表示要查找年份的日期，必须是一个日期类型的数值。

示例：YEAR(DATE(2023,5,7))，返回结果是 2023。

3. MONTH 函数

```
MONTH(Serial_number)
```

功能：返回日期（以序列号表示）中的月份。月份是 1（1 月）～12（12 月）的整数。

参数说明：参数 Serial_number 表示要查找月份的日期，必须是一个日期类型的数值。

示例：MONTH(DATE(2023,5,7))，返回结果是 5。

4. DAY 函数

```
DAY(Serial_number)
```

功能：返回以序列号表示的某日期的天数。天数是 1～31 的整数。

参数说明：参数 Serial_number 表示要查找的日期，必须是一个日期类型的数值。

示例：DAY(DATE(2023,5,7))，返回结果是 7。

【任务实现】

任务 3.1　日期函数的运用

---

1. 运用 YEAR 函数，基于"下单日期"提取"年"。

（1）将光标定位于图 3-1 所示的"历史订单数据"工作表的 C2 单元格，单击编辑栏中的"插入函数"按钮 _fx_ ，弹出"插入函数"对话框，设置"或选择类别"为"日期与时间"，在"选择函数"列表框中选择YEAR函数，如图3-68所示，单击"确定"按钮，弹出图3-69所示的"函数参数"对话框。

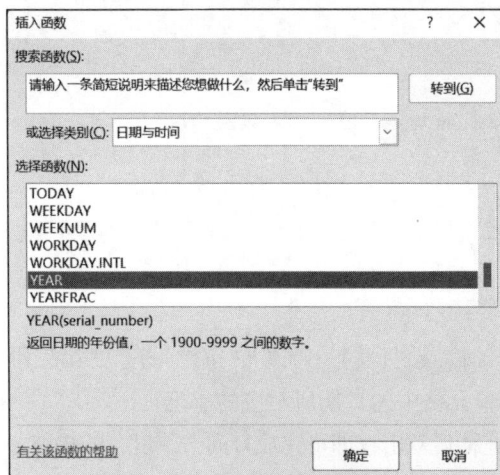

图 3-68　选择 YEAR 函数

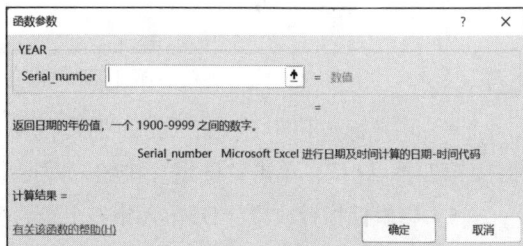

图 3-69　YEAR 函数的参数设置

（2）将光标定位于Serial_number右侧的文本框中，选取B2单元格，单击"确定"按钮即可求得B2单元格的年份。

（3）将鼠标指针放置于C2单元格右下角，变成填充柄后双击，完成C列"年"的计算。

2. 运用MONTH和LOOKUP函数，基于"下单日期"提取"季度"。

（1）将光标定位于D2单元格，单击编辑栏中的"插入函数"按钮，弹出"插入函数"对话框，设置"或选择类别"为"查找与引用"，在"选择函数"列表框中选择LOOKUP函数，如图3-70所示，单击"确定"按钮。在图3-71所示的"选定参数"对话框中选择第一个组合方式，单击"确定"按钮，弹出图3-72所示的"函数参数"对话框。

（2）将光标定位于Lookup_value右侧的文本框中，输入"MONTH()"，将光标定位于MONTH()的括号中，选择B2单元格。

（3）将光标定位于Lookup_vector右侧的文本框中，输入"{1,4,7,10}"，分别对应每个季度的第1个月份。

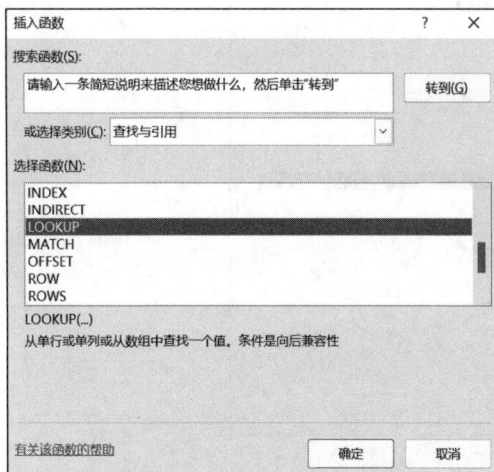

图 3-70　选择 LOOKUP 函数

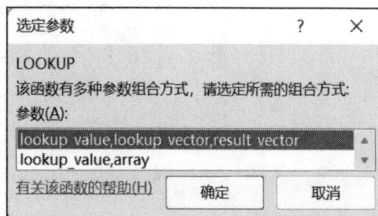

图 3-71　LOOKUP 函数的"选定参数"对话框

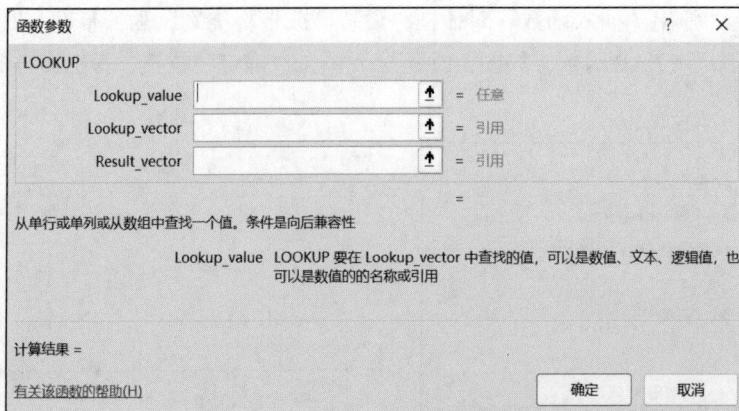

图 3-72　LOOKUP 函数的参数设置

（4）将光标定位于Result_vector右侧的文本框中，输入"{"第一季度","第二季度","第三季度","第四季度"}"，单击"确定"按钮，即可求出B2单元格中的日期所对应的季度。

（5）将鼠标指针放置于D2单元格右下角，变成填充柄后双击，即可完成D列"季度"的提取。

任务 3.2　统计计算类函数的运用

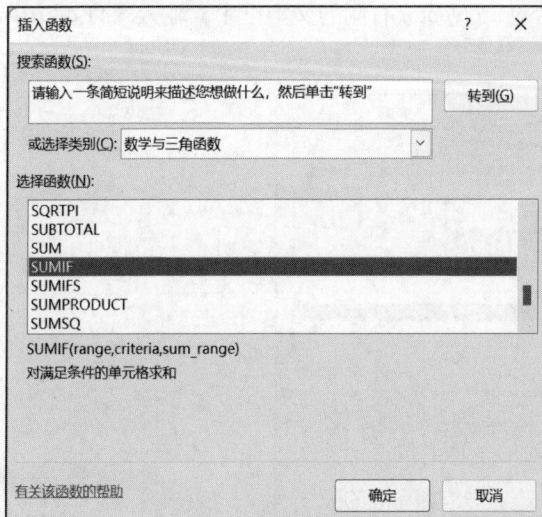

1. 运用SUMIF函数，基于图3-1所示的"历史订单数据"工作表数据，计算"销售分析"工作表中的"销量"与"销售额"。

（1）将光标定位于"销售分析"工作表的B3单元格，单击编辑栏中的"插入函数"按钮，弹出"插入函数"对话框，设置"或选择类别"为"数学与三角函数"，在"选择函数"列表框中选择SUMIF函数，如图3-73所示，单击"确定"按钮，弹出图3-74所示的"函数参数"对话框。

（2）将光标定位于Range右侧的文本框中，选取"历史订单数据"工作表中的"省（自治区、直辖市）"Q2:Q4317单元格区域，为确保复制公式时Range区域不变，将Q2:Q4317单元格区域的相对地址改为绝对地址 $Q$2:$Q$4317。

任务3.2 统计计算类函数的运用

图 3-73　选择 SUMIF 函数

图3-74　SUMIF函数的参数设置

（3）将光标定位于Criteria右侧的文本框中，选择"销售分析"工作表的A3单元格。

（4）将光标定位于Sum_range右侧的文本框中，选取"历史订单数据"工作表中的"数量（件）"I2:I4317，为确保复制公式时Sum_range区域不变，将I2:I4317单元格区域的相对地址改为绝对地址$I$2:$I$4317，单击"确定"按钮，完成B3单元格中"销量"的计算，将鼠标指针放置于B3单元格的右下角，变成填充柄后，双击即可。

（5）同理，完成"销售分析"工作表中"销售额"的计算。

2.　运用RANK函数，基于"销售额"数据，计算各"省（自治区、直辖市）"的销售额排名。

（1）将光标定位于"销售分析"工作表的D3单元格，单击"公式"选项卡最左侧的"插入函数"按钮，弹出"插入函数"对话框，将"或选择类别"设置为"统计"，选择RANK.EQ函数，如图3-75所示，单击"确定"按钮，弹出"函数参数"对话框。

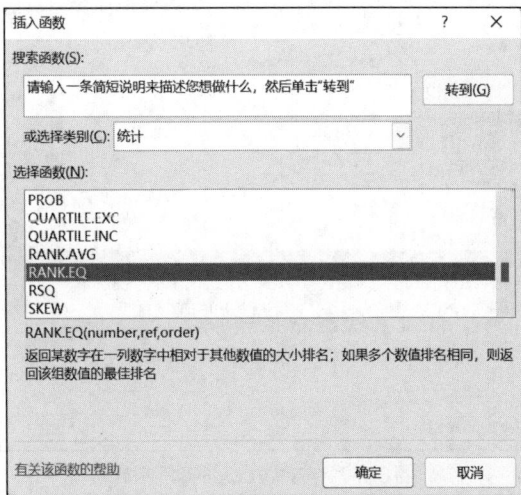

图3-75　选择RANK.EQ函数

（2）将光标定位于Number右侧的文本框中，选择C3单元格。

（3）将光标定位于Ref右侧的文本框中，选取C3:C34单元格区域，为确保复制公式时Ref区域不变，将C3:C34单元格区域的相对地址改为绝对地址$C$3:$C$34，如图3-76所示，单击"确定"按钮。将鼠标指针放置于D3单元格的右下角，变成填充柄后，双击即可完成各省（自治区、直辖市）的销售额排名。

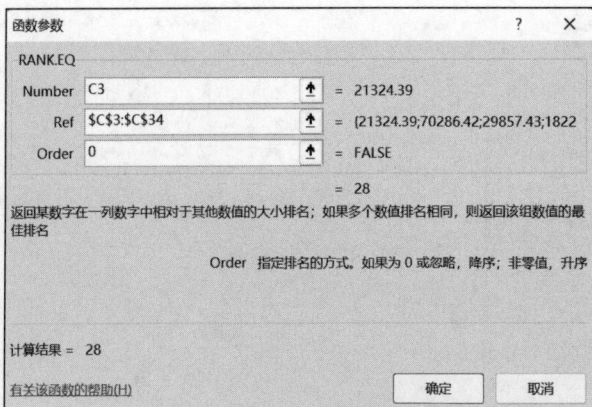

图 3-76 RANK.EQ 函数的参数设置

任务 3.3 统计计算类与关联匹配类函数的综合运用

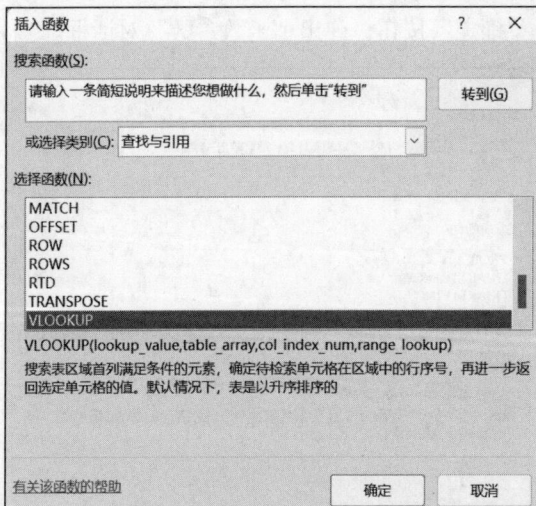

1. 运用VLOOKUP函数计算图3-1所示的"历史订单数据"工作表中各客户"所属年龄段"。

（1）将光标定位于"历史订单数据"工作表"所属年龄段"列的P2单元格，单击"公式"选项卡最左侧的"插入函数"按钮，弹出"插入函数"对话框，将"或选择类别"设置为"查找与引用"，选择VLOOKUP函数，如图3-77所示，单击"确定"按钮，弹出"函数参数"对话框。

任务3.3 统计
计算类与关联
匹配类函数的
综合运用

图 3-77 选择 VLOOKUP 函数

（2）将光标定位于Lookup_value右侧的文本框中，选择"历史订单数据"工作表的O2单元格。

（3）将光标定位于Table_array右侧的文本框中，选取"客户分析"工作表的B2:C6单元格区域，为确保复制公式时Table_array区域不变，将B2:C6单元格区域的相对地址改为绝对地址$B$2:$C$6，如图3-78所示，单击"确定"按钮。将鼠标指针放置于P2单元格的右下角，变成填充柄后，双击即可完成各客户"所属年龄段"的计算。

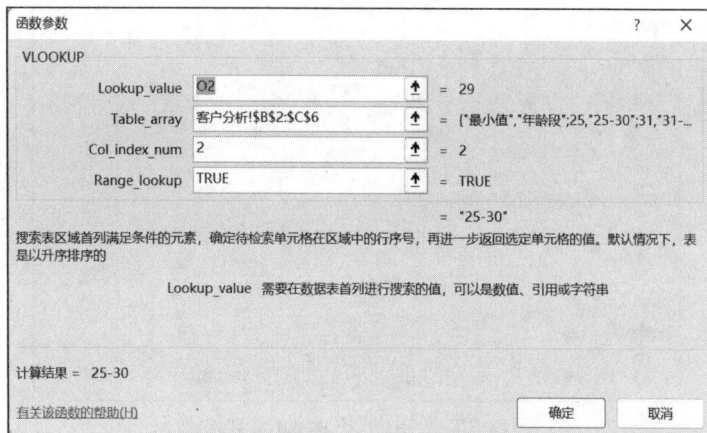

图 3-78 VLOOKUP 函数的参数设置

2. 运用COUNTIF函数统计"客户分析"工作表中不同年龄段的客户数。

（1）将光标定位于"客户分析"工作表中"客户数"列的D3单元格，单击"公式"选项卡最左侧的"插入函数"按钮，弹出"插入函数"对话框，将"或选择类别"设置为"统计"，选择COUNTIF函数，如图3-79所示，单击"确定"按钮，弹出"函数参数"对话框。

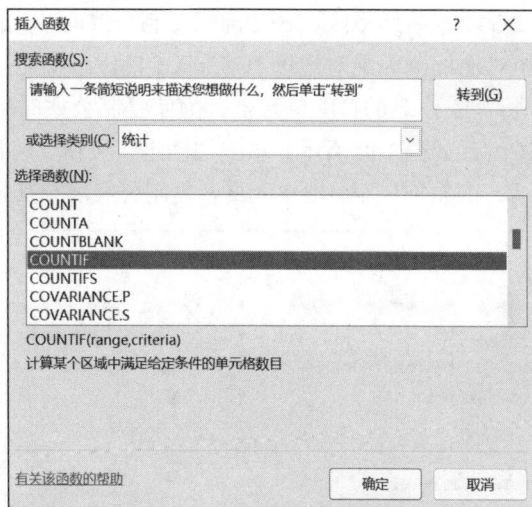

图 3-79 选择 COUNTIF 函数

（2）将光标定位于Range右侧的文本框中，选取"历史订单数据"工作表中"所属年龄段"列的P2:P4317单元格区域，为确保复制公式时Range区域不变，将P2:P4317单元格区域的相对地址改为绝对地址$P$2:$P$4317，如图3-80所示，单击"确定"按钮，将鼠标指针放置于"客户分析"工作表的D3单元格的右下角，变成填充柄后，双击即可完成不同年龄段客户数的统计。

3. 运用COUNTIFS函数统计"客户分析"工作表中不同区域、购买不同类别商品的客户数。

（1）将光标定位于"客户分析"工作表中"客户数"列的D3单元格，单击"公式"选项卡最左侧的"插入函数"按钮，弹出"插入函数"对话框，将"或选择类别"设置为"统计"，选择COUNTIFS函数，单击"确定"按钮，弹出"函数参数"对话框。

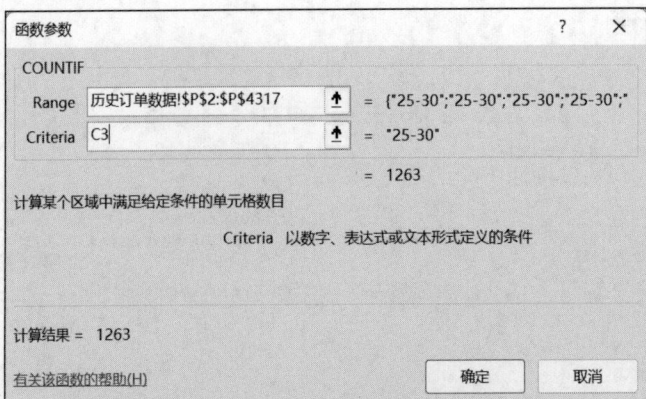

图 3-80 COUNTIF 函数的参数设置

（2）将光标定位于 Criteria_range1 右侧的文本框中，选取"历史订单数据"工作表中"区域分布"列的 R2:R4317 单元格区域，为确保复制公式时 Criteria_range1 区域不变，将 R2:R4317 单元格区域的相对地址改为绝对地址 $R$2:$R$4317。将光标放置于 Criteria1 右侧的文本框中，选取"客户分析"工作表的 B12 单元格，为使复制公式时列号不变，在列号前添加"$"，使其变成混合地址 $B12。将光标定位于 Criteria_range2 右侧的文本框中，选取"历史订单数据"工作表中"商品类别"列的 G2:G4317 单元格区域，为确保复制公式时 Criteria_range2 区域不变，将 G2:G4317 单元格区域的相对地址改为绝对地址 $G$2:$G$4317。将光标放置于 Criteria2 右侧的文本框中，选取"客户分析"工作表的 C11 单元格，为使复制公式时行号不变，在行号前添加"$"，使其变成混合地址 $C11，如图 3-81 所示，单击"确定"按钮。将鼠标指针放置于 C12 单元格的右下角，变成填充柄后，向右拖曳至 H12 单元格，复制公式填充其余空白单元格。

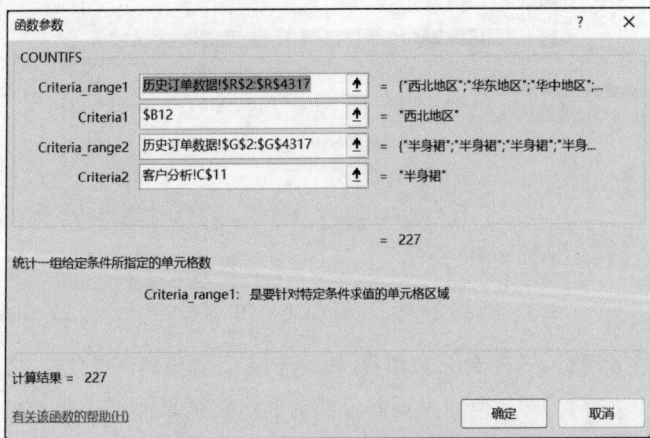

图 3-81 COUNTIFS 函数的参数设置

【单元小结】

本单元主要讲解了 Excel 中的常用函数，包括统计计算类函数、文本类函数、逻辑运算类函数、关联匹配类函数、日期与时间函数。

【拓展训练】

一、单选题

1. 以下关于Excel高级筛选功能的说法正确的是（　　）。

    A. 进行高级筛选前通常需要在工作表中设置条件区域

    B. 利用"数据"选项卡"排序和筛选"组中的"筛选"命令可进行高级筛选

    C. 进行高级筛选之前必须对数据进行排序

    D. 高级筛选就是自定义筛选

2. 某公司需要统计全年各类商品的销量冠军。在Excel中，最优的操作方法是（　　）。

    A. 在销量表中直接找到每类商品的销量冠军，并用特殊的颜色标记

    B. 分别对每类商品的销量进行排序，将销量冠军用特殊的颜色标记

    C. 通过自动筛选功能，分别找出每类商品的销量冠军，并用特殊的颜色标记

    D. 通过设置条件格式，分别标出每类商品的销量冠军

3. 某Excel工作表B列保存了11位手机号码信息，为了保护个人隐私，需将手机号码的后4位均用"*"表示，以B2单元格为例，最优的操作方法是（　　）。

    A. =REPLACE(B2,7,4,"****")　　　　B. =REPLACE(B2,8,4,"****")

    C. =MID(B2,7,4,"****")　　　　　　D. =MID(B2,8,4,"****")

4. 在Excel中，如需对A1单元格数值进行向下取整，最优的操作方法是（　　）。

    A. =INT(A1)　　　B. =INT(A1+0.5)　　C. =INT(A1-1)　　D. =INT(A1-0.5)

5. 在Excel中，要统计某单元格区域中包含的空单元格个数，最佳的方法是（　　）。

    A. 使用COUNTA函数进行统计　　　　B. 使用COUNT函数进行统计

    C. 使用COUNTBLANK函数进行统计　　D. 使用COUNDIF函数进行统计

二、多选题

1. 在Excel中，单元格内默认右对齐的有（　　）。

    A. 时间型数据　　　B. 文本型数据　　　C. 字符型数据　　　D. 数值型数据

    E. 日期型数据

2. 在Excel工作表的F3单元格中，求A3、B3和C3这3个单元格数值的和，正确的公式有（　　）。

    A. =$A$3+$B$3+$C$3　　　　　　B. =SUM(A3,C3)

    C. =A3+B3+C3　　　　　　　　　D. =SUM(A3,B3,C3)

3. "成绩单"工作表中包含20个同学成绩，C列为成绩值，第一行为标题行，在不改变行列顺序的情况下，在D列统计成绩排名，合适的操作方法有（　　）。

    A. 在D2单元格中输入"=RANK(C2,$C2:$C21)"，然后向下拖曳该单元格的填充柄到D21单元格

    B. 在D2单元格中输入"=RANK(C2,C$2:C$21)"，然后向下拖曳该单元格的填充柄到D21单元格

    C. 在D2单元格中输入"=RANK(C2,$C2:$C21)"，然后双击该单元格的填充柄

    D. 在D2单元格中输入"=RANK(C2,C$2:C$21)"，然后双击该单元格的填充柄

4. 要选取A2单元格的第一个字符，可以使用公式（   ）。

    A. =LEFT(A2,1)   B. =LEFT("A2",1)

    C. =MID(A2,1,1)   D. =MID("A2",1,1)

5. 在Excel中，属于逻辑运算类函数的有（   ）。

    A. AND   B. IF   C. FALSE   D. NOT

三、判断题

1. 在G2单元格中输入公式"=E2*F2"，复制公式到G3、G4单元格，G3、G4单元格中的公式分别是"=E3*F3"和"=E4*F4"。（   ）

2. 在Excel中，对文本型数据使用COUNT函数计算时，结果为0。（   ）

3. 在Excel中，比较运算符的运算结果是TRUE或FALSE。（   ）

4. 在Excel中，可通过"定位条件"功能选中所有应用了计算公式的单元格。（   ）

5. 某同学在Excel中输入"=SUM(B3:3E)*F3"，该公式形式正确。（   ）

四、实操题

请根据图3-82所示的2023年第一学期成绩表中的数据，为每位同学计算"英语折合分"（英语占60%，听力占40%）、"总分"、"总评"（总分≥425分为优秀），计算每门科目的"最高分""总人数""不及格人数"。

	A	B	C	D	E	F	G	H	I	J	K
1	2023年第一学期成绩表										
2	学号	班级	姓名	英语	听力	生理	解剖	病理	英语折合分	总分	总评
3	202201010001	1班	王小萌	88	78	69	89	86			
4	202201010002	1班	王英平	82	90	90	89	79			
5	202201010003	1班	胡龙	75	81	85	82	90			
6	202201010004	2班	田丽丽	68	70	70	78	83			
7	202201010005	2班	马力涛	90	75	89	89	76			
8	202201010006	2班	张丽华	80	68	88	90	78			
9	202201010007	3班	赵炎	66	50	78	90	83			
10	202201010008	3班	冯红	98	79	90	88	79			
11	202201010009	3班	赫志伟	70	68	78	90	85			
12	202201010010	3班	岳明	70	83	76	79	80			
13	最高分										
14	总人数										
15	不及格人数										

图3-82 2023年第一学期成绩表

数据分析基础与案例实战（基于Excel软件）（第2版）（微课版）

第4单元
Excel数据加工与处理

04

【学习目标】

👉 知识目标

➢ 掌握Excel中数据验证、删除重复值等数据审核方法。

➢ 熟练掌握Excel中自动筛选与高级筛选数据的方法。

➢ 熟练掌握Excel中数据分类汇总的方法。

➢ 熟练掌握Excel中数据透视表的使用方法。

➢ 熟练掌握Excel中合并计算的操作方法。

👉 技能目标

➢ 能够运用Excel中的"数据验证""删除重复项"等工具进行数据审核。

➢ 能够运用Excel中的"数据筛选""分类汇总""合并计算"等工具灵活处理数据。

➢ 能够生成数据透视表，从不同维度分析数据。

👉 素养目标

➢ 坚守数据分析师的职业底线，坚守诚信和透明原则。

➢ 遵守数据伦理和法律规定，合法合规处理数据。

➢ 培养实事求是、严谨细致的工作作风和精益求精的工匠精神。

【思维导图】

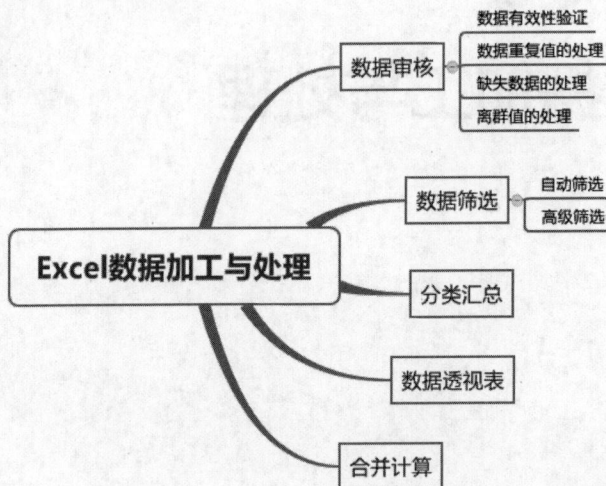

Excel数据加工与处理
- 数据审核
  - 数据有效性验证
  - 数据重复值的处理
  - 缺失数据的处理
  - 离群值的处理
- 数据筛选
  - 自动筛选
  - 高级筛选
- 分类汇总
- 数据透视表
- 合并计算

【案例引入】

　　在万物互联互通的时代下，数字经济迅猛发展。人工智能和大数据多维度赋能实体经济，线上线下融合等新消费模式蓬勃发展。党和国家对数字经济高度支持，工业和信息化部加快5G技术与新型消费模式的结合，鼓励我国直播带货行业的发展与开拓，全国已经产生数字化驱动的消费市场，包括电商、实体商业直播带货以及遍及全国的"村播"。然而，在发展过程中，我们也发现了一些需要关注和改进的问题。

　　在直播带货行业中，夸大观看人数和操纵销售数据等问题逐渐浮现。这不仅损害了一些商家的权益，还可能误导消费者。为了保障直播带货行业的诚信和可持续发展，我们需要共同努力解决这些问题，维护行业的良好形象。

　　直播带货行业的一些不良现象，如主播虚假宣传、选品质量参差不齐、售后保障缺失、掺假售假等，已引起了广泛关注。一些主播夸大商品效果的行为，虽然在一定程度上取得了短期内良好的销售成绩，但从长远看，并不符合可持续发展原则。为了促使行业透明、健康发展，我们需要加强监管，鼓励主播和商家遵循公平竞争的原则，共同创造诚信、高效的直播带货环境。

【引思明理】

　　数据造假不仅损害了数据分析的可信度和声誉，也对个人和组织的利益产生了严重影响。政府部门应建立有效的数据验证和审查机制，反制数据造假行为，保护数据的完整性，促使数据分析可信、可靠。

　　作为数据分析师，应该做到以下两点。

　　（1）坚守诚信和透明原则，实事求是，坚持以数据说话，恪守数据分析师的职业操守，用真实数据客观反映真相，不随意篡改数据，严谨细致地对待数据。

　　（2）遵守数据伦理和法律规定，加深对数据伦理和数据质量的认识，合法合规处理和使用数据。

【任务描述】

某网上商城主营小家电，为更好地促进线上销售，需定期对数据进行处理与分析。目前收集的部分数据存在数据缺失、数据异常等情况，数据表如图4-1所示。现需要对数据进行清洗，再做进一步统计汇总，形成需要的报表。

	A	B	C	D	E	F	G	H	I	J	K	L	M	N
1	行号	订单编号	客户编号	地区	销售代表ID	下单日期	预计发货日期	实际发货日期	产品ID	产品名称	数量	单价	金额	销售渠道
2	1	1010266	2000018	广东	212	2023/1/3	2023/1/13	2023/1/5	743	美的电饭煲3L	11	231.00	2541.00	京东
3	2	1010266	2000018	广东	212	2023/1/3	2023/1/13	2023/1/5	745	九阳蒸汽加热电饭煲3	3	222.59	667.77	京东
4	3	1010268	2000318	江苏	201	2023/1/3	2023/1/13	2023/1/5	709	美的电压力锅3L	2	174.79	349.58	京东
5	4	1010267	2000271	福建	211	2023/1/3	2023/1/13	2023/1/5	709	美的电压力锅3L	5	174.79	873.95	京东
6	5	1010269	2000353	福建	211	2023/1/4	2023/1/13	2023/1/6	743	美的电饭煲3L	1	231.00	231.00	京东
7	6	1010270	2000206	江苏	201	2023/1/5	2023/1/13	2023/1/6	709	美的电压力锅3L	32	174.79	5593.28	京东
8	7	1010270	2000206	江苏	201	2023/1/5	2023/1/13	2023/1/7	759	九阳咖啡机2L	2	528.84	1057.68	京东
9	8	1010271	2000162	湖南	210	2023/1/5	2023/1/13	2023/1/7	709	美的电压力锅3L	11	174.79	1922.69	京东
10	9	1010272	2000210	北京	205	2023/1/5	2023/1/13	2023/1/7	709	美的电压力锅3L	9	174.79	1573.11	京东
11	10	1010273	2000164	四川	214	2023/1/3	2023/1/13	2023/1/7	743	美的电饭煲3L	20	231.00	4620.00	京东
12	11	1010274	2000697	甘肃	213	2023/1/3	2023/1/13	2023/1/4	758	九阳空气炸锅2L	1	220.19	220.19	京东
13	12	1010274	2000697	甘肃	213	2023/1/3	2023/1/13	2023/1/5	759	九阳咖啡机2L	1	528.84	528.84	京东
14	13	1010275	2000531	江苏	201	2023/1/3	2023/1/13	2023/1/5	709	美的电压力锅3L	16	174.79	2796.64	京东
15	14	1010274	2000697	甘肃	213	2023/1/3	2023/1/13	2023/1/7	743	美的电饭煲3L	33	231.00	7623.00	京东
16	15	1010276	2000011	新疆	213	2023/1/2	2023/1/13	2023/1/4	743	美的电饭煲3L	3	231.00	#VALUE!	京东
17	16	1010558	2000558	新疆	213	2023/1/5	2023/1/13	2023/1/7	709	美的电压力锅3L	32	231.00	7392.00	京东
18	17	1010270	2000206	江苏	201	2023/1/5	2023/1/13	2023/1/7	731	澳柯玛电水壶2L		225.19		京东
19	18	1010277	2000558	新疆	213	2023/1/5	2023/1/13	2023/1/7	731	澳柯玛电水壶2L	3	225.19	675.57	淘宝
20	19	1010191	2000191	吉林	207	2023/1/4	2023/1/13	2023/1/7	709	美的电压力锅3L	29	174.79	5068.91	淘宝
21	20	1010278	2000191	吉林	207	2023/1/4	2023/1/13	2023/1/7	759	九阳咖啡机2L	1	528.84	528.84	淘宝

图4-1 网上商城销售数据

（1）对数据进行审查和校验，检查数据一致性，处理无效值。

（2）处理缺失值，删除重复值，纠正存在的错误，完成数据清洗，形成有效的数据。

（3）筛选出2023年1月3日江苏客户与2023年1月5日上海客户的下单情况，以便有针对性地设计销售策略。

（4）统计出每天每个销售代表的销售业绩。

（5）利用数据透视表统计每天销售金额排名前3的产品数据。

【知识准备】

4.1 数据审核

数据加工与处理的第一步是确保数据可靠、有效。为此，我们需要对收集的数据进行审核。全面的数据审核可分为3类，即有效性审核、一致性审核与分布性审核。

有效性审核主要是检查数据的有效性。例如，收集的数据中被调查者回答语句的语法是否正确、调查问卷中的各项数据是不是按规定填写的、调查问卷中的回答是否有缺失等。

一致性审核主要是检查数据之间的一致性问题。一致性审核是基于不同问题或同一问题的不同部分之间的结构关系、逻辑性和合法性来进行的。

分布性审核主要通过数据的分布来辨识记录是否远远脱离分布的正常范围，即是否为离群值。分布性审核主要是用来发现和确认可疑的数据记录的。

4.1.1 数据有效性验证

Excel中的"数据验证"功能可以简单审核数据的数据区间、数据类型等。例如，对员工基本资料表中的出生年月进行简单审核，审核条件为：在册员工出生年月在"1958-1-1"与"1999-12-31"之间。操作步骤如下。

4.1.1 数据有效性验证

（1）选中需要验证的数据区域，单击"数据"→"数据工具"→"数据验证"按钮，弹出"数据验证"对话框，设置验证条件，如图4-2所示，单击"确定"按钮关闭对话框。

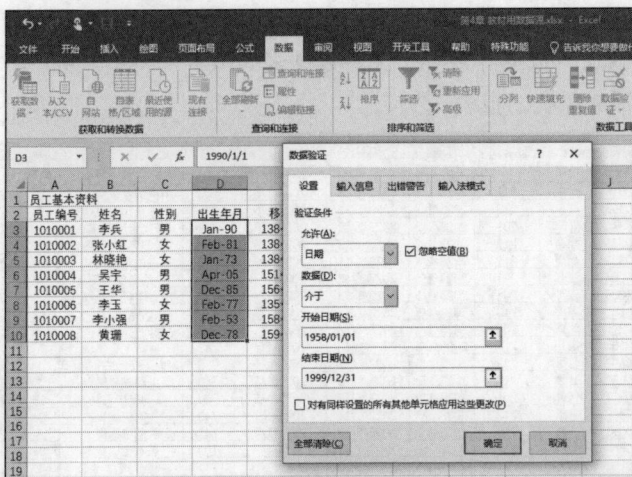

图4-2　设置验证条件

（2）单击"数据验证"的下拉按钮，在下拉列表中选择"圈释无效数据"选项，如图4-3所示。结果如图4-4所示，可将不符合要求的数据圈出来。

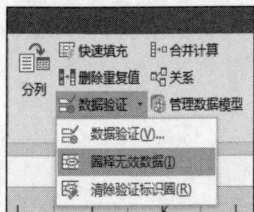

图4-3　选择"圈释无效数据"选项

图4-4　数据验证结果

（3）在输入数据前，也可以先对单元格内容的取值范围进行设置，同时可以设置"输入信息""出错警告"等，如图4-5、图4-6所示。设置完成后，输入数据时会出现标签提示，如果输入的数据不合理会弹出警告。

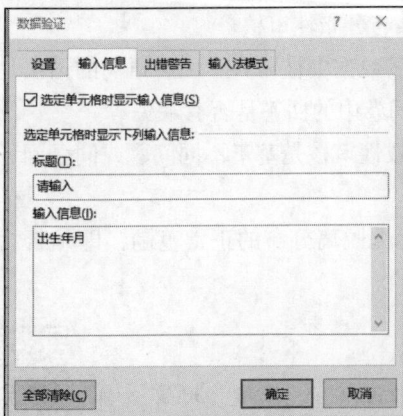

图4-5　"输入信息"选项卡

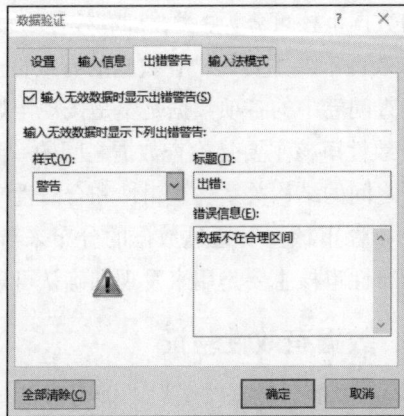

图4-6　"出错警告"选项卡

4.1.2　数据重复值的处理

在进行数据分析与处理时，数据表中可能存在一些重复的数据，那么如何处理这类数据呢？

Excel提供了"删除重复项"功能，该功能可以将所选区域中存在的重复值删除。选中需要删除重复值的单元格区域，单击"数据"→"数据工具"→"删除重复项"按钮，即可删除重复值。例如，进行图4-7所示的设置，可以将最后一行的重复数据删除。注意："删除重复项"功能只针对完全相同的记录，只要有不同的字段值，都看作非重复数据。

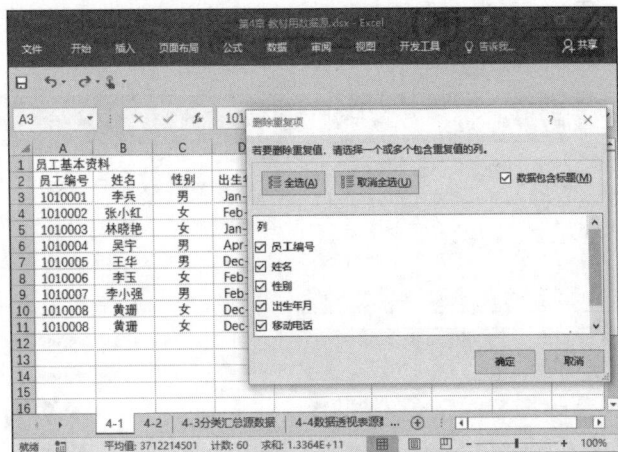

图 4-7　删除重复项设置

但是，在实际的数据处理中不能简单地删除重复值就了事，更多的时候需要先将重复值找出来，再进一步处理。寻找重复值的方法有很多种，可以通过"排序"功能将关键字相同的记录放在一起，可以通过"条件格式"功能将重复的字段用特殊的格式标注，也可以通过函数来统计每个单元格内容出现的次数，以此标注重复值。

1. 利用"排序"功能寻找重复值

"排序"是Excel中使用非常频繁的一个功能，该功能使用起来非常简单。单击"数据"→"排序和筛选"→"排序"按钮，弹出"排序"对话框，进行排序设置，如图4-8所示。如果要找出员工基本资料表中重复的员工姓名，可以按照关键字"姓名"进行排序，将姓名相同的员工的记录放在一起，以便辨别重复值。当然，在排序时，可以根据实际情况选择排序依据。可选择的排序依据有"数值""单元格颜色""字体颜色""单元格图标"。在对文本进行排序时，单击"选项"按钮，弹出"排序选项"对话框，可选择的排序方法是"字母排序"和"笔划排序"，如图4-9所示。

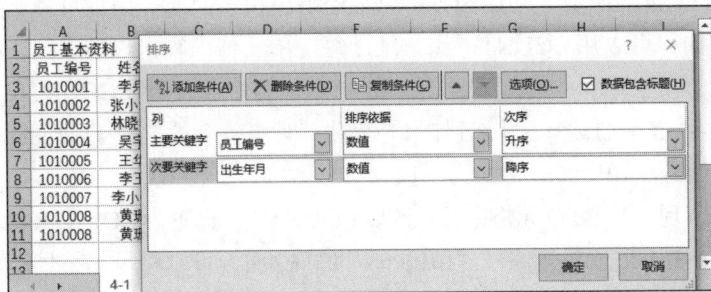

图 4-8　排序设置

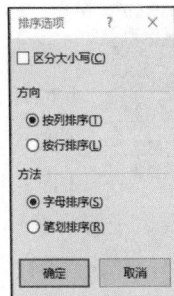

图 4-9　"排序选项"对话框

使用"排序"功能时，排序的关键字可以有多个，按主要关键字、次要关键字的顺序依次排列。排序时，先按主要关键字排序，只有在主要关键字完全相同的情况下，才按照次要关键字排序。

2. 利用"条件格式"功能寻找重复值

4.1.2 利用"条件格式"功能寻找重复值

Excel中的"条件格式"功能可以使用数据条、色阶或图标集轻松地表现趋势和模式，以直观地显示和突出重要值。使用时可以单击"开始"→"样式"→"条件格式"按钮，弹出下拉列表，选择"突出显示单元格规则"→"重复值"选项，如图4-10所示。弹出"重复值"对话框，可以通过设置将重复值以特殊格式显示，如图4-11所示。

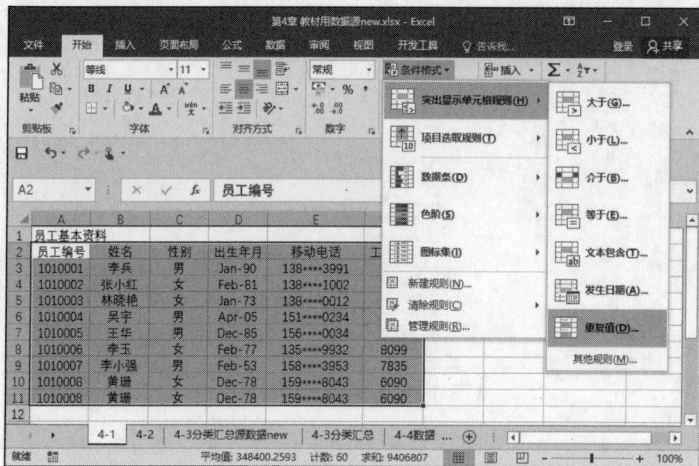

图 4-10 选择"重复值"选项

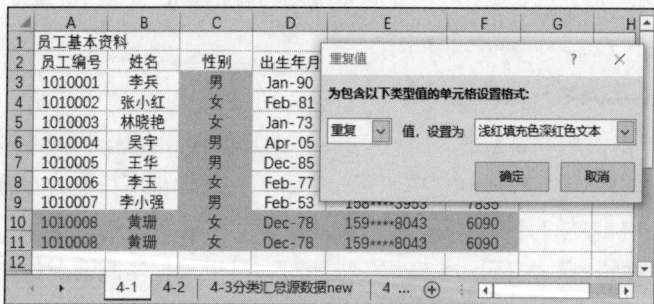

图 4-11 将重复值以特殊格式显示

3. 利用函数寻找重复值

4.1.2 利用函数寻找重复值

Excel提供了大量的函数，巧用函数可以轻松解决很多问题。用户可用函数来计算重复值，例如，可以用COUNTIF函数统计每个单元格内容出现的次数，如图4-12所示。要计算员工编号中有无重复值，在B3单元格中插入函数COUNTIF，设置为COUNTIF(\$A\$3:\$A\$11,A3)，并拖到B11单元格，计算每个员工编号出现的次数，由图4-12可知，编号"1010008"出现了2次。

要记录每个编号是第几次出现，在B3单元格中插入函数COUNTIF，设置为COUNTIF(\$A\$3:A3,A3)，并拖到B11单元格，如图4-13所示。编号"1010008"出现2次，可以将员工编号计数大于1的数据删除。

数据分析基础与案例实战（基于Excel软件）（第2版）（微课版）

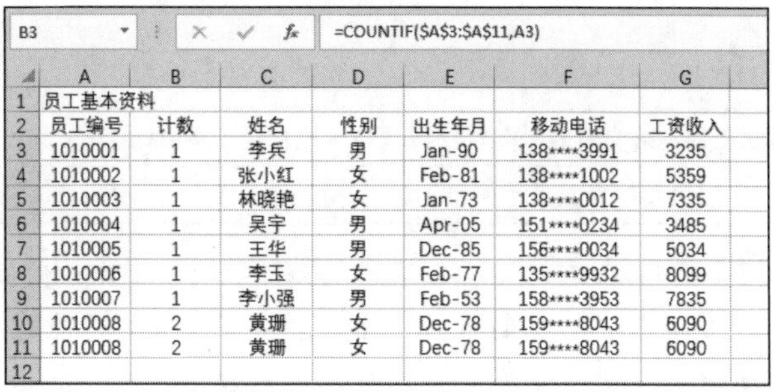

图 4-12　使用 COUNTIF 函数计算重复值（一）

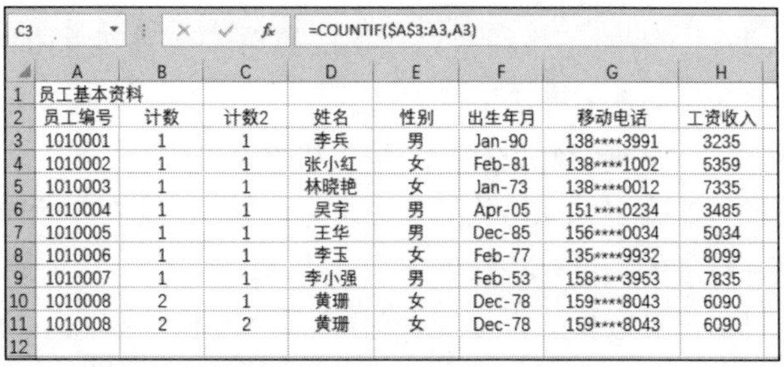

图 4-13　使用 COUNTIF 函数计算重复值（二）

4.1.3　缺失数据的处理

在做数据分析时，收集到的数据可能会出现缺失，原因可能是进行问卷调查时数据填写不清，或是输入数据时漏输、错输、误删等。当数据缺失时如何处理呢？缺失的数据中有的可以采用技术方法进行修补，有的很难修补。接下来主要针对一些可以修补的情况进行讲解。

1.　更改显示格式，修复部分数据

很多时候，单元格数据有固定的格式及位数，在输入数据时如果不进行格式限定，会导致基础性错误。一方面，我们可以通过数据验证来修正数据的区间范围；另一方面，我们可以通过数据自定义格式来修正数据的表示形式。这里重点讲一下数据自定义格式。Excel 的"设置单元格格式"对话框中对数据进行了详细的分类，可以按数值、货币、会计专用、日期、时间、百分比等多种类型的格式来显示数字，也可以自定义数字格式。自定义格式代码最多可由 4 个区段组成，各区段之间用英文分号隔开，如图 4-14 所示。

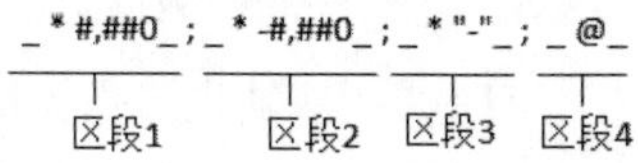

$$ \_ * \#,\#\#0\_;\_ * \text{-}\#,\#\#0\_;\_ * \text{"-"}\_;\_@\_ $$

区段1　　区段2　　区段3　区段4

图 4-14　自定义格式代码的组成

这 4 个区段依次定义了正数、负数、零值和文本的格式，中间用英文分号隔开。当在单元格中输入数据时，系统会自动进行判断。如果输入的是正数，则应用正数格式；如果输入的是负数，则应用负数格式；如果输入的是 0，则应用零值格式；如果输入的是文本，则应用文本格式；如果当前区段为空，则不显示该类型内容。

在实际使用中，自定义格式代码的 4 个区段不一定全部使用，有可能出现这 4 个区段只使用一部分的情况，区段代码结构如表4-1所示。

表4-1　区段代码结构

区段数	代码结构
1	格式代码作用于所有类型的数值
2	第1区段作用于正数和零值，第2区段作用于负数

区段数	代码结构
3	第1区段作用于正数,第2区段作用于负数,第3区段作用于零值
4	4个区段分别作用于正数、负数、零值和文本

在自定义格式代码中,"#"表示只显示有意义的数字;","为千位分隔符;"0"表示数字占位符,如果单元格的内容多于占位符,则显示实际数字,如果少于占位符,则用0补足;"*"表示重复下一个字符,直到充满列宽;"@"表示以文本形式显示。

2. 确定性插补数据

在实际处理缺失数据时,有时不像设置格式那么简单,如遇到整体单元格空白,或内容无效、不一致等问题,需要采用插补的方法来修复数据。

插补方法可分为两类,一是确定性插补,二是随机性插补。

确定性插补可采用的方法很多,如均值插补、推理插补、回归插补和热平台插补等。

(1)均值插补:用插补类的均值代替缺失值。

(2)推理插补:通过对已有数据进行推理来确定插补的值。

(3)回归插补:使用辅助信息及其他记录中的有效数据建立一个回归模型,该模型表明两个或多个变量之间的关系。

(4)热平台插补:使用同一插补类中的供者记录的信息来代替一个相似的受者记录中缺失的或不一致的数据。

具体采用哪一种方法,需要根据实际的问题决定。例如,如图4-15所示,如需插补D167单元格的数据,D167是2005年江苏省大豆的亩产数据,可以通过表中各字段的关系推断出D167单元格的计算公

	A	B	C	D	E	F	G	H
1	年份	省份	作物类型	单位亩产(公斤)	种植面积(万亩)	总产量(万吨)	亩产的增长速度	面积的增长速度
164	2006	吉林	小麦	266.6667	11.25	3	0.407407	-0.210526
165	2007	吉林	小麦	197.5	8.1	1.6	-0.259375	-0.280000
166	2004	江苏	大豆	175.6007	324.6	57	0.120832	-0.104675
167	2005	江苏	大豆		322.2	48.7	-0.139249	-0.007394
168	2006	江苏	大豆	167.0555	321.45	53.7	0.105242	-0.002328
169	2007	江苏	大豆	168.8	334	56.4	0.010442	0.039042
170	2004	江苏	稻谷	527.9316	3169.35	1673.2	0.037887	0.147754

图4-15 确定性插补数据案例

式"=D166*(1+G167)",则利用该公式很容易得出D167单元格数据约为151.1485。

3. 随机性插补数据

有时,一些缺失数据无法通过确定性插补的方法进行修复,并且不能过多地删除样本数据,这时可以通过指定一个随机因素生成一个插补值来修复缺失的数据。由于随机性插补包含随机因素,因此如果对同一组数据进行多次随机插补,每次插补的数据都会不相同。

例如,如图4-16所示,如需插补D167单元格的数据,即2005年江苏省大豆单位亩产,观察安徽、山东两省2005年的数据可知,2005年大豆是减产的,安徽大豆减产24%左右,山东大豆减产8%左右。因此,可利用随机插补方法,即利用公式"D167=D166*(1-INT(RAND()*(24-8)+8)/100)"得到一个接近值,此值为随机数。

	A	B	C	D	E	F	G	H
1	年份	省份	作物类型	单位亩产(公斤)	种植面积(万亩)	总产量(万吨)	亩产的增长速度	面积的增长速度
2	2004	安徽	大豆	84.52502	1332.15	112.6	0.085324	0.038471
3	2005	安徽	大豆	64.55834	1375.5	88.8	-0.236222	0.032541
4	2006	安徽	大豆	86.53513	1444.5	125	0.340418	0.050164
5	2007	安徽	大豆	80.7	1407	113.6	-0.067431	-0.025961

图4-16 随机性插补数据案例

▲	A	B	C	D	E	F	G	H
1	年份	省份	作物类型	单位亩产（公斤）	种植面积（万亩）	总产量（万吨）	亩产的增长速度	面积的增长速度
242	2004	山东	大豆	198.1758	361.8	71.7	0.227323	-0.155758
243	2005	山东	大豆	181.8182	358.05	65.1	-0.082541	-0.010365
244	2006	山东	大豆	184.8214	336	62.1	0.016518	-0.061584
245	2007	山东	大豆	252.8	40.7	161	0.367807	-0.878869

▲	A	B	C	D	E	F	G	H
1	年份	省份	作物类型	单位亩产（公斤）	种植面积（万亩）	总产量（万吨）	亩产的增长速度	面积的增长速度
164	2006	吉林	小麦	266.6667	11.25	3	0.407407	-0.210526
165	2007	吉林	小麦	197.5	8.1	1.6	-0.259375	-0.280000
166	2004	江苏	小麦	175.6007	324.6	57	0.120832	-0.104675
167	2005	江苏	大豆		322.2			-0.007394
168	2006	江苏	大豆	167.0555	321.45	53.7	0.105242	-0.002328
169	2007	江苏	大豆	168.8	334	56.4	0.010442	0.039042

图 4-16　随机性插补数据案例（续）

4.1.4　离群值的处理

何为离群值？离群值是指数据中的一个或几个与其他数值相比差异较大的值。例如比赛评分时，有的评委打分过高，也有的打分过低，通常我们会去掉最高分、最低分，然后取平均分。这里的最高分、最低分是否算入总分，对平均分有不小的影响，需要客观分析后进行处理。有时，这些值处理不当，可能会影响数据分析的结果。

在进行数据预处理时，应该先检测离群值，再进行相应的处理。一般处理的方法如下。

（1）删除：最简单的方法就是掐头去尾，将离群值去掉。

（2）调整权数：降低离群值的权数，使它们的影响变小。

当然，在处理离群值时，也不能一味地删除，还应该认真检查原始数据，看能否从专业的角度合理地解释。例如，如果数据存在逻辑错误但原始记录也有同样问题，并且无法再找到该观察对象进行核实，则只能将该值删除；如果数据间无明显的逻辑错误，则可在离群值删除前后各做一次统计分析，若前后结果不矛盾，则该离群值可以保留。

4.2　数据筛选

要在大量的数据中寻找我们需要的信息，可以使用"筛选"功能。数据筛选包含两方面内容：一是将不符合要求的数据或有明显错误的数据删除；二是将符合特定条件的数据筛选出来，将不符合特定条件的数据暂时隐藏。

Excel提供了两种筛选方式：自动筛选和高级筛选。

4.2 数据筛选

4.2.1　自动筛选

自动筛选相对简单，可以筛选出满足某一条件或同时满足多个条件的数据。自动筛选的操作步骤如下。

（1）选中需要筛选的数据，单击"数据"→"排序和筛选"→"筛选"按钮，可看到数据表头字段名上出现下拉按钮，如图4-17所示。

▲	A	B	C	D	E	F	G
1	员工基本资料						
2	员工编号	姓名	性别	出生年月	移动电话	工资收入	
3	1010001	李兵	男	Jan-90	138****3991	3235	
4	1010002	张小红	女	Feb-81	138****1002	5359	
5	1010003	林晓艳	女	Jan-73	138****0012	7335	
6	1010004	吴宇	男	Apr-05	151****0234	3485	
7	1010005	王华	男	Dec-85	156****0034	5034	
8	1010006	李玉	女	Feb-77	135****9932	8099	
9	1010007	李小强	男	Feb-53	158****3953	7835	
10	1010008	黄珊	女	Dec-78	159****8043	6090	
11							
12							

图 4-17　自动筛选

（2）如果筛选条件是"姓李、男性、80后员工"，则单击"姓名"下拉按钮，弹出下拉列表，选择"文本筛选"→"开头是"选项，如图4-18所示，弹出"自定义自动筛选方式"对话框，将"开头是"设置为"李"即可，如图4-19所示；单击"性别"下拉按钮，弹出下拉列表，勾选"男"复选框，如图4-20所示；单击"出生年月"下拉按钮，弹出下拉列表，选择"日期筛选"→"之后"选项，如图4-21所示，弹出"自定义自动筛选方式"对话框，选择"在以下日期之后或与之相同"选项，输入"1980-01-01"，如图4-22所示。自动筛选结果如图4-23所示。

多学一招

清除自动筛选

数据一旦经过自动筛选，原来有些数据不显示了，如需还原至源数据状态，可以通过"清除"操作完成，即单击"数据"→"排序和筛选"→"清除"按钮。

数据分析基础与案例实战（基于Excel软件）（第2版）（微课版）

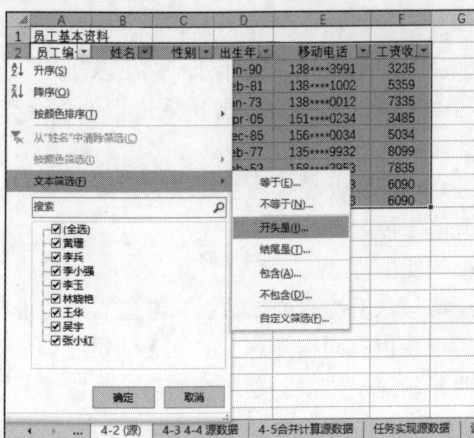

图 4-18　姓名筛选设置

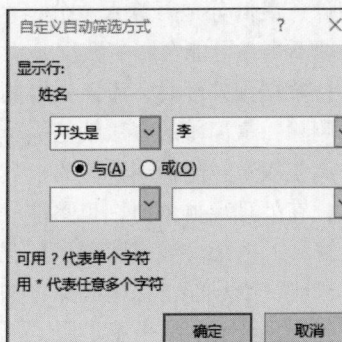

图 4-19　姓名"自定义自动筛选方式"对话框

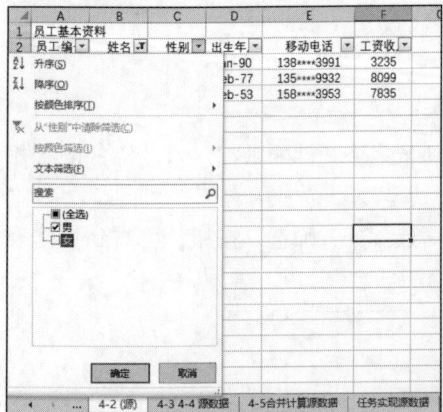

图 4-20　性别筛选设置

图 4-21　日期筛选设置

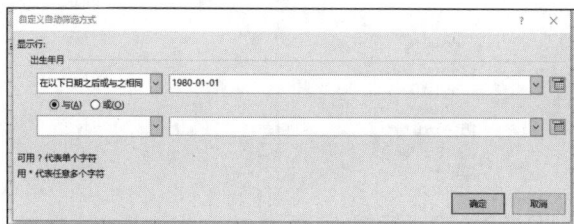

图 4-22 出生年月"自定义自动筛选方式"对话框

图 4-23 自动筛选结果

4.2.2 高级筛选

自动筛选适合单一条件或综合多个条件的数据筛选，但是如果遇到多个条件之间是逻辑或的关系，自动筛选就无法完成了，这时，就可以使用"高级筛选"功能。高级筛选可以实现复杂条件的筛选。

高级筛选的操作要点是对条件区域进行设置。条件区域的内容需要输入工作表的某一区域中，根据输入条件所处的行列不同，构建复杂的条件表达式。

如果两个条件出现在同一行，则指两个条件必须同时满足，这两个条件是"与"的关系，如图4-24所示，表示的条件为"性别为女且专业是电子商务"；如果两个条件在不同的行，则指两个条件只需满足一个即可，这两个条件是"或"的关系，如图4-25所示，表示的条件为"性别为女或专业是电子商务"。多个条件也可以按这种规则进行组合。

例如，需要筛选出所有女性员工或者1986年及以后出生的员工，可以在表格空白区域设置图4-26所示的条件区域。

图 4-24 "与"的关系

图 4-25 "或"的关系

图 4-26 高级筛选的条件区域

单击"数据"→"排序和筛选"→"高级"按钮，弹出"高级筛选"对话框，进行图4-27所示的设置。"方式"是指筛选的结果显示的位置，"列表区域"是指需要筛选的源数据表，"条件区域"是筛选条件所在的区域，"复制到"是指结果显示的位置。该案例的筛选结果如图4-28所示。

图 4-27 高级筛选设置

	A	B	C	D	E	F
13	员工编号	姓名	性别	出生年月	移动电话	工资收入
14	1010001	李兵	男	Jan-90	138****3991	3235
15	1010002	张小红	女	Feb-81	138****1002	5359
16	1010003	林晓艳	女	Jan-73	138****0012	7335
17	1010004	吴宇	男	Apr-05	151****0234	3485
18	1010006	李玉	女	Feb-77	135****9932	8099
19	1010008	黄珊	女	Dec-78	159****8043	6090
20						
21						

图 4-28　高级筛选结果

4.3　分类汇总

"分类汇总"是Excel提供的分类、统计计算相关数据行的工具。通过分类汇总与总计可快速计算相关数据行。在使用该功能的时候应注意,进行分类汇总的数据区域必须按分类的字段排序,将相关关键字排列在相邻行上,否则,在汇总时对同一个关键字将产生多个汇总数据,就达不到分类汇总的目的了。

4.3 分类汇总

例如,以某小家电商城的销售数据为例,统计每日商品销售的数量与金额,具体步骤如下。

(1)根据"下单日期"对数据进行排序,使同一天的销售数据排列在一起。

(2)进行分类汇总。单击"数据"→"分级显示"→"分类汇总"按钮,弹出"分类汇总"对话框,要求汇总每日的销售数量与金额,将"分类字段"设为"下单日期","汇总方式"设为"求和","选定汇总项"设为"数量"与"金额",勾选"替换当前分类汇总""汇总结果显示在数据下方"复选框,如图4-29所示,统计结果如图4-30所示。由统计结果最左边可见分类汇总分3级,图4-30显示的是2级,1级只显示总的汇总结果,3级显示全部的内容。

图 4-29　"分类汇总"对话框

图 4-30　分类汇总结果

以上是以"下单日期"为分类字段的分类汇总。如果要再细分,汇总出每天每种商品的销量与销售金额,可以采用嵌套的分类汇总,此时需要在原先分类汇总的基础上进行二次分类汇总,在"分类汇总"对话框中,将"分类字段"设为"产品名称",取消勾选"替换当前分类汇总"复选框,如图4-31所示,汇总结果如图4-32所示。此时数据经过两次分类汇总,分4级显示。

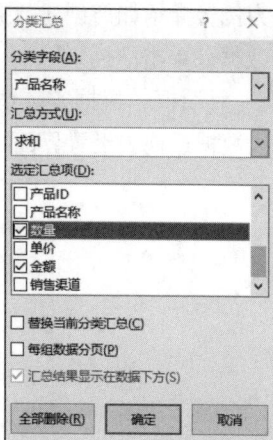

图 4-31 二次分类汇总设置

图 4-32 二次分类汇总结果

分类汇总操作的注意事项

多学一招

(1)在进行分类汇总操作时,一定要让源数据先按照分类字段排序,再分类汇总,如果有两个以上的分类字段,一定要按顺序选择主要关键字、次要关键字等进行排序,这样才能达到分类汇总的目的。

(2)当需要根据多个分类字段进行分类汇总时,若要进行二级分类汇总,"选定汇总项"中不能勾选"替换当前分类汇总"复选框,之后便可在原来分类汇总的基础上继续进行分类汇总。

4.4 数据透视表

数据透视表是Excel提供的一种交互式报表,可以根据不同的分析目的组织和汇总数据,使用起来非常灵活,可以得到需要的分析结果,是一种动态数据分析工具。

4.4 数据透视表

在数据透视表中，可以交换行和列来查看源数据的不同汇总结果，以及显示不同页面的筛选数据，还可以根据需要显示区域中不同的明细数据。

接下来以某线上商城的销售数据为例，介绍如何创建数据透视表。

（1）选择需要建立数据透视表的数据，单击"插入"→"表格"→"数据透视表"按钮，如图4-33所示。弹出"创建数据透视表"对话框，根据实际情况选择数据透视表放置的位置，如图4-34所示。单击"确定"按钮，进入数据透视表设置界面，如图4-35所示。

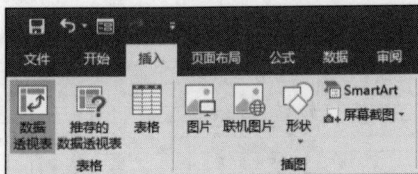

图 4-34 "创建数据透视表"对话框

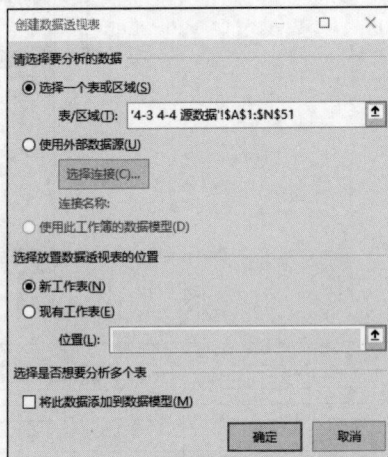

图 4-33 单击"数据透视表"按钮

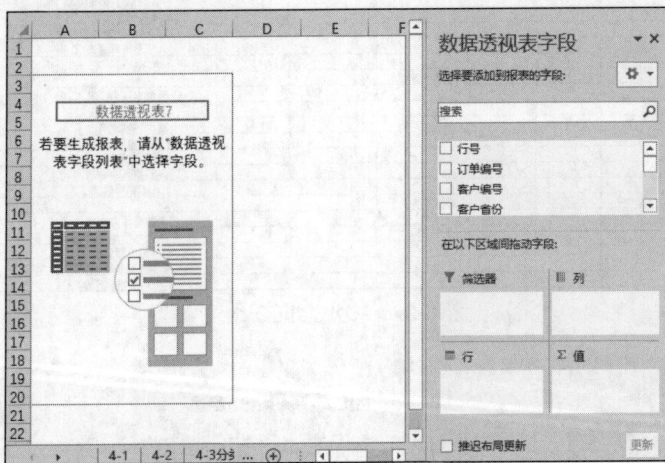

图 4-35 数据透视表设置界面

（2）右侧的"数据透视表字段"面板中列出了源数据中每列的名称。选中各字段，默认文本字段出现在"行"区域中，数值出现在"值"区域中，用户可以直接拖曳字段放置到"筛选器""列""行""值"等区域中。图4-36所示显示的是每天每种商品的销量与销售金额。

（3）"行"区域、"列"区域中的字段可以互换，"值"区域中可以切换值汇总的方式，如求和、计数、平均值、最大值等。在"值"区域单击，在弹出的菜单中选择"值字段设置"命令，弹出"值字段设置"对话框，如图4-37所示。在该对话框中可切换值汇总方式，也可修改值显示方式，如图4-38所示，将"金额"值显示方式为"父级汇总的百分比"，可以显示每天每类商品销售金额占比。

图4-36　数据透视表设置

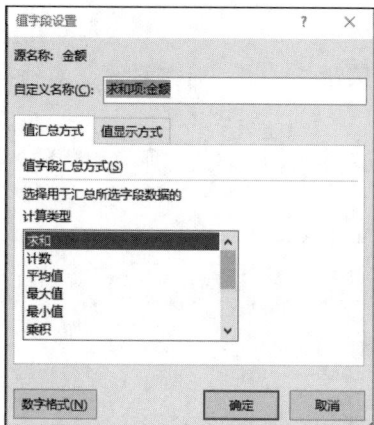

图4-37　"值字段设置"对话框

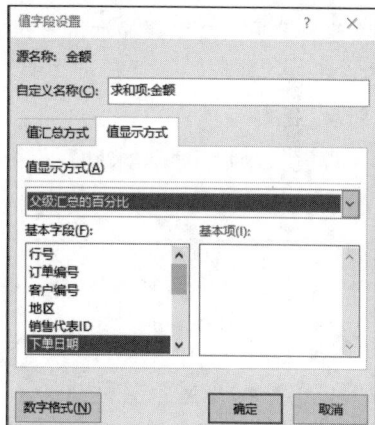

图4-38　修改值显示方式

（4）"筛选器"区域可以添加不同维度的数据透视，例如需要查看每个地区的数据，可以将"地区"拖曳到"筛选器"区域，如图4-39所示。

图4-39　筛选后的数据透视表

4.5 合并计算

4.5 合并计算

Excel提供的"合并计算"功能可以汇总报表不同单元格区域中的数据，在单个输出区域中显示合并计算结果，能够帮助用户将指定单元格区域中的数据进行同类汇总计算。

例如，两张表中的数据如图4-40所示，将两个销售渠道的销售金额进行合并，求出总销售金额，具体步骤如下。

	A	B	C	D	E	F	G
1	产品名称	销售金额（元）	销售渠道		产品名称	销售金额（元）	销售渠道
2	澳柯玛电水壶2L	2477	淘宝		澳柯玛电水壶2L	450	京东
3	九阳咖啡机2L	74037	淘宝		九阳咖啡机2L	1586	京东
4	九阳空气炸锅2L	19817	淘宝		九阳空气炸锅2L	220	京东
5	九阳蒸汽加热电饭煲3L	24487	淘宝		九阳蒸汽加热电饭煲3L	668	京东
6	美的电饭煲3L	8316	淘宝		美的电饭煲3L	23100	京东
7	美的电压力锅3L	436977	淘宝		美的电压力锅3L	13109	京东
8	苏泊尔挂烫机	2207	淘宝				
9	小米电吹风机H300	754	淘宝				

图4-40　源数据

（1）选择合并计算结果显示位置，如单元格A11。

（2）单击"数据"→"数据工具"→"合并计算"按钮，弹出"合并计算"对话框，如图4-41所示。

（3）设置"函数"为"求和"，并将两个不同销售渠道的数据添加到"所有引用位置"，如图4-42所示。

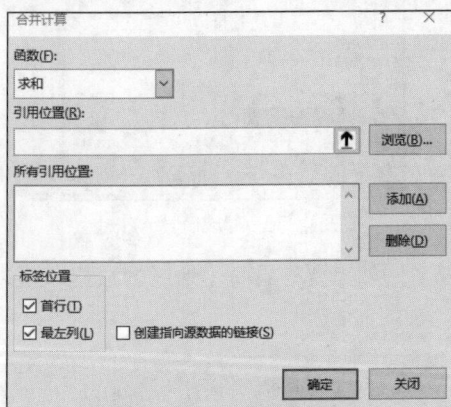

图4-41　"合并计算"对话框

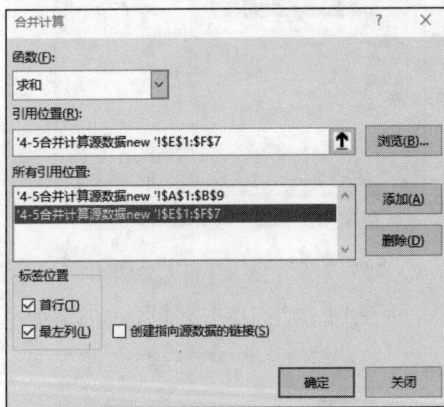

图4-42　设置"所有引用位置"

（4）设置标签位置，如勾选"最左列""首行"复选框，则表示最左列、首行按原样显示。

（5）合并计算的结果如图4-43所示。可根据实际需求修改其字段名，如图4-44所示。

合并计算可以方便地对区域数据按类别合并计算，不需要依次计算离散的单个值，极大地提高了计算效率。

11		销售金额（元）
12	澳柯玛电水壶2L	2927
13	九阳咖啡机2L	75623
14	九阳空气炸锅2L	20037
15	九阳蒸汽加热电饭煲3L	25155
16	美的电饭煲3L	31416
17	美的电压力锅3L	450086
18	苏泊尔挂烫机	2207
19	小米电吹风机H300	754

图4-43　合并计算结果（一）

11	产品名称	销售金额（元）
12	澳柯玛电水壶2L	2927
13	九阳咖啡机2L	75623
14	九阳空气炸锅2L	20037
15	九阳蒸汽加热电饭煲3L	25155
16	美的电饭煲3L	31416
17	美的电压力锅3L	450086
18	苏泊尔挂烫机	2207
19	小米电吹风机H300	754

图4-44　合并计算结果（二）

【任务实现】

任务 4.1　数据审核

1. 对数据进行审查和校验，检查数据一致性，处理无效值。

分析现有数据表，可以发现：订单编号、客户编号都是7位，销售代表ID、产品ID都是3位；下单日期、预计发货日期、实际发货日期都是日期型数据。从逻辑上分析，实际发货日期通常晚于下单日期；产品ID应该与产品名称一一对应；金额由单价、数量计算得出，都是数值型数据。

根据上述逻辑，可以对数据设置如下验证条件：订单编号、客户编号的文本长度为7，销售代表ID、产品ID的文本长度为3；下单日期应不迟于预计发货日期、实际发货日期，且3个字段都是有效的日期型数据；单价、数量、金额都是合法数值型数据。接下来对以上几个方面进行数据验证与检查，找出存在的问题，对数据进行清洗。具体操作步骤如下。

（1）选择需要限定数据区间的单元格，如"订单编号""实际发货日期"列，单击"数据"→"数据工具"→"数据验证"按钮，弹出"数据验证"对话框，进行图4-45、图4-46所示的设置，其他列数据验证的设置与之类似。

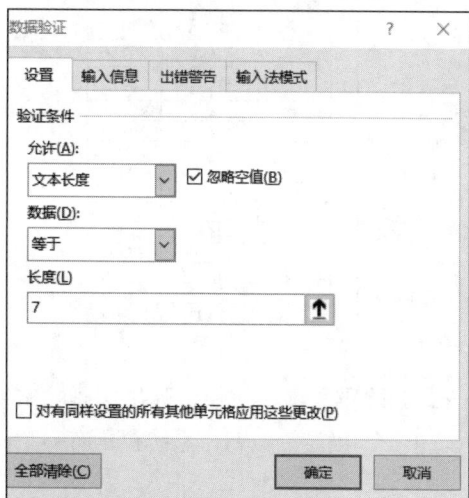

图 4-45　数据验证设置（一）

图 4-46　数据验证设置（二）

（2）根据设置的数据验证，单击"数据"→"数据工具"→"数据验证"的下拉按钮，在下拉列表中选择"圈释无效数据"选项，不符合要求的数据就被圈释出来了，如图4-47所示。G23单元格中的"2023/2/29"是一个无效数据，不存在这个日期，H12单元格中的实际发货日期"2023/1/3"早于下单日期"2023/1/5"，是一个逻辑异常值，M18单元格中的"#VALUE!"是计算错误值，可以利用公式"金额=数量*单价"进行修改，正确的值为693。

2. 处理缺失值，删除重复值，纠正存在的错误，完成数据清洗，形成有效的数据。

可以通过查找空值、重复值等方式，解决数据表中的数据缺失问题。通过表中字段分析，发现产品ID、产品名称是一一对应关系，可以对产品ID进行排序，以便发现数据不一致的地方。

图 4-47 圈释无效数据

（1）选中数据表，单击"开始"→"编辑"→"查找和选择"按钮，在下拉列表中选择"定位条件"选项，弹出对话框，选择"空值"单选项，单击"确定"按钮即可查找表中的空值，发现M10单元格中是空值，如图4-48所示。可以利用公式"金额=数量*单价"进行缺失值的填补，M10单元格中的值应为450.38。

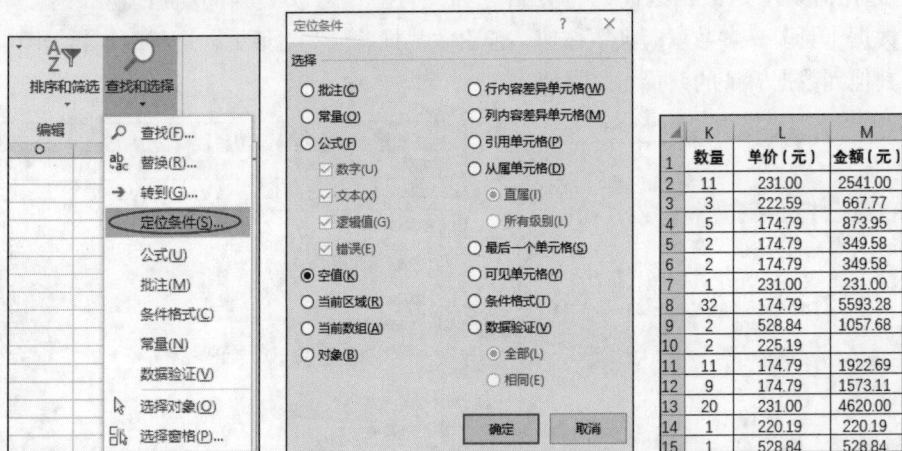

图 4-48 空值的查找与填补

（2）选中数据表，单击"数据"→"数据工具"→"删除重复项"按钮，弹出"删除重复项"对话框，取消勾选"行号"复选框，如图4-49所示。单击"确定"按钮，系统提示有一个重复值，如图4-50所示。

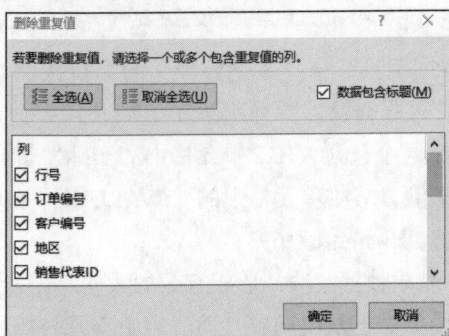

图 4-49 "删除重复项"对话框

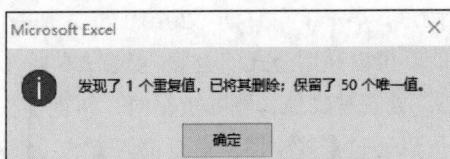

图 4-50 删除重复项提示框

（3）选中数据表，单击"数据"→"排序和筛选"→"排序"按钮，弹出"排序"对话框，将数据表按照"产品ID"进行排序，如图4-51所示，排序结果如图4-52所示，发现有一行数据中的产品ID与产品名称不对应，可根据实际情况及时修改。

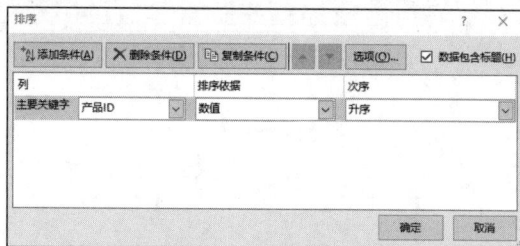

图4-51 "排序"对话框

图4-52 排序结果

任务4.2 数据筛选

分析筛选条件，2023年1月3日下单的江苏客户与2023年1月5日下单的上海客户，可以表述为（"2023年1月3日"与"江苏"）或（"2023年1月5日"与"上海"），整体属于"或"的关系，利用普通的筛选无法完成，必须要用高级筛选。具体操作步骤如下。

任务4.2 数据
筛选

（1）设置条件区域，将"与""或"的关系在单元格中表示出来，在Excel中，字段值写在同一行上表示"与"的关系，写在不同行上表示"或"的关系，图4-53所示是条件区域的设置。

（2）设置高级筛选值，单击"数据"→"排序和筛选"→"高级"按钮，弹出"高级筛选"对话框，设置"列表区域""条件区域""复制到"，如图4-54所示。单击"确定"按钮，结果从P6单元格开始显示，如图4-55所示。

图4-53 设置条件区域

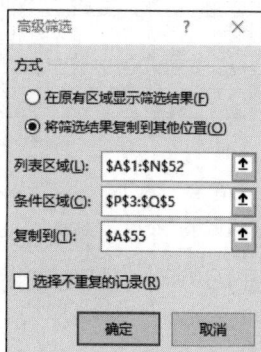

图4-54 "高级筛选"对话框

	行号	订单编号	客户编号	地区	销售代表ID	下单日期	预计发货日期	实际发货日期	产品ID	产品名称	数量	单价	金额	销售渠道
55	行号	订单编号	客户编号	地区	销售代表ID	下单日期	预计发货日期	实际发货日期	产品ID	产品名称	数量	单价	金额	销售渠道
56	3	1010268	2000318	江苏	201	2023/1/3	2023/1/13	2023/1/5	709	美的电压力锅3L	2	174.79	349.58	京东
57	24	1010268	2000318	江苏	201	2023/1/3	2023/1/13	2023/1/5	709	美的电压力锅3L	2	174.79	349.58	京东
58	13	1010275	2000531	江苏	201	2023/1/3	2023/1/13	2023/1/5	709	美的电压力锅3L	16	174.79	2796.64	京东
59	45	1010290	2000384	上海	202	2023/1/5	2023/1/13	2023/1/6	743	美的电饭煲3L	15	231.00	3465.00	淘宝
60	46	1010290	2000384	上海	202	2023/1/5	2023/1/13	2023/1/7	745	九阳蒸汽加热电饭煲3L	4	222.59	890.36	淘宝
61	47	1010290	2000384	上海	202	2023/1/5	2023/1/13	2023/1/7	752	小米电吹风机H300	2	125.70	251.40	淘宝

图 4-55　高级筛选结果

任务 4.3　分类汇总

要汇总出每天每个销售代表的销售业绩，可以用嵌套的分类汇总或数据透视表完成。

以分类汇总为例，通过分析，分类的字段应该是"下单日期"和"销售代表ID"。具体操作步骤如下。

（1）将"下单日期"作为主要关键字、将"销售代表ID"作为次要关键字进行排序，如图 4-56 所示，形成图 4-57 所示的排序结果。

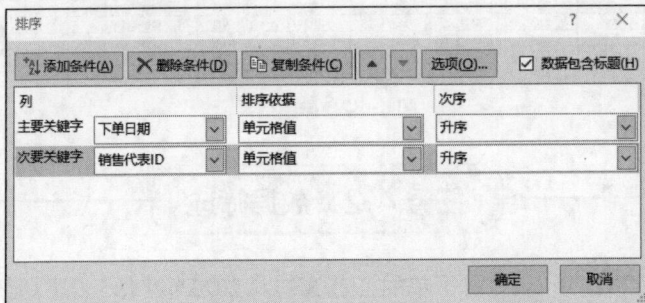

任务4.3 分类汇总

图 4-56　"排序"对话框

	行号	订单编号	客户编号	地区	销售代表ID	下单日期	预计发货日期	实际发货日期	产品ID	产品名称	数量	单价（元）	金额（元）	销售渠道
2	33	1010286	2000259	江苏	201	2023/1/2	2023/1/13	2023/1/4	709	美的电压力锅3L	7	174.79	1223.53	淘宝
3	34	1010287	2000471	湖北	203	2023/1/2	2023/1/13	2023/1/4	709	美的电压力锅3L	1	174.79	174.79	淘宝
4	26	1010291	2000198	天津	208	2023/1/2	2023/1/13	2023/1/4	709	美的电压力锅3L	3	174.79	524.37	淘宝
5	43	1010285	2000036	河北	208	2023/1/2	2023/1/13	2023/1/4	709	美的电压力锅3L	23	174.79	4020.17	淘宝
6	21	1010279	2000208	海南	209	2023/1/2	2023/2/28	2023/1/4	709	美的电压力锅3L	2	174.79	349.58	淘宝
7	22	1010279	2000208	海南	209	2023/1/2	2023/1/13	2023/1/6	711	苏泊尔挂烫机	1	183.94	183.94	淘宝
8	29	1010283	2000001	湖南	210	2023/1/2	2023/1/13	2023/1/4	709	美的电压力锅3L	29	174.79	5068.91	淘宝
9	36	1010284	2000533	西藏	213	2023/1/2	2023/1/13	2023/1/4	731	漠柯玛电水壶2L	1	225.19	225.19	淘宝
10	15	1010276	2000011	新疆	213	2023/1/2	2023/1/13	2023/1/4	743	美的电饭煲3L	3	231.00	693.00	京东
11	41	1010289	2000099	青海	213	2023/1/2	2023/1/13	2023/1/4	743	美的电饭煲3L	17	231.00	3927.00	淘宝
12	42	1010289	2000099	青海	213	2023/1/2	2023/1/13	2023/1/5	745	九阳蒸汽加热电饭煲3L	7	222.59	1558.13	淘宝
13	44	1010289	2000099	青海	213	2023/1/2	2023/1/13	2023/1/5	752	小米电吹风机H300	2	125.70	251.40	淘宝
14	3	1010268	2000318	江苏	201	2023/1/3	2023/1/13	2023/1/5	709	美的电压力锅3L	2	174.79	349.58	京东
15	13	1010275	2000531	江苏	201	2023/1/3	2023/1/13	2023/1/5	709	美的电压力锅3L	16	174.79	2796.64	京东
16	23	1010280	2000102	辽宁	207	2023/1/3	2023/1/13	2023/1/5	709	美的电压力锅3L	20	174.79	3495.80	淘宝
17	25	1010280	2000102	辽宁	207	2023/1/3	2023/1/13	2023/1/7	711	苏泊尔挂烫机	2	183.94	367.88	淘宝
18	32	1010286	2000036	河北	208	2023/1/3	2023/1/13	2023/1/5	711	苏泊尔挂烫机	1	183.94	183.94	淘宝
19	4	1010267	2000271	福建	211	2023/1/3	2023/1/13	2023/1/5	709	美的电压力锅3L	5	174.79	873.95	京东
20	1	1010266	2000018	广东	212	2023/1/3	2023/1/13	2023/1/5	743	美的电饭煲3L	11	231.00	2541.00	京东
21	2	1010266	2000018	广东	212	2023/1/3	2023/1/13	2023/1/5	745	九阳蒸汽加热电饭煲3L	3	222.59	667.77	京东
22	31	1010285	2000533	西藏	213	2023/1/3	2023/1/13	2023/1/5	709	美的电压力锅3L	31	174.79	5418.49	京东
23	14	1010274	2000697	甘肃	213	2023/1/3	2023/1/13	2023/1/7	743	美的电饭煲3L	33	231.00	7623.00	京东
24	14	1010274	2000697	甘肃	213	2023/1/3	2023/1/13	2023/1/4	758	九阳空气炸锅2L	1	220.19	220.19	京东
25	12	1010274	2000697	甘肃	213	2023/1/3	2023/1/13		759	九阳咖啡机3L	1	528.84	528.84	京东
26	27	1010282	2000389	北京	205	2023/1/4	2023/1/13	2023/1/6	743	美的电饭煲3L	4	231.00	924.00	淘宝

图 4-57　排序结果

（2）单击"数据"→"分级显示"→"分类汇总"按钮，弹出"分类汇总"对话框。先按"下单日期"进行一次分类汇总，设置如图 4-58 所示；再按"销售代表ID"进行二次分类汇总，设置如图 4-59 所示。最终结果如图 4-60 所示。

数据分析基础与案例实战（基于Excel软件）（第2版）（微课版）

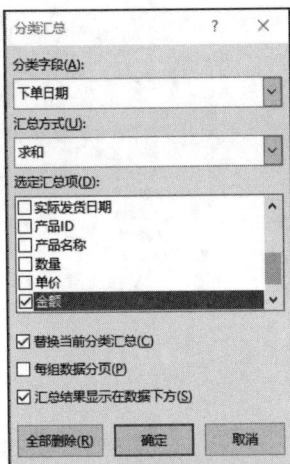

图 4-58　按"下单日期"进行分类汇总

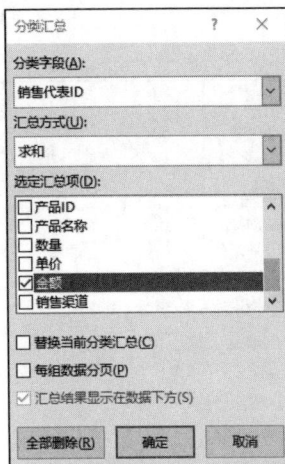

图 4-59　按"销售代表 ID"进行分类汇总

图 4-60　分类汇总结果

任务 4.4　数据透视表

利用数据透视表统计每天销售金额排名前3的产品数据，操作步骤如下。

（1）选择需要建立数据透视表的数据，单击"插入"→"表格"→"数据透视表"按钮，弹出"创建数据透视表"对话框，根据实际情况选择数据透视表放置的位置，如图4-61所示，单击"确定"按钮，进入数据透视表的设置界面。

任务4.4　数据透视表

（2）将"下单日期""产品名称"字段依次拖曳到"行"区域，将"金额"字段拖曳到"值"区域，形成图4-62所示的数据透视表，该表显示了每日产品的销售情况。

（3）为显示销售金额排名前3的产品，可以将鼠标指针移动到透视表"行标签"列的任意单元格中，右击，弹出快捷菜单，选择"筛选"→"前10个"命令，如图4-63所示，弹出筛选对话框。将"显示"设置为"最大3项"，如图4-64所示，单击"确定"按钮。最终结果如图4-65所示。

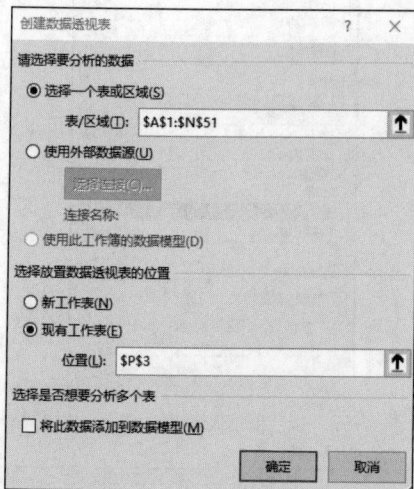

图 4-61 "创建数据透视表"对话框

图 4-62 每日产品销售情况

图 4-63 数据透视表筛选快捷菜单

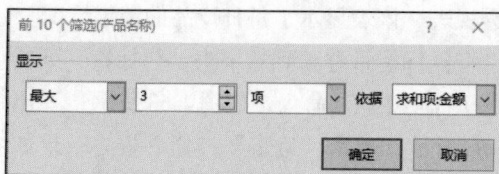

图 4-64 数据透视表筛选设置

图 4-65 每日销售金额排名前 3 的产品

【单元小结】

本单元主要讲解了在Excel中加工与处理数据的方法，包括数据审核、数据筛选、分类汇总、数据透视表、合并计算等。

（1）数据审核是数据加工与处理的第一步。数据审核可分为有效性审核、一致性审核与分布性审核。在Excel中可以进行数据有效性验证、数据重复值处理、缺失数据的处理、离群值的处理等。

（2）数据筛选：包括自动筛选和高级筛选。自动筛选适合单一条件或综合多个条件的数据筛选，高级筛选适合多个条件之间是逻辑或的关系的数据筛选。

（3）分类汇总：通过分类汇总与总计来快速计算相关数据行。

（4）数据透视表：可以根据不同的分析目的排列、组织和汇总复杂数据，是一种动态数据分析工具。

（5）合并计算：可以汇总报表不同单元格区域中的数据，在单个输出区域中显示合并计算结果。

【拓展训练】

一、单选题

1. Excel提供的数据透视表（ ）进行汇总。
   A. 只能对多个字段
   B. 只能对一个字段
   C. 既能对多个字段也能对一个字段
   D. 不能

2. 若想设定某一单元格区域的数值范围，可通过数据的（ ）来实现。
   A. 有效性验证
   B. 分列
   C. 组及分级显示
   D. 合并计算

3. 以下对Excel中筛选功能的描述正确的是（ ）。
   A. 按要求对工作表数据进行排序
   B. 隐藏符合条件的数据
   C. 只显示符合设定条件的数据，而隐藏其他数据
   D. 按要求对工作表数据进行分类

4. 下列关于Excel中分类汇总的叙述错误的是（ ）。
   A. 分类汇总前必须按关键字对数据进行排序
   B. 汇总方式只能是求和
   C. 分类汇总的关键字只能是一个字段
   D. 分类汇总可以被删除，但删除汇总后排序操作不能撤销

5. 在Excel中，分类汇总前一定要（ ）。
   A. 筛选
   B. 求和
   C. 求平均值
   D. 排序

二、多选题

1. 在Excel中，关于筛选的不正确叙述有（ ）。
   A. 自动筛选和高级筛选都可以将结果显示在另外的区域中
   B. 不同字段之间进行"或"运算的条件是必须使用高级筛选
   C. 自动筛选的条件只能是一个，高级筛选的条件可以是多个
   D. 如果所选条件出现在列中，并且条件间有"与"的关系，则必须使用高级筛选

2. 下列关于分组透视的描述不正确的有（   ）。

    A. 只能对日期进行分组透视

    B. 将日期按月进行分组可以制作月度报表

    C. 分组透视在"汇总工具"选项卡中

    D. 对日期分组时只能按月、按年进行分组

3. 以下关于 Excel 数据处理与分析的描述正确的有（   ）。

    A. Excel 不仅可以利用公式进行简单的代数运算，还可以进行复杂的数学模型分析

    B. 存放在记事本中的数据，无论是否有结构，都可以一次性导入为 Excel 数据表

    C. 在 Excel 中可以通过手动、公式生成和复制生成的方式输入数据

    D. Excel 绘图功能可以根据选定的统计数据绘制统计图

4. 在 Excel 中，能实现的功能有（   ）。

    A. 索引   B. 排序   C. 筛选   D. 汇总

5. 下列关于 Excel 中工作表区域的描述正确的有（   ）。

    A. 区域名不能与单元格地址相同

    B. 区域地址由矩形对角的两个单元格地址之间加":"组成

    C. 在编辑栏的名称框中可以快速定位已命名的区域

    D. 删除区域名，同时也删除了对应区域的内容

三、判断题

1. 在 Excel 中进行自动排序时，当只选定表中的一列数据，其他列数据将不发生变化。（   ）

2. 数据透视图跟数据透视表一样，可以通过拖曳字段名来改变外观。（   ）

3. Excel 的数据透视表和一般工作表一样，可在单元格中直接输入数据或变更其内容。（   ）

4. Excel 不但能计算数据，还可对数据进行排序、筛选和分类汇总等高级操作。（   ）

5. 如果能够判断出缺失数据的内容，可以暂时不用填补缺失的数据。（   ）

四、实操题

根据某网上订购平台获取了某地部分酒店订购信息表，对其进行数据的加工与处理，形成统计分析数据。

（1）仔细核实数据，对所有空白单元格以 0 填充。

（2）查找重复数据，并进行去重。

（3）筛选出单价在 300 元以上的 Private room 类型的酒店，或是有访问人数的酒店。

（4）统计每个区域、每类房型的均价，形成数据表。

第5单元
Excel数据分析

05

【学习目标】

☞ 知识目标

➢ 掌握Excel分析工具库的安装与使用。
➢ 掌握统计分组的基本概念与应用。
➢ 掌握抽样分析的基本概念与应用。
➢ 掌握描述性统计分析中常见的概念与应用。
➢ 掌握相关分析、回归分析相关的概念与应用。
➢ 掌握移动平均、指数平滑等时间序列预测法的概念与应用。

☞ 技能目标

➢ 能够熟练安装Excel分析工具库。
➢ 能够运用直方图对数据进行分组。
➢ 能够使用抽样工具对数据进行抽样分析。
➢ 能够运用Excel描述性统计分析功能进行统计分析。
➢ 能够运用相关分析、回归分析进行数据分析与预测。
➢ 能够运用移动平均、指数平滑等时间序列预测法进行趋势预测。

☞ 素养目标

➢ 激发科技报国情怀和使命感。
➢ 培养绿色环保意识。
➢ 培养遵循科学规律分析数据、诚信呈现分析结果的科学精神。
➢ 培养从变化发展中认识事物、把握事物发展变化规律的科学思维。

【思维导图】

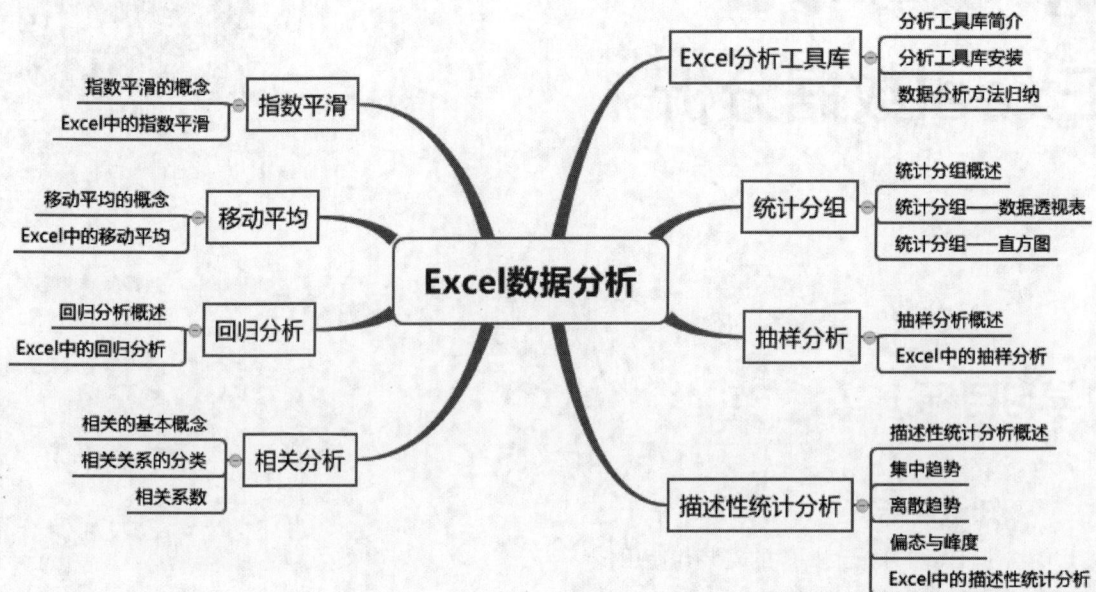

【案例引入】

　　汽车产业是我国国民经济的重要支柱产业，新能源汽车是全球汽车产业转型升级、绿色发展的主要方向，也是我国汽车产业高质量发展的战略选择。

　　我国新能源汽车产业从零开始、从小到大、从弱到强，从2001年电动汽车重大科技专项启动算起，已经走过20余年的产业发展期，经历了技能探索、试点示范、推广应用、快速发展、规模化应用5个阶段。

　　2001—2009年为技能探索期，由政府牵头、引导，进行研发布局并推动行业开展技能创新，依托重大赛事活动开展示范。

　　2010—2012年为试点示范期，国家层面在继续支持技术研发创新的基础上，安排专项资金推动新能源汽车示范应用，明确新能源汽车发展战略，研究确定新能源汽车产业发展规划并制定相关支持政策，进行了以对公领域为主的小规模示范推广应用。

　　2013—2015年为推广应用期，在前期试点示范基础上，我国将新能源汽车推广应用政策扩大到全国实施，初步形成了涵盖补贴支持、税收优惠、技能创新、准入管理等全方面的政策体系。同时，国内外企业加速电动化布局。2014年新能源汽车推广应用城市增加到88个，2015年我国新能源汽车销量突破33万辆，占全球新能源汽车销量超60%的份额，标志着我国已经成为全球最大的新能源汽车市场。

　　2016—2020年为快速发展期，我国新能源汽车加快产业化发展步伐，技术水平快速提升、成本不断下降、市场规模快速扩大。2018年，我国新能源汽车销量首次突破100万辆，2020年年底，我国新能源汽车保有量超过492万辆，接近500万辆规划目标。

　　2021年，进入规模化应用阶段，我国新能源汽车产业进入快速普及应用和市场化发展新阶

数据分析基础与案例实战（基于Excel软件）（第2版）（微课版）

段。图 5-1 是某机构统计出的 2017—2022 年中国新能源汽车产销统计图。我国新能源汽车市场渗透率近年来不断上升，汽车数字化、智能化进程进一步提速。2017—2022 年，中国新能源汽车市场渗透率从 2.7% 大幅增长至 27.6%，如图 5-2 所示。

图 5-1　2017—2022 年中国新能源汽车产销统计

图 5-2　2017—2022 年中国新能源汽车市场渗透率趋势

我国新能源汽车产量不断实现突破，20 余年产量从零到世界第一。电动化与网联化、智能化技术互融协同发展，正共同推动新能源汽车行业繁荣发展。

【引思明理】

新能源汽车是全球汽车产业转型升级、绿色发展的主要方向，也是我国汽车产业高质量发展的战略选择。我国高度重视新能源汽车产业发展。习近平总书记强调，发展新能源汽车是我国从汽车大国迈向汽车强国的必由之路，要深化新能源汽车产业交流合作，让创新科技发展成果更好造福世界各国人民。

中国新能源汽车的发展历经 20 余年，从零开始，从小到大，从弱变强。在走向成功的道路上，离不开工程技术人员的发明创造和科研攻关，离不开企业家的冒险精神和强烈的事业心，离不开政府的政策支持和政府持续不断地优化市场环境，更离不开消费者不断提高的环保意识和社会责任感。

【任务描述】

某二手车市场拟通过对二手车车型、上牌时间、行驶里程、新车价等各项指标进行数据采集、处理、分析，形成预测模型，以便对二手车报价进行预测。具体数据如图 5-3 所示。

（1）对二手车报价表中的车主报价进行数据分组。

（2）对车主报价进行描述性统计分析，得出描述性统计相关参数值。

（3）计算二手车报价与上牌时间、行驶里程、新车价之间的相关系数。

（4）对二手车报价与新车价、行驶里程、上牌时间进行多元回归分析，并预测 2012 年购买的、行驶了 5 万千米的、原价为 30 万元的二手车的大概报价。

	A	B	C	D	E	F
1	序号	车型	上牌时间（年）	行驶里程（万千米）	新车价（万元）	车主报价（万元）
2	1	本田奥德赛 2015款 2.4L 舒适版	2015	4.7	24.9	18.5
3	2	奔驰C级 2015款 改款 C 180 L 运动型	2015	6.4	35.4	22.0
4	3	雷克萨斯CT 2013款 CT200h 都市版	2014	2.5	29.2	13.9
5	4	奥迪Q5 2012款 2.0TFSI 技术型	2012	9.6	46.4	17.8
6	5	奔驰GLK级 2013款 GLK 300 4MATIC 动感型	2013	3.2	45.4	23.5
7	6	宝马X1 2010款 sDrive18i豪华型(进口)	2012	8.3	39.8	12.3
8	7	日产 奇骏 2014款 2.5L CVT豪华版 4WD	2015	1.9	25.9	15.8
9	8	东南 V3菱悦 2015款 1.5L 手动幸福版	2015	8.7	6.3	2.7
10	9	宝马X1 2015款 sDrive18i 领先晋级版	2015	3.5	34.6	18.0
11	10	荣威550 2010款 550 1.8L 手动启悦贺岁版	2010	6.5	13.8	2.6
12	11	奥迪A3 2014款 Sportback 35 TFSI 自动舒适	2015	2	27.0	14.2
13	12	宝马X1 2010款 sDrive18i豪华型(进口)	2012	4	39.8	13.8
14	13	大众 速腾 2012款 1.4TSI 自动时尚型	2013	8.1	16.9	7.5
15	14	宝马5系 2014款 525Li 领先型	2014	5	50.6	30.3
16	15	奔驰C级 2013款 C 260 CGI 时尚型	2013	3.7	42.1	15.5
17	16	雪佛兰 迈锐宝XL 2017款 1.5T 双离合锐耀版	2017	3.3	23.9	14.0

图 5-3　二手车数据

【知识准备】

5.1　Excel 分析工具库

Excel具有强大的表格处理能力，能进行数据分析与处理，前面已经介绍了常见的数据分析工具，如排序、筛选、分类汇总、数据透视表等。另外，Excel也有专业的数据分析工具，接下来详细介绍Excel中的分析工具库。

5.1.1　分析工具库简介

通常大家在用Excel进行数据统计分析时，尤其是进行统计预测类分析时，经常会用到一些函数，简单的如SUM、AVERAGE函数，复杂的如STDEV、CORREL、LINEST等函数。这些统计函数在使用时通常需要设置很多参数，如果对统计理论不熟悉，参数设置时很容易出错。为方便进行统计分析，Excel提供了一个数据分析加载工具——分析工具库。它操作简单，可减少进行复杂数据统计分析时的步骤。用户只需为每一个分析工具提供必要的数据和参数，该工具就会使用适当的统计函数，在输出表格中显示相应的结果。其中有些工具在生成输出表格时还能同时生成图表。

Excel分析工具库有描述统计、直方图、相关系数、移动平均、指数平滑、回归等19种统计分析工具。Excel分析工具库与主流的专业统计分析软件SPSS、SAS等相比，具有以下优点。

（1）与Excel无缝结合，操作简单，容易上手。

（2）聚合多种统计函数，其中部分工具在生成输出表格的同时还能生成相应的图表，有助于用户理解统计结果。

（3）使用这个现成的数据分析工具，不仅可以提高分析效率，还能够大幅降低出错的概率。

当然，它也有不足之处，即数据处理量有限，并且只能进行简单的统计分析，如果要分析大量数据或进行复杂的统计分析，就需要使用专业的统计分析软件。

5.1.2　分析工具库安装

5.1.2 分析工具库安装

一般情况下，Excel是没有加载这个分析工具库的，用户需要自行加载安装。安装步骤如下。

（1）选择"文件"→"选项"命令，弹出"Excel选项"对话框，单击"加载项"，如图5-4所示。

数据分析基础与案例实战（基于Excel软件）（第2版）（微课版）

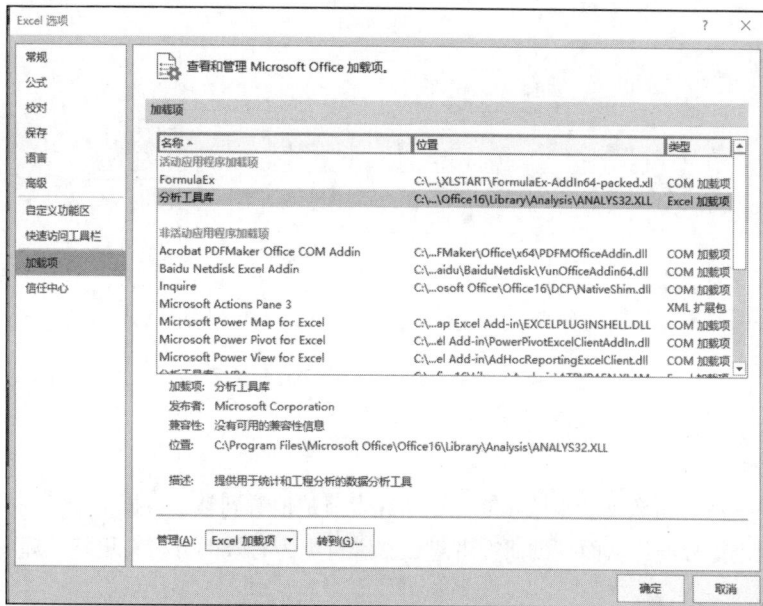

图 5-4　"Excel 选项"对话框

（2）在"加载项"界面中设置"管理"为"Excel 加载项"，单击"转到"按钮，弹出"加载项"对话框，如图 5-5 所示。

（3）勾选"分析工具库"复选框，若要使用分析工具库中的 VBA 函数，则需要同时勾选"分析工具库 -VBA"复选框，单击"确定"按钮，即可完成加载安装。

（4）单击"数据"→"分析"→"数据分析"按钮，弹出"数据分析"对话框，如图 5-6 所示。

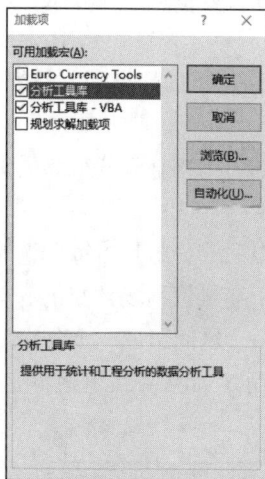

图 5-5　"加载项"对话框

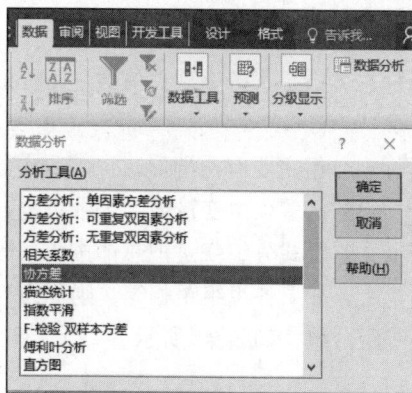

图 5-6　"数据分析"对话框

（5）在"数据分析"对话框中，选择需要的分析工具后单击"确定"按钮，即可使用。

5.1.3　数据分析方法归纳

Excel 分析工具库里有多种统计分析方法，归纳起来主要有两大类：一类是描述性统计分析的方法，另一类是推断性预测分析的方法。各种统计分析方法的逻辑关系如图 5-7 所示。

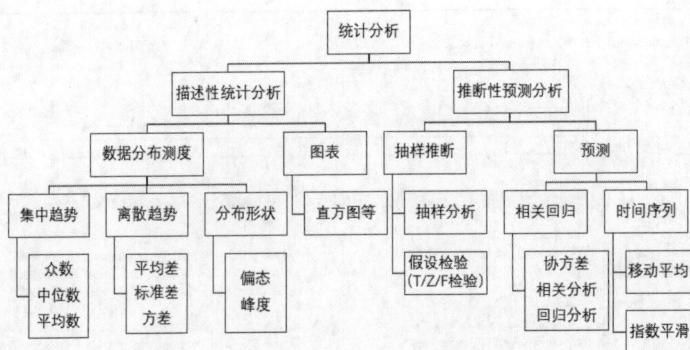

图5-7　各种统计分析方法的逻辑关系

5.2　统计分组

统计分组是一种分析数据的方法，有助于研究者清楚地看到整个数据集中不同类别数据之间的关系。它将数据进行分类，从而帮助研究者对数据进行更为有效的分析，更好地理解数据的内涵。

5.2.1　统计分组概述

统计分组就是根据数据统计研究的需要，按照一定的标志，将统计总体划分为若干个组成部分的一种统计方法。通过统计分组，可以使同一组内的各单位的分组标志性质相同，不同组之间的性质相异。

统计分组兼有"分"与"合"两方面的含义，"分"是将总体划分为性质相异的若干部分，"合"是将性质相同的许多个体合成一个小组。分组的目的是使资料系统化、科学化和条理化，从而反映事物的总体特征。

分组前必须确定分组的依据，也就是选择分组的字段或属性。可以依据品质分组，也可以依据数量分组，即品质标志分组、数量标志分组。

品质标志分组即按照研究对象的某种属性特征分组。例如，商品可以按类别、品牌等分组，员工可以按性别、民族等分组。

数量标志分组是指按表现总体数量特征的标志进行分组。例如，销售金额分组、员工年龄阶段分组等。

数量标志分组主要有两种形式：单项式分组、组距式分组。单项式分组是指每个组的变量值只有一个，组数的多少由变量值的个数决定，这种分组一般适用于变量值不多且变化范围不大的离散型变量；组距式分组就是把总体按数量标志分为几个区间，每个区间组成一个分组。区间的长度称为组距，如果各组组距相等，则称为等距分组，如图5-8所示；如果各组组距不完全相等，则称为不等距分组，如图5-9所示。

大豆亩产量区间（公斤）	省（市、自治区）数量
80-110	6
110-140	6
140-170	5
170-200	2
200-230	1

图5-8　等距分组

大豆亩产量区间（公斤）	省（市、自治区）数量
80-100	4
100-140	8
140-200	7
200-220	1

图5-9　不等距分组

5.2.2　统计分组——数据透视表

在进行数据分析时，用手动的方式对数据进行分组非常麻烦，Excel中的数据透视表提供了

数据分析基础与案例实战（基于Excel软件）（第2版）（微课版）

"创建组"功能，可以进行快速分组。接下来以"某年全国部分地区大豆亩产数据"为例来说明统计分组的步骤。

5.2.2 统计分组——数据透视表

（1）选择需要进行统计分组的源数据，单击"插入"→"数据透视表"按钮，弹出"创建数据透视表"对话框，设置需要进行统计分析的数据区域，以及数据透视表放置的位置，如图5-10所示，单击"确定"按钮。

（2）将"单位亩产（公斤）"字段拖曳到"数据透视表字段"面板的"行"与"值"两个区域，如图5-11所示。

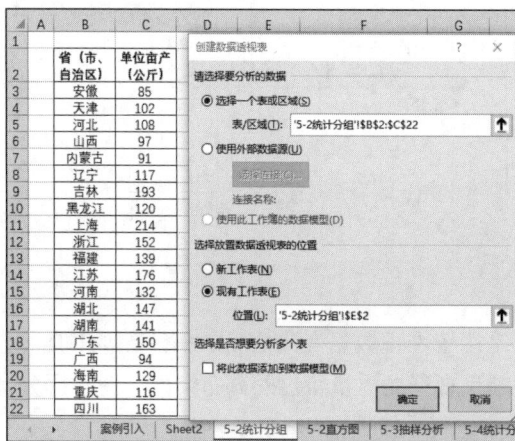

图5-10　创建数据透视表

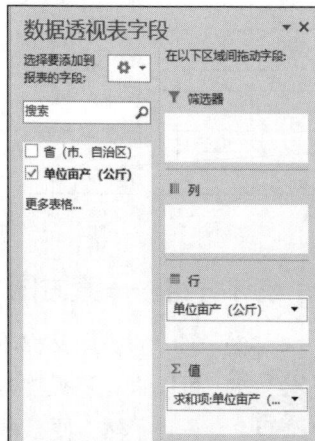

图5-11　数据透视表字段设置

（3）单击"值"区域中的"求和项：单位亩产（公斤）"字段，在弹出的菜单中选择"值字段设置"命令，弹出对话框，设置"计算类型"为"计数"，如图5-12所示，单击"确定"按钮。

（4）将鼠标指针移到建立的数据透视表处的任意数据单元格，右击，弹出快捷菜单，选择"组合"选项，按照分组需求，设置组合的条件，如图5-13所示，"步长"设置为20，即分组间隔为20，"起始于""终止于"可以使用系统默认值，也可以按需自定义，单击"确定"按钮。最终得到图5-14所示的分组结果。

通过上述操作可以发现，利用数据透视表可以方便地进行统计分组，但通过这种方法只能进行固定步长的等距分组。如果想要进行不等距分组，可以通过选择连续的单元格来"创建组"，形成一个个组，在分组数不多的情况下，操作比较简单；如果组数较多，也可以采用数据分析工具中的"直方图"完成统计分组与分析。

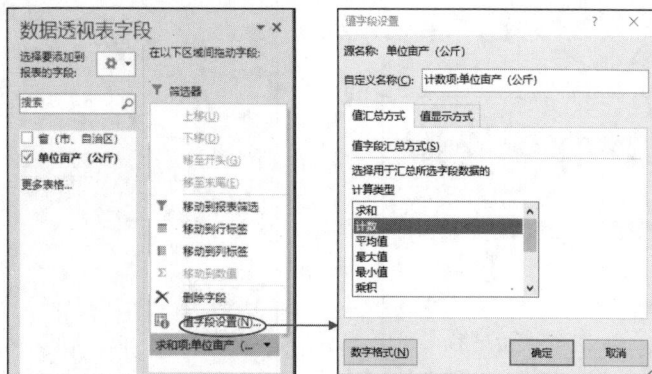

图5-12　值字段设置

A	B 省（市、自治区）	C 单位亩产（公斤）	D 行标签
3	安徽	85	85
4	天津	102	91
5	河北	108	94
6	山西	97	97
7	内蒙古	91	102
8	辽宁	117	108
9	吉林	193	116
10	黑龙江	120	117
11	上海	214	120
12	浙江	152	129
13	福建	139	132
14	江苏	176	139
15	河南	132	141
16	湖北	147	147
17	湖南	141	150
18	广东	150	152
19	广西	94	163
20	海南	129	176
21	重庆	116	193
22	四川	163	214
23		总计	20

组合

自动

□ 起始于(S): 90
□ 终止于(E): 210
步长(B): 20

确定 取消

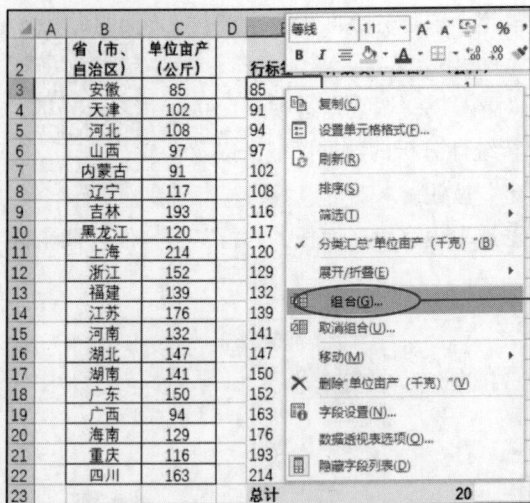

图 5-13　创建组设置

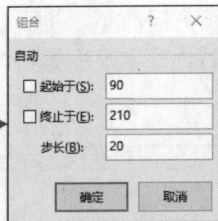

行标签	计数项:单位亩产（公斤）
<90	1
90-109	5
110-129	4
130-149	4
150-169	3
170-189	1
190-210	1
>210	1
总计	20

图 5-14　数据透视表分组结果

5.2.3　统计分组——直方图

直方图又称质量分布图，是用于展现数据变化情况的一种主要工具。直方图可以直观解析数据的规律，清晰呈现产品质量特性的分布情况，使数据分布状况一目了然，便于评估总体质量情况。

在进行数据分析时，用手动的方式对数据进行分组非常麻烦，Excel提供了"直方图"工具，可以快速地对数据进行统计分组。接下来，以某年全国部分省份大豆单位亩产数据为例来说明采用直方图进行统计分组的步骤。

（1）源数据显示在B17:C37单元格区域。先设置统计分组的区间为E17:E22单元格区域。

（2）单击"数据"→"分析"→"数据分析"按钮，弹出"数据分析"对话框，选择"直方图"选项，如图5-15所示。

（3）单击"确定"按钮，弹出"直方图"对话框。

（4）设置参数，如图5-16所示。"输入区域"是指需要分组的数据区域，"接收区域"是指分组区间设定区域，"输出区域"是指直方图的输出开始位置。直方图可以输出为"柏拉图""累积百分率""图表输出"3种类型。

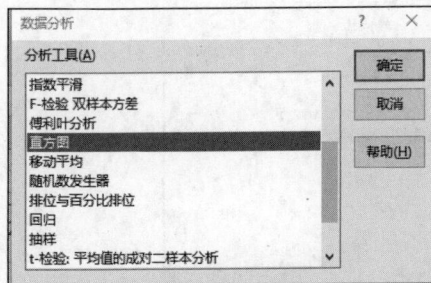

数据分析

分析工具(A)

指数平滑
F-检验 双样本方差
傅利叶分析
直方图
移动平均
随机数发生器
排位与百分比排位
回归
抽样
t-检验: 平均值的成对二样本分析

确定 取消 帮助(H)

图 5-15　选择"直方图"选项

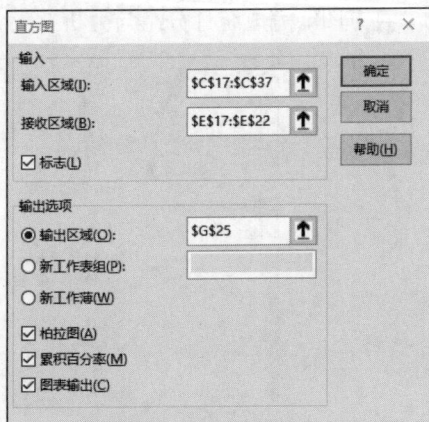

直方图

输入
输入区域(I): $C$17:$C$37
接收区域(B): $E$17:$E$22
☑ 标志(L)

输出选项
◉ 输出区域(O): $G$25
○ 新工作表组(P):
○ 新工作簿(W)
☑ 柏拉图(A)
☑ 累积百分率(M)
☑ 图表输出(C)

确定 取消 帮助(H)

图 5-16　"直方图"对话框

（5）单击"确定"按钮，输出结果如图5-17所示。如果勾选了"柏拉图"复选框，则输出的区域会增加排序的接收区域与频率，即J17:K23单元格区域，直方图也会以排序后的数据显示；如果勾选了"累积百分率"复选框，则会添加"累积%"列；如果勾选了"图表输出"复选框，则会得到G25:L35单元格区域的直方图。

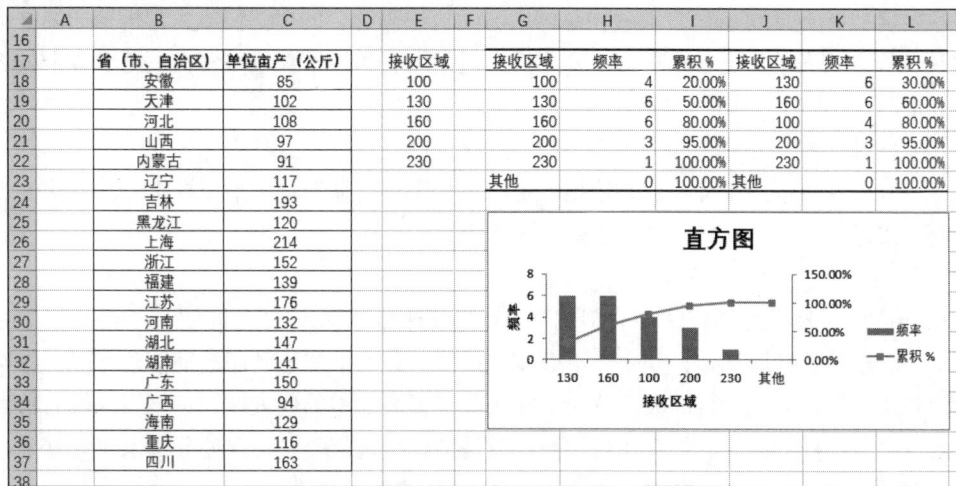

	省（市、自治区）	单位亩产（公斤）		接收区域		接收区域	频率	累积%	接收区域	频率	累积%
16											
17	省（市、自治区）	单位亩产（公斤）		接收区域		接收区域	频率	累积%	接收区域	频率	累积%
18	安徽	85		100		100	4	20.00%	130	6	30.00%
19	天津	102		130		130	6	50.00%	160	6	60.00%
20	河北	108		160		160	6	80.00%	100	4	80.00%
21	山西	97		200		200	3	95.00%	200	3	95.00%
22	内蒙古	91		230		230	1	100.00%	230	1	100.00%
23	辽宁	117				其他	0	100.00%	其他	0	100.00%
24	吉林	193									
25	黑龙江	120									
26	上海	214									
27	浙江	152									
28	福建	139									
29	江苏	176									
30	河南	132									
31	湖北	147									
32	湖南	141									
33	广东	150									
34	广西	94									
35	海南	129									
36	重庆	116									
37	四川	163									
38											

图5-17　直方图结果

5.3　抽样分析

在进行数据分析时，经常会遇到分析的数据量过于庞大导致分析效率低下的情况。这时可以抽取一部分有代表性的样本数据进行分析，并根据这一部分样本去估计与推断总体情况，即采取抽样分析方法。

5.3.1　抽样分析概述

1. 抽样分析的定义

抽样分析是指从研究对象的全部单位中抽取一部分单位进行考察和分析，并用这部分单位的数量特征去推断总体的数量特征的一种分析方法。其中，被研究对象的全部单位称为总体；从总体中抽取出来的实际进行调查研究的那部分单位所构成的群体称为样本。在抽样分析中，样本数的确定非常关键。

2. 抽样的特点与优点

抽样的特点是总体中占比高的部分被抽中的概率大，可以提高样本的代表性。

抽样的主要优点如下。

（1）抽样调查可以减少调查的工作量，调查内容可以求多、求全或求专，可以保证调查对象的完整性。

（2）可以从数量上以部分推算总体，利用概率论和数理统计原理，以一定的概率保证推算结果的可靠程度，起到全面调查、认识总体的作用，可以保证调查的精度。

（3）因为抽样调查是针对总体中的一部分单位进行的，所以可以大大减少调查费用，提高调查效率。

（4）收集、整理数据及综合样本的速度快，能保证调查的时效性。

3. 抽样分析方法分类

（1）简单随机抽样法

这是最简单的一种抽样法，它从总体中选出抽样单位，总体中的每个样本均有同等被抽中的概率。抽样时，处于抽样总体中的抽样单位以$1 \sim n$进行编码，然后利用随机数码表或专用的计算机程序确定$1 \sim n$的随机编码，那些在总体中与随机编码吻合的单位便成为随机抽样的样本。

这种抽样方法简单，更容易进行误差分析，但是需要的样本数量较多，适用于各个体之间差异较小的情况。

（2）系统抽样法

系统抽样法又称等距抽样法。它依据一定的抽样距离，从总体中抽取样本。此方法的优点是操作简便，实施起来不易出错，总体估计值容易计算。

（3）分层抽样法

分层抽样法又称类型抽样法。它根据某些特定的特征将总体分为同质、不相互重叠的若干层，再从各层中独立抽取样本，是一种不等概率抽样。分层抽样法利用辅助信息分层，各层内应该同质，各层间的差异应尽可能大。分层抽样法能够提高样本的代表性、总体估计值的精度和抽样方案的效率，抽样的操作、管理比较方便，但是抽样结构较复杂，误差分析也较为复杂。此方法适用于抽样总体复杂、个体之间差异较大、总体数量较多的情况。

（4）整群抽样法

整群抽样法又称聚类取样法，即按照某一标准将总体单位分成"群"或"组"，从中抽取"群"或"组"，然后把被抽出的"群"或"组"所包含的个体合在一起作为样本。被抽出的"群"或"组"的所有单位都是样本单位，最后利用所抽"群"或"组"的调查结果推断总体。抽取"群"或"组"可以采用随机方式或分类方式，也可以采用等距方式。

例如在交通调查中可以按照地理特征进行分群，随机选择群体作为抽样样本，调查样本群中的所有单元。整群抽样样本比较集中，可以减少调查费用。例如，在居民出行调查中可以采用这种方法，根据住宅区的不同将居民分群，然后随机选择群体作为抽取的样本。此方法的优点是组织简单，缺点是样本代表性差。

（5）多阶段抽样法

多阶段抽样是把从调查总体中抽取样本的过程分成两个或两个以上阶段进行的随机抽样方法。抽样时，先将调查总体的各单位按一定标志分成若干集群，作为抽样的第一级单位；然后将第一级单位再分成若干小的集群，作为抽样的第二级单位。依此类推，还可以分成第三级、第四级单位。按照随机原则，先在第一级单位中抽出若干单位作为第一级单位样本，然后在第一级单位样本中抽出第二级单位样本，依此类推，还可以抽出第三级单位样本、第四级单位样本。调查工作至第二级单位样本者，为两阶段随机抽样；至第三级单位、第四级单位样本者，为三阶段、四阶段随机抽样。多阶段抽样方法能够将各种随机抽样法的优点融为一体，从而消耗最小的人财物力达到最佳的抽样效果。并且，它不要求了解调查总体的情况，一般只要了解下一级单位的组成情况就可抽样。因此，它特别适用于调查总体的范围大、单位多、情况复杂的调查对象。

5.3.2 Excel 中的抽样分析

5.3.2 Excel中的抽样分析

在 Excel 中，通过数据分析工具的"抽样"功能对数据进行抽样，可以进行周期抽样，也可以进行随机抽样。周期抽样需要设置抽样的间隔，如每10个抽一个；随机抽样是随机从一批数据里抽出指定数目的样本。

例如，根据工作表中全国部分省份大豆单位亩产数据，随机抽出5个样本的大豆单位亩产数据，具体操作步骤如下。

（1）单击"数据"→"分析"→"数据分析"按钮，弹出"数据分析"对话框，选择"抽样"选项，单击"确定"按钮，弹出"抽样"对话框，如图5-18所示。

（2）参数设置。"输入区域"是指抽样数据的区域，即大豆单位亩产数据所在区域，这里设为D1:D31单元格区域的绝对地址；"标志"用于设置选中的区域是否包含字段名，本案例包含，直接勾选；"抽样方法"设为"随机"，"样本数"设为"5"；"输出区域"设为M2单元格的绝对地址，单击"确定"按钮。抽样数据源与结果如图5-19所示。

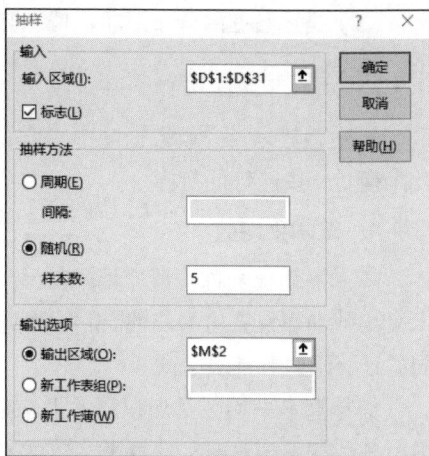

图 5-18 "抽样"对话框

	A	B	C	D	E	F	G	H	I	J	K	L	M
1	序号	地区	作物类型	单位亩产（公斤）	种植面积（万亩）	总产量（万吨）	亩产的增长速度	面积的增长速度	产量的增长速度	面积占粮食比重	产量占粮食比重		
2	1	安徽	大豆	84.52502	1332.15	112.6	0.085324	0.038471	0.127127	0.140696	0.04105		150
3	2	天津	大豆	102.3891	43.95	4.5	-0.22203	-0.05178	-0.2623	0.111195	0.036645		107.668
4	3	河北	大豆	107.668	411.45	44.3	-0.02369	-0.0221	-0.04526	0.045691	0.017862		70.10711
5	4	山西	大豆	97.36052	316.35	30.8	0.015865	0.017366	0.033557	0.072093	0.029002		117.382
6	5	内蒙古	大豆	91.29145	1129.35	103.1	0.781297	0.079736	0.923507	0.180072	0.068491		138.7632
7	6	辽宁	大豆	117.382	443.85	52.1	-0.16845	-0.03015	-0.1935	0.1018	0.030291		
8	7	吉林	大豆	192.8123	788.85	152.1	-0.17255	0.223023	0.011976	0.121959	0.060598		
9	8	黑龙江	大豆	119.7206	5333.25	638.5	0.08531	0.049037	0.138552	0.420371	0.212762		
10	9	上海	大豆	213.8365	7.95	1.7	-1.64E-05	0	0	0.03426	0.015992		
11	10	浙江	大豆	152.0869	174.9	26.6	0.006731	0.000858	0.007576	0.080165	0.03186		
12	11	福建	大豆	138.7632	132.6	18.4	0.044196	-0.02104	0.022222	0.059633	0.024983		
13	12	江苏	大豆	175.6007	324.6	57	0.120832	-0.10468	0.003521	0.045323	0.020148		
14	13	河南	大豆	132.0574	783.75	103.5	0.758655	0.037942	0.825397	0.058249	0.024296		
15	14	湖北	大豆	146.8988	275.7	40.5	-0.03875	-0.05744	-0.09396	0.04951	0.019285		
16	15	湖南	大豆	141.4141	282.15	39.9	0.058964	-0.05096	0.005038	0.039566	0.015114		
17	16	广东	大豆	150	120.6	18.1	0.020305	0.175325	0.175325	0.02882	0.013252		

图 5-19 抽样数据源与结果

本案例从30个大豆单位亩产数据中随机抽取了5个数据作为样本，可以通过分析5个样本数据的特征推测总体的数据特征。

5.4 描述性统计分析

在日常生活中，描述性统计分析应用非常广泛，它可以帮助我们更好地理解和解释数据信息。比如，平均数、中位数、标准差等的关键指标可以概括和描述数据集的主要特征，这有助于简化复杂的数据信息，使信息易于理解。描述性统计分析是进行正确的统计推断的先决条件，通过数据的分布类型和特点，可初步分析数据的集中和离散趋势。

5.4.1 描述性统计分析概述

描述性统计是指运用制表和分类方法、图形及概括性数据计算来描述数据特征的各项活动。描述性统计分析要对总体所有变量的有关数据进行统计性描述。描述性统计分析的项目很多，常用的项目如下。

（1）描述数据的集中趋势：平均数、众数、中位数等。

（2）描述数据的离散趋势：最大值、最小值、平均差、极差、方差、标准差等。

（3）描述数据的分布形状：偏态与峰度。

5.4.2 集中趋势

集中趋势是指一组数据向中心值靠拢的倾向。通常用平均值来测量集中趋势。下面简单介绍几个衡量集中趋势的指标。

1. 算术平均数

算术平均数又称均值，用 $\bar{X}$ 表示，是统计学中最基本、最常用的一种平均指标，分为简单算术平均数和加权算术平均数。它主要适用于数值型数据，根据表现形式的不同，算术平均数有不同的计算形式和计算公式。

简单算术平均数是加权算术平均数的一种特殊形式（它特殊在各项的权相等）。在实际问题中，各项权不相等时，计算平均数就要采用加权算术平均数；当各项权相等时，算术平均数是全部数据算术平均的结果，也就是将所有数相加后求和，再除以数据个数。

加权算术平均数是根据分组数据来计算算术平均数的，以各组变量值出现的次数或频数为权数计算加权的算术平均数。

加权算术平均数的大小不仅受各组变量值大小的影响，还受各组变量值出现的频数大小的影响。若某一组频数较大，说明该组的数据较多，则该组数据的大小对算术平均数的影响就较大。

在 Excel 中，使用 AVERAGE 函数即可方便地计算出算术平均数（简称平均数）。

2. 众数

众数是指一组数据中出现次数最多的变量值，用 M_0 表示。只有分析的数据较多时，众数才有意义。众数是一个位置代表值，不受数据中的极端值影响。

在 Excel 中，使用 MODE 函数可以计算出一组数据中出现次数最多的数。如果不含重复数据，则该函数返回错误值"#N/A"。

3. 中位数

中位数是一组数据按大小排序后处于中间位置的变量值，用 M_e 表示。从其定义可看出，中位数将数据分为两部分，其中一半的数据比中位数大，一半的数据比中位数小。如果一组数是偶数个，中位数取中间两数的平均值。中位数是一个位置代表值，其数值的大小不受最大值和最小值的影响。

在 Excel 中，使用 MEDIAN 函数可找出数据分布中心位置的数据，即中位数。

4. 平均数、众数和中位数的关系

平均数、众数和中位数之间存在着一定的关系，主要表现在以下 3 方面。

（1）当平均数、众数和中位数相同（即 $\bar{X}=M_0=M_e$）时，表示数据具有单一众数，且频数分布对称，如图 5-20 所示。A1:A13 单元格区域的内容为要分析的数据，计算出的平均数、众数和中位数放置在 D1:D3 单元格区域，E1:E3 单元格区域的内容为计算平均数、众数和中位数的公式，将 A1:A13 单元格区域的数据生成直方图，可看到该区域只有单一众数。

（2）当平均数>中位数>众数（即 $\bar{X}>M_e>M_0$）时，表示数据存在最大值（最大值会拉动算术平均数向最大值一方靠拢），且频数分布呈现右偏状态，如图 5-21 所示。A1:A13 单元格区域为要分析的数据，可看到数据中有最大值 20，它使平均数增大。从该直方图能看出，频数分布呈现右偏状态。

数据分析基础与案例实战（基于 Excel 软件）（第 2 版）（微课版）

	A	B	C	D	E	F	G	...
1	数据		平均数	5.00	=AVERAGE(A2:A13)			
2	1		众数	5.00	=MODE(A2:A13)			
3	2		中位数	5.00	=MEDIAN(A2:A13)	接收区域	频数	
4	3					1	1	
5	4		接收区域			2	1	
6	4		1			3	1	
7	5		2			4	2	
8	5		3			5		
9	6		4			6	1	
10	6		5			7	1	
11	7		6			8	1	
12	8		7			10	1	
13	10		8			其他	0	
14			10					

（直方图：频数／接收区域）

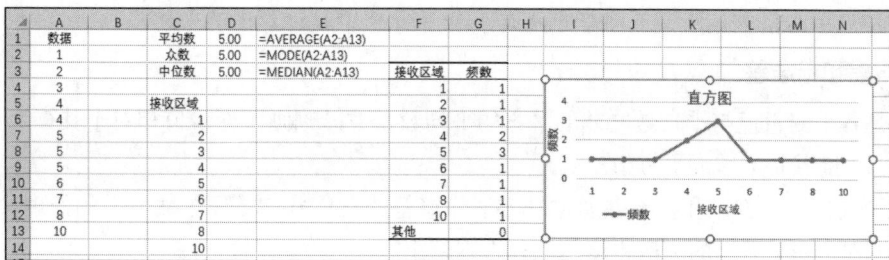

图 5-20 平均数、众数、中位数的关系（一）

	A	B	C	D	E	F	G
1	数据		平均数	5.75	=AVERAGE(A2:A13)		
2	1		众数	4.00	=MODE(A2:A13)		
3	2		中位数	4.50	=MEDIAN(A2:A13)	接收区域	频数
4	3					1	1
5	4		接收区域			2	1
6	4		1			3	1
7	4		2			4	3
8	5		3			5	2
9	6		4			6	1
10	6		5			7	1
11	7		6			20	1
12	8		7			其他	0
13	20		8				
14			20				

（直方图：频数／接收区域）

图 5-21 平均数、众数、中位数的关系（二）

（3）当平均数<中位数<众数（即 $\bar{X}<M_e<M_0$）时，表示数据存在最小值（最小值会拉动算术平均数向最小值一方靠拢），且频数分布呈现左偏状态，如图5-22所示。

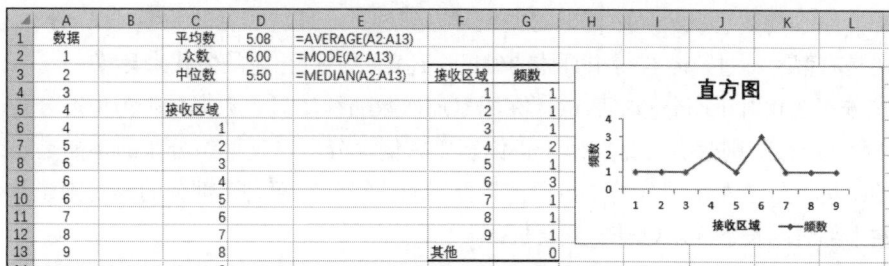

	A	B	C	D	E	F	G
1	数据		平均数	5.08	=AVERAGE(A2:A13)		
2	1		众数	6.00	=MODE(A2:A13)		
3	2		中位数	5.50	=MEDIAN(A2:A13)	接收区域	频数
4	4					1	1
5	4		接收区域			2	1
6	5		2			4	2
7	6		3			5	1
8	6		4			6	3
9	6		5			7	1
10	7		6			8	1
11	8		7			9	
12	9		8			其他	0
13							

（直方图：频数／接收区域）

图 5-22 平均数、众数、中位数的关系（三）

平均数的计算很容易受最大值或最小值的影响，而众数和中位数不会受最大值、最小值的影响。

5.4.3 离散趋势

在数据分析时，除了关注集中趋势的几个指标外，通常还要关注数据的离散趋势，评估离散趋势的常用指标主要有以下几个。

1. 平均差

平均差是各变量值与其算术平均数的差的绝对值的平均数。

平均差的计算很简单，首先计算出数据的算术平均数，然后用每一个数据与平均数相减，取差值的绝对值，最后计算这些数据的平均数，就得到了平均差。

在Excel中，使用AVEDEV函数可方便地计算出平均差。如图5-23所示，A1:A10单元格区域中是要计

	A	B	C	D	E
1	1		平均数	3.8	=AVERAGE(A1:A10)
2	2		平均差	1.24	=AVEDEV(A1:A10)
3	3		方差	2.36	=VARP(A1:A10)
4	3		标准差	1.5362	=STDEVP(A1:A10)
5	4				
6	4				
7	4				
8	5				
9	6				

图 5-23 计算平均差、方差、标准差

算的数据，E2单元格中是计算平均差的公式，D2单元格中是计算出的平均差。

2. 方差和标准差

方差是各个变量值与平均数之差的平方的平均数。方差刻画了变量值相对于其算术平均数的离散程度。标准差是方差的平方根。

与平均差相比，方差和标准差通过平方消除离差的正负号，更便于数学上的处理。标准差、方差的值越大，表示数据的离散程度越大；否则越小。

在 Excel 中，使用 VARP 函数可计算出基于整个样本总体的方差，使用 STDEVP 函数可计算出基于整个样本总体的标准差。

在图 5-23 中，对于 A1:A10 单元格区域中的数据，计算出来的方差和标准差分别位于 D3、D4 单元格。

5.4.4 偏态与峰度

前面介绍了集中趋势和离散趋势的相关指标。要全面了解数据分布的特点，还需要知道数据分布形状的对称性、偏度和扁平度等。下面介绍偏态和峰度这两个指标。

1. 偏态

所谓偏态，是指非对称分布的偏斜状态，表示分别位于众数左右两边的变量值的分布状态。在偏态的分布中，又有正偏态（即右偏）和负偏态（即左偏）两种类型。

在前面介绍平均数、众数和中位数的关系时提到过，通过这三者的关系可以大致判断数据分布是左偏还是右偏。不过，若要得出具体的偏度，还需要通过相应的公式来计算。

正偏态分布是相对正态分布而言的。在用累加次数曲线法检验数据是否为正态分布时，若平均数>中位数>众数，则数据的分布属于正偏态（右偏）分布。正偏态分布的特征是曲线的最高点偏向轴的左边，位于左半部分的曲线比正态分布的曲线陡，而右半部分的曲线比较平缓，并且其尾线比左半部分的长，无限延伸直到接近 x 轴。

负偏态分布也是相对正态分布而言的。当用累加次数曲线法检验数据是否为正态分布时，若平均数<中位数<众数，则数据的分布属于负偏态（左偏）分布。负偏态分布的特征是曲线的最高点偏向 x 轴的右边，位于右半部分的曲线比正态分布的曲线陡，而左半部分的曲线比较平缓，并且其尾线比右半部分的长，无限延伸直到接近 x 轴。

在 Excel 中，使用 SKEW 函数可计算出偏度。正偏度表明分布的不对称尾部趋向于更多正值（右偏分布）；负偏度表明分布的不对称尾部趋向于更多负值。

2. 峰度

峰度指的是数据分布的集中程度，用来描述分布形态的陡缓程度。峰度为3表示陡缓程度与正态分布相同；峰度大于3表示比正态分布陡峭；小于3表示比正态分布平坦。在实际应用中，通常将峰度值减3，使得正态分布的峰度为0。

在 Excel 中，使用 KURT 函数可计算一组数据的峰值。正峰值表示相对尖锐的分布，负峰值表示相对平坦的分布。

下面以一个实例说明偏态与峰度。图 5-24 所示为两组不同的数，D18、H18 单元格中为计算的偏度，D19、H19 单元格中为计算的峰度值。从结果可知，第一组数是负偏态（左偏），峰度为负数，为平峰分布；第二组数是正偏态（右偏），峰度为正数，为尖峰分布。

▲	A	B	C	D	E	F	G	H
17								
18	数据		偏态	-0.11752	=SKEW(A19:A30)	数据	偏态	2.510292
19	1		峰度	-0.59768	=KURT(A19:A30)	1	峰度	7.449917
20	2					2		
21	3					3	平均数	5.75
22	4		平均数	5.08	=AVERAGE(A2:A13)	4	众数	4.00
23	4		众数	6.00	=MODE(A2:A13)	4	中位数	4.50
24	5		中位数	5.50	=MEDIAN(A2:A13)	4		
25	6					5		
26	6					5		
27	7					6		
28	7					7		
29	8					8		
30	9					20		

图 5-24　计算偏态与峰度

5.4.5　Excel 中的描述性统计分析

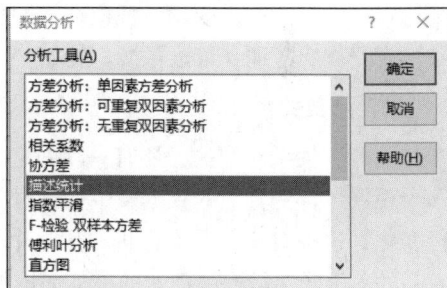

描述性统计分析是统计分析的第一步，只有先做好这一步，才能进行正确的统计推断分析。前面主要介绍了描述分析的常用指标，这些指标提供分析对象数据的集中趋势和离散趋势等信息。虽然每个指标都有对应的函数，但分开计算比较麻烦。Excel 提供了常用的数据分析工具，可以一次性将所有指标都计算出来。接下来以部分省份大豆单位亩产数据为例介绍描述性统计分析工具如何使用，操作步骤如下。

5.4.5 Excel中的描述性统计分析

（1）单击"数据"→"分析"→"数据分析"按钮，弹出"数据分析"对话框，选择"描述统计"选项，如图 5-25 所示，单击"确定"按钮，弹出"描述统计"对话框。

（2）设置描述统计参数，如图 5-26 所示。"输入区域"是指需要进行描述统计分析的区域；"分组方式"是指输入区域的数据是"逐行"还是"逐列"排列，本案例设为"逐列"；"输出区域"是指结果输出的区域，也可以是新工作表组、新工作簿；勾选"汇总统计"复

图 5-25　"数据分析"对话框

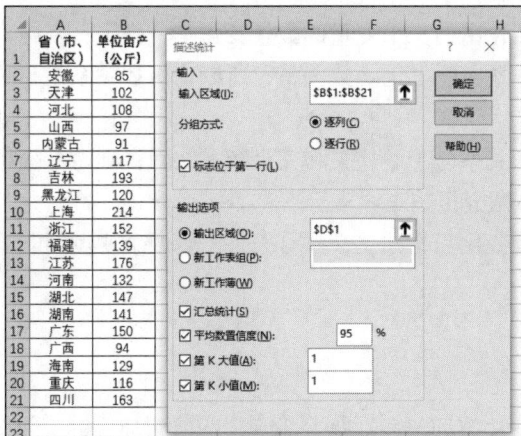

选框，输出结果中会显示平均、标准误差、中位数、众数等13个统计分析参数（图 5-27 所示的 D3:D15 单元格区域）；"平均数置信度"也称可靠度、置信水平、置信系数，是指总体参数值落在样本统计值某一区域内的概率，常用的置信度为95%或90%；"第 K 大值"是指数据组第 K 位的最大值；"第 K 小值"是指数据组第 K 位的最小值。单击"确定"按钮，输出结果如图 5-27 所示。

图 5-26　设置描述统计参数

图 5-27　"描述统计"结果

从以上统计结果分析可知，总共统计了20个地区，各地区大豆单位亩产均值是133.3公斤，最高亩产是214公斤，置信度95%的值约为16.30333，置信区间是[133.3-16.30333,133.3+16.30333]。

5.5 相关分析

相关分析是研究两个或两个以上处于同等地位的随机变量之间相关关系的统计分析方法。例如，人的身高和体重之间的相关关系、空气中的相对湿度与降雨量之间的相关关系都是相关分析研究的问题。相关分析在工农业、水文、气象、社会经济和生物学等方面都有应用。

5.5.1 相关的基本概念

世界是一个普遍联系的有机整体，现象与现象之间客观上存在着某种有机联系，一种现象的发展变化必然受与之相联系的其他现象发展变化的制约与影响。在统计学中，这种依存关系可以分为相关关系和函数关系两大类。

1. 相关关系

相关关系是指客观现象之间存在的非严格的、不确定的依存关系。当一个或几个相互联系的现象（自变量）取一定的数值时，与之对应的另一个现象（因变量）的值虽然不固定，但按某种规律在一定的范围内变化，现象之间的这种相互关系称为相关关系。相关关系中的自变量和因变量没有严格的区别，可以互换。例如，产品的销售数量与推广费用是相关的。

2. 函数关系

与相关关系对应的，还有一种固定的、严格的数量依存关系，即函数关系。在此关系中，当一个现象（自变量）的数据发生变化时，另一个现象（因变量）的数据就会以准确的对应关系进行变化，这种对应关系通常可以用一个数学表达式反映出来，这样的关系称为函数关系。例如，商品的总金额会随商品数量的增加而增加，这是一个确定的关系。

5.5.2 相关关系的分类

现象之间的相关关系有很多种类，通常可按相关程度、相关方向、相关形式、变量数目等进行分类。

1. 按相关程度分类

相关关系可按相关的程度划分为以下几类。

（1）完全相关：如果一个变量的数量变化由另一个变量的数量变化唯一确定，则两个变量间的关系称为完全相关。这种情况下，相关关系实际上是函数关系，所以，函数关系是相关关系的一种特殊情况。

（2）不完全相关：如果两个变量之间的关系介于不相关和完全相关之间，则两个变量间的关系称为不完全相关。大多数相关关系属于不完全相关。

（3）不相关：如果两个变量彼此的数量变化互相独立，没有关系，则两个变量间的关系称为不相关。

2. 按相关方向分类

相关关系可按相关的方向划分为以下几类。

（1）正相关：正相关是指两个变量的变化方向一致，即自变量 X 的值增加，因变量 Y 的值也相应地增加，或自变量 X 的值减小，因变量 Y 的值也相应地减小。

（2）负相关：负相关是指两个变量的变化方向相反，一个下降而另一个上升，或一个上升而另一个下降。即自变量 X 的值增加，因变量 Y 的值却减小，或自变量 X 的值减小，因变量 Y 的值却增加。

3. 按相关形式分类

相关关系可按相关的形式划分为以下几类。

（1）线性相关（直线相关）：当相关关系的一个变量变化时，另一个变量也相应地发生大致均等的变化。

（2）非线性相关（曲线相关）：当相关关系的一个变量变化时，另一个变量也相应地发生变化，但这种变化是不均等的。

4. 按变量数目分类

相关关系可按变量的数量划分为以下几类。

（1）单相关：只反映一个自变量和一个因变量的相关关系。

（2）复相关：反映两个及两个以上的自变量与同一个因变量的相关关系。

（3）偏相关：当研究因变量与两个或多个自变量的相关关系时，只研究因变量与其中一个自变量之间的相关关系，排除其他自变量的影响。

5.5.3 相关系数

相关分析是研究两个或两个以上随机变量之间相互依存关系的方向和密切程度的方法，可以用相关系数来反映变量之间相关关系的密切程度。

通常，直线相关用相关系数表示，曲线相关用相关指数表示，多重相关用复相关系数表示。其中常用的是直线相关，所以这里主要介绍相关系数。

相关系数是按积差方法计算的，同样以两变量与各自平均数的离差为基础，通过两个离差相乘来反映两变量之间的相关程度。相关关系是一种非确定性的关系，相关系数是研究变量之间线性相关程度的量。

Excel 提供了方便的计算相关系数的方法：一种是利用统计类函数 CORREL 进行计算；另一种是利用数据分析工具中的"相关系数"进行计算。例如，计算某公司销售总额与净收入额之间的关系，如图 5-28 所示。

	A	B	C	D	E	F	G
1	年份	销售总额（万元）	净收入额（万元）				
2	2011	110	70			销售总额（万元）	净收入额（万元）
3	2012	125	75		销售总额（万元）	1	
4	2013	133	80		净收入额（万元）	0.968257129	1
5	2014	135	82				
6	2015	138	86				
7	2016	140	90				
8	2017	145	94				
9	2018	150	95				
10	2019	155	99				
11	2020	185	102				
12	2021	200	128				
13	2022	205	132				
14	2023	210	145				
15							
16	相关系数：	CORREL(B2:B14,C2:C14)	0.968257129				
17							

图 5-28 相关系数案例

方法一：利用 CORREL 函数计算。在 C16 单元格中输入公式"=CORREL(B2:B14,C2:C14)"，可以计算出"销售总额（万元）"与"净收入额（万元）"两列的相关系数。

方法二：利用数据分析工具中的相关系数来计算。

（1）单击"数据"→"分析"→"数据分析"按钮，弹出"数据分析"对话框，选择"相关系数"选项，如图 5-29 所示，单击"确定"按钮，弹出"相关系数"对话框，如图 5-30 所示。

（2）设置参数，如图 5-30 所示。"输入区域"是指需要计算的数据区域，本案例是 B1:C14 单元格区域；"分组方式"是指输入区域的数据是"逐行"还是"逐列"排列，本案例设为"逐列"；如果选中的数据区域中包含表头字段，则勾选"标志位于第一行"复选框；在"输出区域"中设置输出结果存放的位置，图 5-28 所示输出区域从 E2 单元格开始。

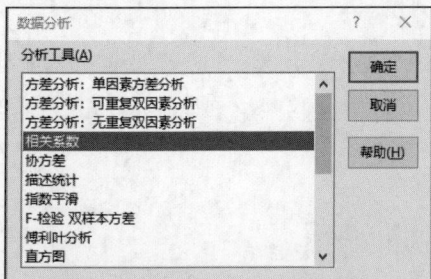

图 5-29　选择"相关系数"选项

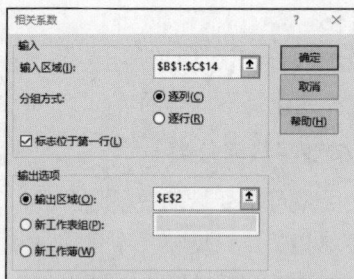

图 5-30　"相关系数"对话框

相关系数（R）的取值范围为 $-1 \sim 1$，即 $-1 \leqslant R \leqslant 1$。可以通过以下性质判断相关关系。

（1）当 $R > 0$ 时，表示两变量正相关。

（2）当 $R < 0$ 时，表示两变量负相关。

（3）当 $|R|=1$ 时，表示两变量完全线性相关，即函数关系。

（4）当 $|R| > 0.95$ 时，表示两变量间显著性相关。

（5）当 $0.8 < |R| \leqslant 0.95$ 时，表示两变量间高度相关。

（6）当 $0.5 < |R| \leqslant 0.8$ 时，表示两变量中度相关。

（7）当 $0.3 < |R| \leqslant 0.5$ 时，表示两变量低度相关。

（8）当 $0 < |R| \leqslant 0.3$ 时，表示两变量间关系极弱，可认为不相关。

（9）当 $R=0$ 时，表示两变量间无线性相关关系。

本案例中公司销售总额与净收入额之间的相关系数是 0.968257129，说明销售总额与净收入额显著性相关。

5.6　回归分析

回归分析是确定两种或两种以上变量间相互依赖的定量关系的一种统计分析方法。回归分析是一种预测性的建模技术，这种技术通常用于预测分析、时间序列模型、发现变量之间的因果关系等。例如，对于司机的鲁莽驾驶与道路交通事故数量之间的关系，最好的研究方法就是回归分析。

5.6.1　回归分析概述

"回归"一词是由英国生物学家兼统计学家弗朗西斯·高尔顿和他的学生皮尔逊在研究亲代与其子代身高的遗传问题时提出的。他们在研究时发现，高个子的亲代通常会有高个子的子代，但子代身高并不与其亲代身高趋同，而是子代的身高有向亲代身高平均值靠拢的趋向。

1. 回归分析的定义

在统计学中，回归分析指的是确定两种或两种以上变量间相互依赖的定量关系的一种统计分析方法，即研究自变量与因变量之间关系的分析方法，它主要通过建立因变量 Y 与影响它的自变量 $X_i(i$=1,2,3,···$)$ 之间的回归模型来预测因变量 Y 的发展趋势。

2. 相关分析与回归分析的比较

相关分析与回归分析有一定的相似点。其联系是，二者均为研究及测量两个或两个以上变量之间关系的方法。在实际工作中，一般先进行相关分析，计算相关系数，然后拟合回归模型，进行显著性检验，最后用回归模型推算或预测。

两者间的区别表现在以下几个方面。

（1）相关分析研究的都是随机变量，自变量与因变量不严格区分；回归分析中的自变量与因变量严格区分，并且自变量是确定的普通变量，因变量是随机变量。

（2）相关分析主要描述两个变量之间线性关系的密切程度；回归分析不仅可以揭示自变量 X 对因变量 Y 的影响大小，还可以由回归模型进行预测。

3. 回归分析的分类

回归分析按照涉及变量的多少，分为一元回归分析和多元回归分析；按照因变量的多少，分为简单回归分析和多重回归分析；按照自变量和因变量之间的关系类型，分为线性回归分析和非线性回归分析。

对于非线性回归，通常通过对数转化等方式，将其转换为线性回归的形式进行研究，所以接下来将重点讲解线性回归。

4. 线性回归分析

简单线性回归分析也称为一元线性回归分析，也就是回归模型中只含一个自变量，含有多个自变量时称为多重线性回归分析。简单线性回归模型如下：

$$Y=a+bX+\varepsilon$$

式中：

Y——因变量；

X——自变量；

a——常数项，是回归直线在纵坐标轴上的截距；

b——回归系数，是回归直线的斜率；

ε——随机误差，即随机因素对因变量产生的影响。

线性回归分析主要有 5 个步骤，如图 5-31 所示。

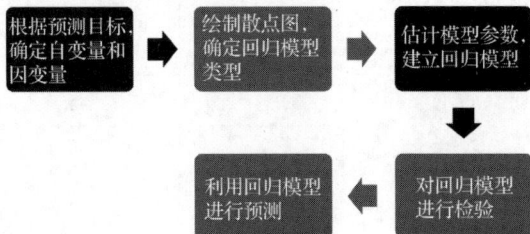

图 5-31　线性回归分析步骤

5.6.2　Excel 中的回归分析

前面介绍了回归分析的基本概念，接下来通过具体案例说明在 Excel 中如何进行回归分析。

5.6.2 Excel中的回归分析

1. Excel 中的回归分析案例

以企业生产数据为例，抽样10个企业的生产性固定资产总值与工业增加值的数据，计算企业生产性固定资产总值与工业增加值之间的关系，根据生产性固定资产总值预测工业增加值。原始数据如图5-32所示。具体的操作步骤如下。

	A	B	C
1	企业编号	生产性固定资产总值（万元）	工业增加值（万元）
2	1	318	524
3	2	910	1019
4	3	200	638
5	4	409	815
6	5	415	913
7	6	502	928
8	7	314	605
9	8	1210	1516
10	9	1022	1219
11	10	1225	1624

图 5-32　回归分析原始数据

（1）绘制散点图。在原始数据所在的工作表中选择B1:C11单元格区域，单击"插入"→"图表"→"散点图"→"散点图"按钮，即可绘制出散点图，如图5-33所示。

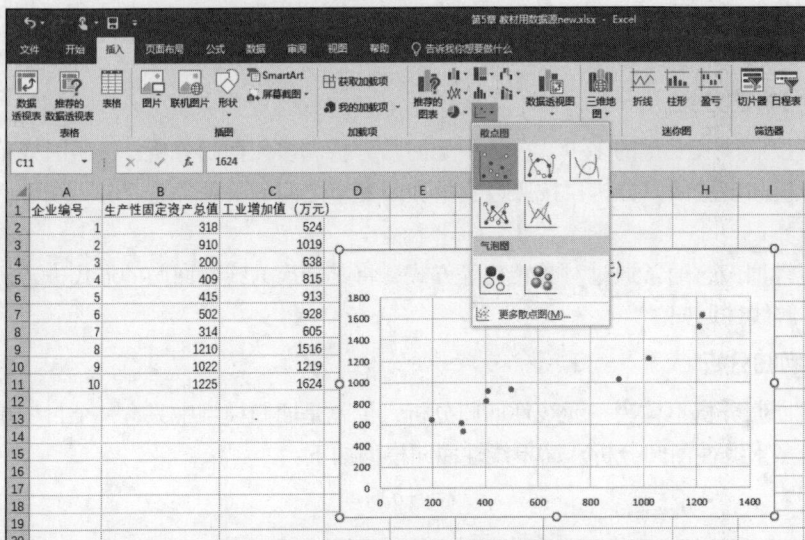

图 5-33　绘制散点图

（2）添加趋势线。选择绘制出的散点图，单击"图表工具"→"设计"→"图表布局"→"添加图表元素"按钮，选择"趋势线"→"线性"，如图5-34所示。

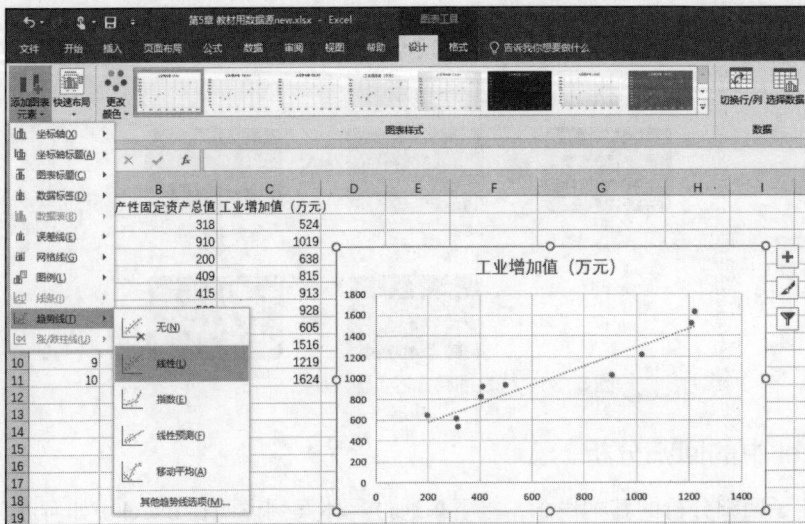

图 5-34　添加趋势线

（3）选中趋势线，右击，弹出快捷菜单，选择"设置趋势线格式"，此时工作表右侧显示图 5-35 所示的"设置趋势线格式"面板。在"设置趋势线格式"面板中单击"趋势线选项"按钮，选择"线性"单选项，如图 5-35 所示；在"趋势预测"组中勾选"显示公式"和"显示 R 平方值"两个复选框，如图 5-36 所示。

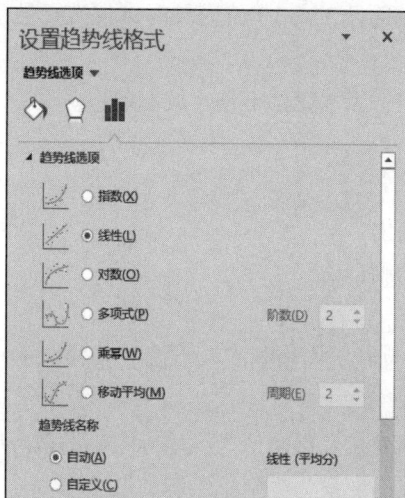

图 5-35 "设置趋势线格式"面板设置（一）

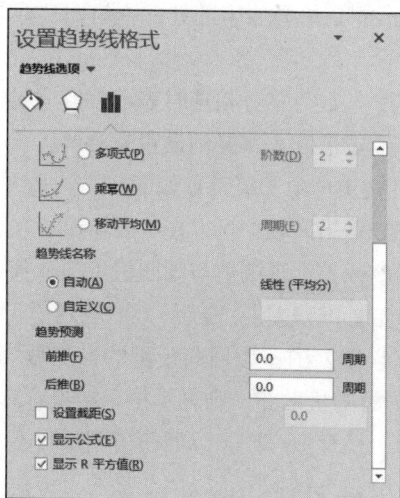

图 5-36 "设置趋势线格式"面板设置（二）

（4）回归分析结果。最终的结果如图 5-37 所示，由图可知，趋势线的公式为 $Y=0.8958X+395.57$，反映了两个变量之间的强弱关系，说明生产性固定资产总值每增加 1 万元，工业增加值增加 0.8958 万元，而拟合优度 R^2 为 0.8982 说明了这个公式能够解释 89.82% 的数据，说明该公式的解释力度很强。

以上是通过绘图的方式建立回归分析模型的简单做法。接下来进一步使用多个统计指标来检验，如回归模型的拟合优度检验（R^2 检验）、回归模型的显著性检验（F 检验）、回归系数的显著性检验（t 检验）等，来综合评估回归模型的优劣。这时就需要使用 Excel 分析工具库中的回归分析工具来实现，具体的步骤如下。

（1）单击"数据"→"分析"→"数据分析"按钮，弹出"数据分析"对话框，选择"回归"选项，单击"确定"按钮，弹出"回归"对话框。

（2）"回归"对话框的设置如图 5-38 所示，相关说明如下。

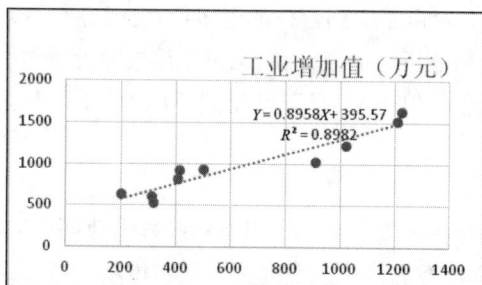

图 5-37 回归分析结果

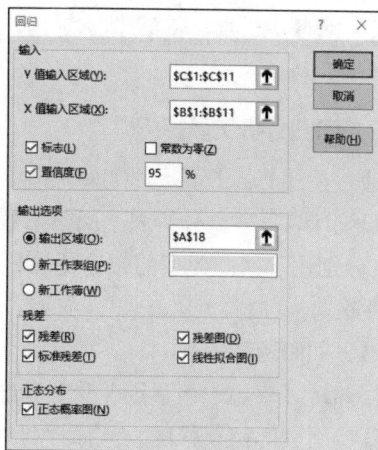

图 5-38 "回归"对话框

"输入"组设置如下。

① Y值输入区域：输入需要分析的因变量数据区域，本案例因变量区域是C1:C11单元格区域。

② X值输入区域：输入需要分析的自变量数据区域，本案例自变量区域是B1:B11单元格区域。

③ 标志：勾选"标志"复选框表示在选择X值、Y值区域时，要把最上面一行的字段名选入，不能只选择数字部分；不勾选"标志"复选框表示在选择X值、Y值区域时，仅选择数字部分即可。

④ 常数为零：勾选时表示该模型属于严格的正例模型，因本案例不是，故不勾选。

⑤ 置信度：本案例设置为95%。

"输出选项"组设置如下。

① 输出区域：可以在本表输出，也可以在其他新表输出。

② 残差：观测值与预测值（拟合值）之间的差，也称剩余值。

③ 标准残差：（残差－残差的均值）/残差的标准差。

④ 残差图：以回归模型的自变量为横坐标，以残差为纵坐标绘制的散点图。若绘制的点都在0附近随机散布，则表示拟合结果合理，否则需要重新建模。

⑤ 线性拟合图：以回归模型的自变量为横坐标，以因变量及预测值为纵坐标绘制的散点图。

⑥ 正态概率图：以因变量的百分位排名为横坐标，以因变量为纵坐标绘制的散点图。

（3）设置完毕，单击"确定"按钮，回归分析结果如图5-39所示。

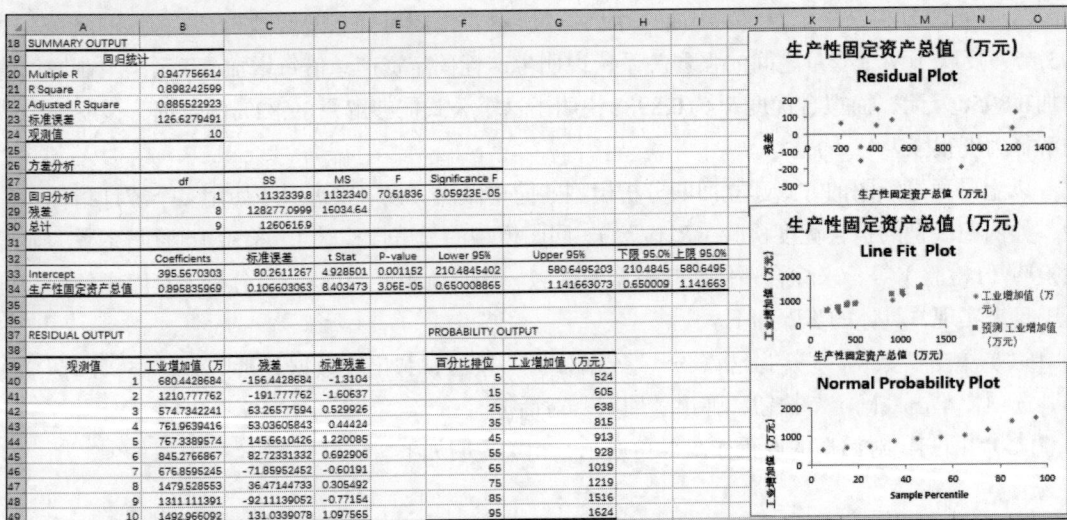

图5-39　回归分析结果

2. 回归分析工具解析

通过使用Excel分析工具库中的回归分析工具，可以了解到数据的更多信息，如图5-39所示的回归统计表、方差分析表、回归系数表（方差分析表下方的表，在Excel中生成时无表题），这3张表分别用于回归模型的拟合优度检验（R^2检验）、回归模型显著性检验（F检验）、回归系数显著性检验（t检验）。

（1）回归统计表

回归统计表用于衡量因变量Y与自变量X之间相关程度的大小，以及检验样本数据点聚集在回归直线周围的密集程度，从而评价回归模型对样本数据的代表程度，即回归模型的拟合效果。

数据分析基础与案例实战（基于Excel软件）（第2版）（微课版）

它主要包含以下5个部分。

① Multiple R：因变量Y与自变量X之间的相关系数绝对值。本案例中R约为0.9478（保留4位小数），X与Y高度正相关。

② R Square：判定系数R^2（也称拟合优度或决定系数），即相关系数R的平方。R^2越接近1，表示回归模型拟合效果越好，本案例中R^2约为0.8982（保留4位小数），回归模型拟合效果好。

③ Adjusted R Square：调整判定系数，仅在用于多重线性回归分析时才有意义，它用于衡量加入其他自变量后模型的拟合程度。

④ 标准误差：其实应当是剩余标准差（Std.Error of the Estimate），这是Excel中的一个缺陷。在对多个回归模型比较拟合程度时，通常会比较剩余标准差，此值越小，说明拟合程度越好。本案例的剩余标准差约为126.6279（保留4位小数）。

⑤ 观测值：用于估计回归模型的数据个数（n），本案例n为10。

（2）方差分析表

方差分析表的主要作用是通过F检验来判断回归模型的回归效果，即检验因变量与所有自变量之间的线性关系是否显著，用线性模型来描述它们之间的关系是否恰当。表中主要有df（自由度）、SS（误差平方和）、MS（均方差）、F（F统计量）、Significance F（P值）5个指标。通常只需要关注F、Significance F两个指标，主要参考Significance F。因为计算出F统计量后，还需要查找统计表（F分布临界值表），并与之进行比较才能得出结果，而P值可直接与显著性水平α比较得出结果。

① F：F统计量，用于衡量变量间的线性关系是否显著，本案例中F约为70.6184（保留4位小数）。

② Significance F：它是在显著性水平α（常见取值为0.01或0.05）下的F检验临界值，即统计学中常说的P值。一般以此来衡量检验结果是否具有显著性，如果$P \geqslant 0.05$，则结果不具有显著的统计学意义；如果$0.01 \leqslant P < 0.05$，则结果具有显著的统计学意义；如果$P < 0.01$，则结果具有非常显著的统计学意义。

（3）回归系数表

回归系数表主要用于回归模型的描述和回归系数的显著性检验。回归系数的显著性检验，即研究回归模型中的每个自变量与因变量之间是否存在显著的线性关系，也就是研究自变量能否有效地解释因变量的线性变化，它们能否保留在线性回归模型中。

回归系数表中，第一列的Intercept、生产性固定资产总值分别为回归模型中的a、b。对大多数回归分析来说，关注b比关注a重要。第二列是a和b的值，据此可以写出回归模型。第四、第五列分别是回归系数t检验和相应的P值，P值同样要与显著性水平α进行比较，最后两列给出的是a和b的95%的置信区间的上下限。

在进行多元线性回归时，常用到的是F检验和t检验。F检验用来检验整体方程系数是否显著异于0，如果F检验的$P < 0.05$，就说明整体回归是显著的。然后看各个系数的显著性，也就是t检验。计量经济学中常用的显著性水平为0.05，如果$t > 2$或$P < 0.05$，就说明该变量前面的系数显著不为0，选的这个变量是有用的。

最终得到的简单线性回归模型为$Y = 0.8958X + 395.57$，其中判定系数R^2约为0.8982，回归模型拟合效果较好。回归模型的F检验与回归系数的t检验相应的值都远小于0.01，具有显著线性关系。综合来说，回归模型拟合较好。

如果需要预测工业增加值，只需要将企业的生产性固定资产总值代入公式即可。

5.7 移动平均

相关分析与回归分析都是预测方法，可以通过这两种方法了解多个变量之间的关系，分析目标变量未来的发展变化趋势。除此之外，还有一种根据时间发展进行预测的方法，称为时间序列预测法。

时间序列预测法是根据过去的变化趋势预测未来的发展，它的前提是假定事物的过去延续到未来。时间序列预测法的基本原理：一方面，承认事物发展的延续性，运用过去的时间序列数据进行统计分析，推测出事物的发展趋势；另一方面，充分考虑到受偶然因素影响而产生的随机性，为了消除随机波动的影响，利用历史数据进行统计分析，并对数据进行适当处理，进行趋势预测。

时间序列预测法主要包括简单序时平均数法、加权序时平均数法、移动平均法、加权移动平均法、趋势预测法、指数平滑法、季节性趋势预测法、市场寿命周期预测法等。其中，移动平均法、指数平滑法是最常使用的方法。

5.7.1 移动平均的概念

1. 移动平均的定义

移动平均法是一种简单平滑预测技术，它的基本思想是，根据时间序列资料逐项推移，依次计算包含一定项数的序时平均值，以反映长期趋势。因此，当时间序列的数值受周期变动和随机波动的影响起伏较大，不易显示出事件的发展趋势时，可以使用移动平均法消除这些因素的影响，显示出事件的发展方向与趋势（即趋势线），然后依趋势线分析预测序列的长期趋势。

2. 移动平均法的分类

移动平均法可以分为简单移动平均法和加权移动平均法。

（1）简单移动平均法

简单移动平均的各元素的权重都相等。简单移动平均法的计算公式如下：

$$F_t=(A_{t-1}+A_{t-2}+A_{t-3}+\cdots+A_{t-n})/n$$

式中：

F_t——对下一期的预测值；

n——移动平均的时期个数；

A_{t-1}——前期实际值；

A_{t-2}、A_{t-3} 和 A_{t-n} 分别表示前两期、前3期直至前 n 期的实际值。

（2）加权移动平均法

加权移动平均给固定跨越期限内的每个变量值以不相等的权重。其原理是，历史各期产品需求的数据信息对预测未来期内的需求量的作用是不一样的。除了以 n 为周期的周期性变化外，远离目标期的变量值的影响力相对较低，故应给予较低的权重。

加权移动平均法的计算公式如下：

$$F_t=w_1A_{t-1}+w_2A_{t-2}+w_3A_{t-3}+\cdots+w_nA_{t-n}$$

式中：

w_1——第 $t-1$ 期实际销售额的权重；

w_2——第 $t-2$ 期实际销售额的权重；

w_n——第 $t-n$ 期实际销售额的权重；

n——预测的时期数。

另外，$w_1+w_2+\cdots+w_n=1$。

在运用加权移动平均法时，权重的选择是一个应该注意的问题。经验法和试算法是选择权重最简单的方法。一般而言，越近期的数据越能预示未来的情况，因而权重应大一些。例如，前一个月的利润和生产能力与前几个月的数据相比能更好地估测下个月的利润和生产能力。但是，如果数据是季节性的，则权重也应是季节性的。

5.7.2　Excel 中的移动平均

5.7.2 Excel中的
移动平均

Excel中有"移动平均"功能。接下来，以实际案例来说明使用移动平均如何使用移动平均进行预测。以某公司某年1月到11月的销售额数据为例，使用"移动平均"功能预测该公司12月的销售额数据，具体操作步骤如下。

（1）单击"数据"→"分析"→"数据分析"按钮，弹出"数据分析"对话框，选择"移动平均"选项，单击"确定"按钮，弹出"移动平均"对话框。

（2）进行参数设置，如图5-40所示。"输入区域"设置需要进行移动平均的数据区域，本案例中是指前11个月的销售额数据区域，即B1:B12单元格区域；"标志位于第一行"可设置选中的区域是否包含字段名，本案例包含，直接勾选；"间隔"可设置进行移动平均的时期数，本案例输入3，表示参考3期数据；"输出选项"组用于设置输出的区域，以及以何种方式输出，本案例勾选"图表输出"复选框，以图表形式输出。单击"确定"按钮，移动平均的结果如图5-41所示。

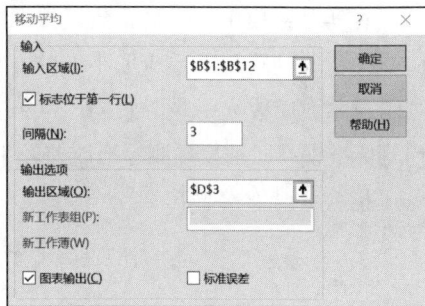

图 5-40　"移动平均"对话框

（3）预测12月的销售额数据，D13是9月、10月、11月数据的移动平均，即12月份销售额预测数据为196.3333万元。

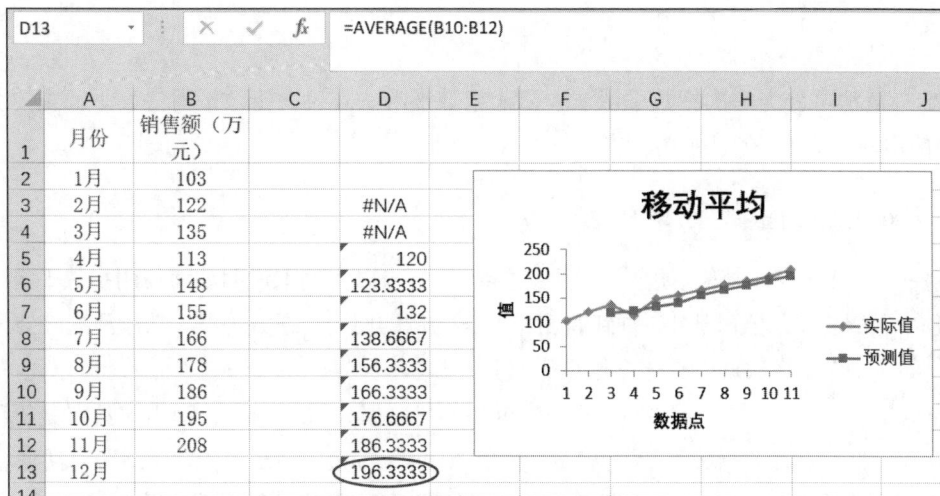

图 5-41　移动平均的结果

5.8 指数平滑

指数平滑法是在移动平均法的基础上发展起来的一种时间序列预测法，它通过计算指数平滑值，配合一定的时间序列预测模型对现象的未来进行预测。指数平滑法是生产预测中常用的一种方法，也用于中短期经济发展趋势预测。在所有预测方法中，指数平滑是用得最多的一种。

5.8.1 指数平滑的概念

指数平滑是指根据本期的实际值和预测值，并借助平滑系数（α）进行加权平均计算，预测下一期的值。其原理是，任意一期的指数平滑值都是本期实际观察值与前一期指数平滑值的加权平均。它可对时间序列数据给予加权平滑，从而获得其变化规律与趋势。

Excel中的指数平滑法需要使用阻尼系数（β）。阻尼系数越小，近期实际值对预测结果的影响越大；反之，阻尼系数越大，近期实际值对预测结果的影响越小。

α：平滑系数（$0 \leqslant \alpha \leqslant 1$）。

β：阻尼系数（$0 \leqslant \beta \leqslant 1$），$\beta = 1 - \alpha$。

在实际应用中，阻尼系数是根据时间序列的变化特性来选取的。若时间序列数据波动不大，比较平稳，则阻尼系数应取小一些，如$0.1 \sim 0.3$；若时间序列数据具有迅速且明显的变化倾向，则阻尼系数应取大一些，如$0.6 \sim 0.9$。根据具体时间序列数据的情况，可以大致确定阻尼系数的预测标准误差，选取预测标准误差较小的那个预测结果。

指数平滑公式如下：

$$Y_i = \alpha X_{i-1} + (1-\alpha) Y_{i-1} = (1-\beta) X_{i-1} + \beta Y_{i-1}$$

式中：

Y_i——第i个时间的平滑值；

X_{i-1}——第$i-1$个时间的实际值；

Y_{i-1}——第$i-1$个时间的平滑值；

α——平滑系数；

β——阻尼系数。

指数平滑法可分为一次指数平滑法、二次指数平滑法及三次指数平滑法，下面主要介绍在Excel中使用一次指数平滑法。

5.8.2 Excel中的指数平滑

5.8.2 Excel中的指数平滑

Excel中有"指数平滑"功能。接下来以实例来说明如何使用指数平滑进行预测。以某公司某年1月到11月的数据为例，使用"指数平滑"功能预测该公司12月的销售额数据，具体操作步骤如下。

（1）单击"数据"→"分析"→"数据分析"按钮，弹出"数据分析"对话框，选择"指数平滑"选项，单击"确定"按钮，弹出"指数平滑"对话框。

（2）进行参数设置，如图5-42所示。"输入区域"是指需要进行指数平滑的区域，本案例是B1:B12单元格区域；将"阻尼系数"设置为0.1，由于数据变化波动不大，因此平滑系数为0.9；

"标志"用于设置是否包含字段名，本案例包含，直接勾选该复选框；将"输出区域"设置为本表从D2单元格开始的位置；勾选"图表输出"复选框，可输出由实际数据与指数平滑数据形成的折线图；"标准误差"是实际数据与预测数据的标准差，勾选该复选框，可显示预测值与实际值的差距，这个数据越小表明预测数据越准确。

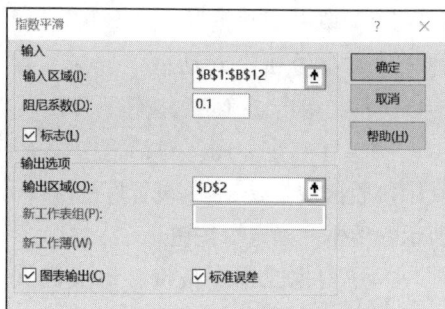

图5-42　"指数平滑"对话框

（3）单击"确定"按钮，即可完成计算，结果如图5-43所示。

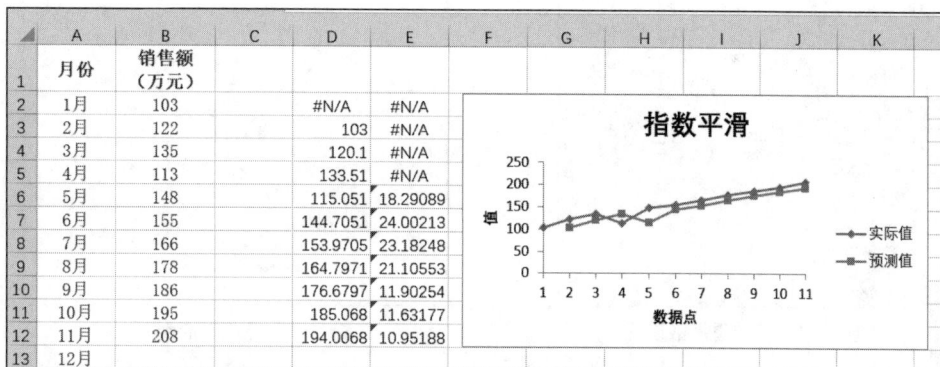

图5-43　指数平滑结果

（4）要预测12月份的销售额数据，可以直接将D列的单元格右下角填充柄向下拖曳一格。本案例拖曳D12单元格右下角填充柄至D13单元格，可得到12月份销售额预测数据为206.6007万元，如图5-44所示。

在进行数据分析时，为更加精准地预测，可以对比根据不同的阻尼系数得出的结果，选择标准误差最小的。

图5-44　12月份销售额预测数据

【任务实现】

任务5.1　数据分组

利用直方图对二手车报价表中的车主报价进行数据分组，将数据分成0～10万元、10万元～20万元、20万元～30万元、30万元～40万元及40万元以上5个区间。

（1）源数据显示在F1:F101单元格区域。先设置统计分组的区间为H2:H6单元格区域。

任务5.1 数据分组

143

（2）单击"数据"→"分析"→"数据分析"按钮，弹出"数据分析"对话框，选择"直方图"选项，如图5-45所示，单击"确定"按钮，弹出"直方图"对话框。

（3）在"直方图"对话框中设置直方图的各项参数，其中接收区域就是（1）设置好的统计分组区间，如图5-46所示，单击"确定"按钮。

（4）根据二手车报价，形成数据分组的直方图，如图5-47所示。

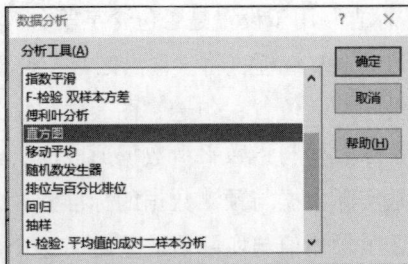

图 5-45 选择"直方图"选项

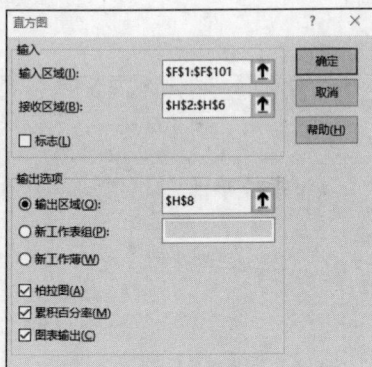

图 5-46 直方图参数设置

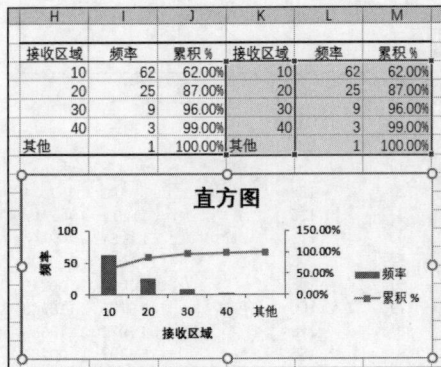

图 5-47 直方图的效果

任务 5.2 描述性统计分析

任务5.2 描述性统计分析

对车主报价进行描述性统计分析，得出描述性统计相关参数值。

（1）单击"数据"→"分析"→"数据分析"按钮，弹出"数据分析"对话框，选择"描述统计"选项，单击"确定"按钮，弹出"描述统计"对话框。

（2）描述统计的参数设置如图5-48所示。

（3）单击"确定"按钮，描述统计的结果如图5-49所示。从数据中可以看出，二手车平均报价在11万元以内，大多数报价都在10万元以内，中位数是8.56。

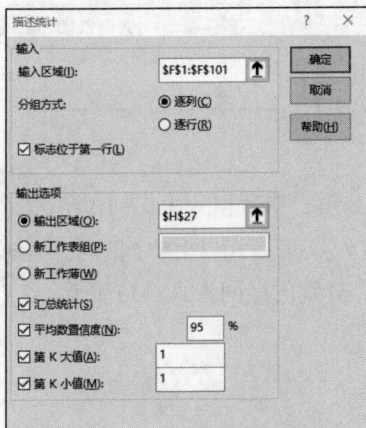

图 5-48 描述统计参数设置

车主报价（万元）	
平均	10.9712
标准误差	0.827626
中位数	8.56
众数	7.5
标准差	8.276263
方差	68.49652
峰度	3.467946
偏度	1.671745
区域	45.25
最小值	1.75
最大值	47
求和	1097.12
观测数	100
最大(1)	47
最小(1)	1.75
置信度(95.0%)	1.64219

图 5-49 描述统计的结果

数据分析基础与案例实战（基于Excel软件）（第2版）（微课版）

任务 5.3 相关系数

计算二手车报价与上牌时间、行驶里程、新车价之间的相关系数。

（1）单击"数据"→"分析"→"数据分析"按钮，弹出"数据分析"对话框，选择"相关系数"选项，单击"确定"按钮，弹出"相关系数"对话框。

（2）"输入区域"选择"上牌时间""行驶里程""新车价"与"车主报价"四列，相关系数参数设置如图5-50所示。

（3）单击"确定"按钮，计算结果如图5-51所示。由结果可知，二手车车主报价与新车价显著相关，相关系数约为0.847，与上牌时间低度相关，与行驶里程几乎不相关。

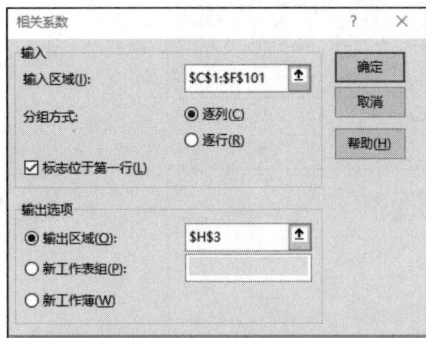

任务5.3 相关系数

图 5-50 相关系数参数设置

	上牌时间(年)	行驶里程（万千米）	新车价（万元）	车主报价（万元）
上牌时间(年)	1			
行驶里程（万千米）	-0.574555381	1		
新车价（万元）	0.056483039	0.077004565	1	
车主报价（万元）	0.437394987	-0.206946025	0.846951998	1

图 5-51 相关系数计算结果

任务 5.4 数据预测

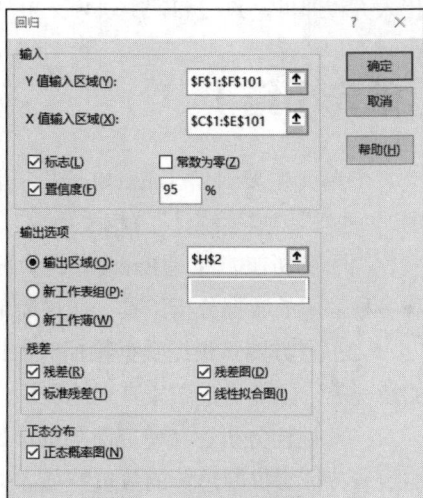

对二手车报价与新车价、行驶里程、上牌时间进行多元回归分析，并预测2012年购买的、行驶了5万千米的、原价为30万元的二手车的大概报价。

（1）单击"数据"→"分析"→"数据分析"按钮，弹出"数据分析"对话框，选择"回归"选项，单击"确定"按钮，弹出"回归"对话框。

任务5.4 数据预测

（2）设置回归分析的相关参数。"Y值输入区域"设为二手车报价数据所在的区域，"X值输入区域"设为上牌时间、行驶里程、新车价的数据所在区域，具体设置如图5-52所示。

（3）单击"确定"按钮，回归分析的结果如图5-53所示。观察回归参数表，从表中可知，行驶里程数中的t检验的P值约为0.123，远大于0.05。由此说明，自变量与因变量之间的相关性不大，即二手车报价与行驶里程相关性不大。因此，可以剔除该变量，重新计算二手车报价与新车价、上牌时间之间的关系。重新进行多元线性回归分析，得到的结果如图5-54所示。该结果的t检验与F检验

图 5-52 回归参数设置

均符合要求，从结果可知，多元线性回归模型 $Y=a+bX_1+cX_2$ 中的 $a \approx -2481.5$、$b \approx 0.449$、$c \approx 1.233$。因此，$Y=-2481.5+0.449X_1+1.233X_2$ 是二手车报价的回归方程。

SUMMARY OUTPUT								
回归统计								
Multiple R	0.934224							
R Square	0.872774							
Adjusted R Square	0.868798							
标准误差	2.997811							
观测值	100							
方差分析								
	df	SS	MS	F	ignificance F			
回归分析	3	5918.416	1972.805	219.5209	7.71E-43			
残差	96	862.7394	8.986868					
总计	99	6781.156						
	Coefficients	标准误差	t Stat	P-value	Lower 95%	Upper 95%	下限 95.0%	上限 95.0%
Intercept	-2223.17	284.8567	-7.80453	7.35E-12	-2788.61	-1657.74	-2788.61	-1657.74
上牌时间（年）	1.104815	0.141379	7.814549	7E-12	0.824179	1.38545	0.824179	1.38545
行驶里程（万千米）	-0.15386	0.098919	-1.55542	0.123136	-0.35021	0.042491	-0.35021	0.042491
新车价（万元）	0.452776	0.02001	22.62714	2.94E-40	0.413056	0.492496	0.413056	0.492496

图 5-53 回归分析的结果（一）

SUMMARY OUTPUT								
回归统计								
Multiple R	0.932506							
R Square	0.869568							
Adjusted R Square	0.866878							
标准误差	3.019664							
观测值	100							
方差分析								
	df	SS	MS	F	ignificance F			
回归分析	2	5896.674	2948.337	323.3404	1.25E-43			
残差	97	884.4817	9.118368					
总计	99	6781.156						
	Coefficients	标准误差	t Stat	P-value	Lower 95%	Upper 95%	下限 95.0%	上限 95.0%
Intercept	-2481.52	233.1076	-10.6454	5.45E-18	-2944.18	-2018.87	-2944.18	-2018.87
上牌时间(年)	1.232702	0.115851	10.64039	5.59E-18	1.002769	1.462634	1.002769	1.462634
新车价（万元）	0.448607	0.019975	22.45894	3.26E-40	0.408963	0.488251	0.408963	0.488251

图 5-54 回归分析的结果（二）

预测2012年购买的、行驶5万千米的、原价为30万元的车的报价时，只需将 $X_1=30$、$X_2=2012$ 代入方程即可。$Y=-2481.5+0.449 \times 30+1.233 \times 2012=12.766$，因此，该二手车报价约为12.77万元。

【单元小结】

本单元主要讲解了Excel分析工具库的安装及使用，重点讲解了该分析工具库中的"直方图""抽样""描述统计""相关系数""移动平均""指数平滑"等多种数据分析方法。

（1）分析工具库是Excel专门为数据分析提供的工具，包含"描述统计"相关系数""回归"等多种常用的数据分析工具，通过简单的参数设置，就可以快速地进行数据分析。

（2）直方图：根据数据特征对数据进行快速分组，获得数据的区间分析情况或数据出现频率的情况等，并能通过图表直观地展示出来。

（3）抽样分析：从研究对象的全部单位中抽取一部分单位进行考察和分析，并用这部分单位的数量特征去推断总体的数量特征。

（4）描述性统计分析：针对一组数据的各种特征进行分析，描述测量样本的各种特征及其所

数据分析基础与案例实战（基于Excel软件）（第2版）（微课版）

代表的总体特征。其包括用平均数、众数、中位数等描述数据的集中趋势，用最大值、最小值、平均差、极差、方差、标准差等描述数据的离散趋势，用偏态与峰度描述数据的分布形状。

（5）相关分析：分析客观现象之间存在的非严格的、不确定的依存关系，可以通过相关系数来反映两者间的关联程度。

（6）回归分析：确定两种或两种以上变量间相互依赖的定量关系的一种统计分析方法，即研究自变量与因变量之间关系的分析方法。它主要通过建立因变量 Y 与影响它的自变量 X_i（ i =1,2,3,…）之间的回归模型来预测因变量 Y 的发展趋势。

（7）两种常用的时间序列预测法：移动平均与指数平滑。移动平均法是根据时间序列资料逐项推移，依次计算包含一定项数的序时平均值，以反映长期趋势的方法。指数平滑法是在移动平均法的基础上发展起来的一种时间序列预测法。它通过计算指数平滑值，配合一定的时间序列预测模型对现象的未来进行预测。其原理是任意一期的指数平滑值都是本期实际观察值与前一期指数平滑值的加权平均。

【拓展训练】

一、单选题

1. （　　）描述的是样本分布的偏斜方向和程度，其系数则是以正态分布为标准来描述数据对称性的指标。

    A. 峰度　　　　　　B. 偏度　　　　　　C. 离散趋势　　　　D. 集中趋势

2. （　　）是根据时间序列资料逐项推移，依次计算包含一定项数的序时平均值，以反映长期趋势的方法。

    A. 移动平均法　　　B. 指数平滑法　　　C. 线性趋势预测法　D. 时间序列

3. （　　）是指将一组数据按从小到大或从大到小的顺序排列后，处于中间位置的数据。

    A. 个位数　　　　　B. 末位数　　　　　C. 中位数　　　　　D. 众数

4. （　　）指线性相关中两个变量的变化方向相反，即一个变量的数值增加，另一个变量的数值会随之减少；一个变量的数值减少，另一个变量的数值会随之增加。

    A. 正相关　　　　　B. 负相关　　　　　C. 完全相关　　　　D. 不相关

5. 表中有两列数据，分别位于单元格区域B2:B11和C2:C11，要求这两列数据间的相关系数，并存放于E1单元格，可在E1单元格中输入公式（　　　）。

    A. =CORREL(B2:C11)　　　　　　　　B. CORREL(B2:B11,C2:C11)

    C. =CORREL(B2:B11,C2:C11)　　　　 D. =COREL(B2:B11,C2:C11)

二、多选题

1. 以下有关趋势线的描述不正确的有（　　　）。

    A. 趋势预测中只能前推 n 个周期

    B. 通过趋势线我们只能看到数据走势，但不能得知数据的分析公式

    C. 趋势线即线性趋势线

    D. 在图表分析中，通过添加趋势线可以清晰地显示出数据的趋势和走向，有助于数据的分析和梳理

2. 以下选项中是 Excel 分析工具库中的工具的有（　　）。

A. 直方图　　　　　B. 方差分析　　　　C. 模拟运算表　　　D. 规划求解

3. 数据筛选功能可以完成的任务有（　　）。

A. 筛选出包含某文本的记录　　　　　　　B. 筛选出最小的 8 项记录

C. 筛选出大于指定金额的记录　　　　　　D. 可以实现多条件筛选

4. 关于回归分析，下面说法正确的有（　　）。

A. 在回归分析中，变量间的关系若是非确定性关系，则因变量不能由自变量唯一确定

B. 线性相关系数可以是正的也可以是负的

C. 在回归分析中，如果 $R^2=1$ 或 $|R|=1$，说明 X 与 Y 之间完全线性相关

D. 样本相关系数 $R \in (-1,1)$

5. 描述数据集中趋势，常用的指标有（　　）。

A. 平均数　　　　　B. 中位数　　　　　C. 众数　　　　　　D. 标准差

三、判断题

1. 在 Excel 中，可以直接使用 AVERAGE 函数返回一组数据的中位数。（　　）

2. 如果峰度大于 0，则两侧极端数据较少，比正态分布更高更窄，呈尖峰分布；如果峰度等于 0，则为正态分布。（　　）

3. 抽样的好坏直接决定了抽样分析的质量。（　　）

4. 相关系数的值越接近，说明变量间的相关关系越紧密。（　　）

5. 在 Excel 中中位数可以用 MODE 函数进行计算。（　　）

四、实操题

通过对 2003—2022 年江苏省粮食产量数据进行分析，预测 2023 年江苏省粮食产量。

（1）对数据进行抽样分析，随机抽出 5 组数据进行分析。

（2）计算生产年份、粮食产量之间的相关系数。

（3）针对历年的粮食产量进行描述性统计分析，得出描述统计相关参数值。

（4）利用移动平均法预测 2023 年江苏省粮食产量。

（5）利用指数平滑法预测 2023 年江苏省粮食产量。

数据分析基础与案例实战（基于 Excel 软件）（第 2 版）（微课版）

第6单元
Excel数据展示

06

【学习目标】

☞ 知识目标

➢ 掌握Excel中数据列突出显示、图标集、数据条、色阶等条件格式的设置方法。

➢ 掌握不同类型的数据图表适合的数据分析场景。

➢ 掌握图表的基本组成元素。

➢ 掌握图标集规则的设置方法。

☞ 技能目标

➢ 能根据数据分析场景选择合适的图表类型。

➢ 能根据数据分析的要求合理选择数据展现的维度和指标。

➢ 能运用数据图表设计的方法与技巧，优化数据图表的视觉效果。

☞ 素养目标

➢ 具备基础的数据图表审美能力和一定的创新意识。

➢ 具备良好的数据安全意识。

➢ 增强民族自豪感，提升文化自信。

【思维导图】

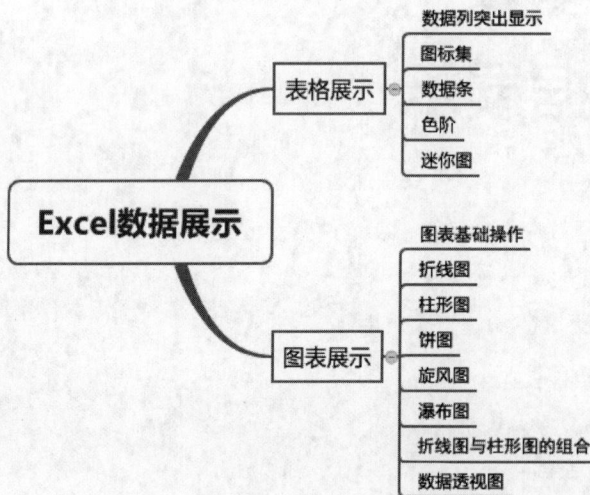

【案例引入】

我国是大豆原产国，种植大豆的历史超过2000年，体现着我国农耕文明的历史底蕴。在20世纪60年代之前，我国大豆种植面积、总产均居世界首位，直到20世纪90年代中期，我国仍是大豆净出口国。进入新世纪后，受国内饲用油用需求拉动，我国大豆进口持续快速增长，最高突破1亿吨，我国大豆自给率最低降至15%以下。

为增强我国大豆油料供给保障能力，2022年中央一号文件指出：大力实施大豆和油料产能提升工程。加大耕地轮作补贴和产油大县奖励力度，集中支持适宜区域、重点品种、经营服务主体，在黄淮海、西北、西南地区推广玉米大豆带状复合种植，在东北地区开展粮豆轮作，在黑龙江省部分地下水超采区、寒地井灌稻区推进水改旱、稻改豆试点，在长江流域开发冬闲田扩种油菜。开展盐碱地种植大豆示范。

在各地各部门共同努力下，2022年我国大豆扩种克服多重困难，取得了巨大成果，实现面积、单产、总产"三增"。

【引思明理】

中国要强，农业必须强。党的二十大报告中指出："加快建设农业强国，扎实推动乡村产业、人才、文化、生态、组织振兴。"

我国大豆扩种增产、自给水平提升，对于全方位夯实国家粮食安全根基、以国内稳产保供的确定性应对各种外部环境的不确定性，意义十分重大。

【任务描述】

某农业农村局已取得2022年全国部分省份大豆种植的面积及单位亩产等数据，现该农业农村局领导安排小王分析大豆产量情况及种植增长速度等，并以可视化形式呈现。

（1）将大豆作物单位亩产最高的3个省份标注为绿色，将单位亩产最低的3个省份标注为红色。

（2）请使用"数据条"标注"亩产的增长速度（%）""面积的增长速度（%）""产量的增长速度（%）"列的数据，负值用红色标注，正值用绿色标注。

（3）请以"图标集"中的"五象限图"标注总产量。

（4）用瀑布图展示华东各省市大豆总产量的情况。

（5）用子母饼图展示华东、华南、华中、华北、西南、西北、东北及各省（自治区、直辖市）2022年大豆作物的总产量情况。

2022年全国部分省份大豆种植及亩产情况（非真实数据，仅作教学使用，部分省份，不包括港、澳、台、青海地区的数据）表如图6-1所示。

	A	B	C	D	E	F	G	H	I	J	K
1	年份	省（市、自治区）	作物类型	单位亩产（公斤）	种植面积（万亩）	总产量（万吨）	亩产的增长速度（%）	面积的增长速度（%）	产量的增长速度（%）	面积占粮食比重（%）	产量占粮食比重（%）
2	2022	北京	大豆	113.6	13.2	1.5	-18.89%	-5.67%	-20.30%	4.46%	1.47%
3	2022	天津	大豆	79.7	13.8	1.1	-1.60%	-57.01%	-57.69%	3.15%	0.75%
4	2022	河北	大豆	128.7	282.8	36.4	3.02%	-20.78%	-18.39%	3.06%	1.28%
5	2022	山西	大豆	83.6	318.3	26.6	2.36%	-6.15%	-3.97%	7.01%	2.64%
6	2022	内蒙古	大豆	100.4	1135	114	8.73%	0.29%	9.09%	14.78%	6.30%
7	2022	辽宁	大豆	163.6	195.6	32	66.41%	-41.55%	-2.74%	4.17%	1.74%
8	2022	吉林	大豆	117.3	667.4	78.3	-35.01%	-0.77%	-35.50%	10.26%	3.19%
9	2022	黑龙江	大豆	419.8	5713.2	73.5	263.11%	10.82%	-87.67%	35.20%	2.12%
10	2022	上海	大豆	150.5	9.3	1.4	-26.00%	5.08%	-22.27%	3.66%	1.28%
11	2022	江苏	大豆	168.8	334	56.4	1.04%	3.90%	5.03%	4.27%	1.80%
12	2022	浙江	大豆	157.1	75.8	11.9	2.69%	-61.60%	-60.60%	4.14%	1.63%
13	2022	安徽	大豆	80.7	1407	113.6	-6.74%	-2.60%	-9.12%	14.48%	3.92%
14	2022	福建	大豆	150	78	11.7	4.80%	-39.32%	-36.41%	4.33%	1.84%
15	2022	江西	大豆	121.2	160	19.4	-0.41%	8.18%	7.78%	3.03%	1.02%
16	2022	山东	大豆	252.8	40.7	161	36.78%	-87.89%	159.26%	0.39%	3.88%
17	2022	河南	大豆	120.9	703.2	85	44.27%	-9.20%	30.97%	4.95%	1.62%
18	2022	湖北	大豆	148.1	172.2	25.5	-0.98%	-33.10%	-33.77%	2.88%	1.17%
19	2022	湖南	大豆	156.7	130.2	20.4	1.25%	-52.70%	-52.11%	1.92%	0.76%
20	2022	广东	大豆	146.8	92	13.5	-4.91%	-28.27%	-31.82%	2.47%	1.05%
21	2022	广西	大豆	105.5	134.6	14.2	6.97%	-56.33%	-53.29%	3.01%	1.02%
22	2022	海南	大豆	127	3.2	0.4	-8.21%	-59.75%	-63.64%	0.53%	0.23%
23	2022	重庆	大豆	121.6	109.4	13.3	50.44%	-24.42%	13.68%	3.32%	1.22%
24	2022	四川	大豆	146.1	314.8	46	11.53%	4.93%	17.05%	3.25%	1.52%
25	2022	贵州	大豆	81.9	182	14.9	-0.10%	-6.16%	-6.29%	4.30%	1.35%
26	2022	云南	大豆	147.1	121.6	17.9	68.51%	-21.37%	32.59%	2.03%	1.23%
27	2022	西藏	大豆	222.2	0.9	0.2	66.65%	-40.00%	0.00%	0.35%	0.21%
28	2022	陕西	大豆	91.4	270.3	24.7	3.81%	43.74%	-41.01%	5.81%	2.31%
29	2022	甘肃	大豆	104.4	148.5	15.5	6.39%	11.24%	18.32%	3.68%	1.88%
30	2022	宁夏	大豆	51.3	11.7	0.6	-10.55%	-58.06%	-62.50%	0.91%	0.19%
31	2022	新疆	大豆	197.3	80.1	15.8	3.44%	-25.11%	-22.55%	3.87%	1.82%

图6-1　2022年全国部分省份大豆种植及亩产情况

【知识准备】

6.1　表格展示

表格展示即把数据按一定的顺序排列在表格中，在一定的条件下可以按照某种条件格式的要求进行展示。

6.1.1　数据列突出显示

有时某些数据范围内的数据需要重点标识出来，说明此类数据在整列中具有重要作用。例如，在员工信息表的"学历"一列中，大部分员工是本科学历，而具有硕士研究生、博士研究生学历的员工不多，需要突出显示出来。

【例6-1】在员工信息表中，请将学历为硕士研究生的单元格用黄色底纹填充，将学历为博士研究生的单元格用绿色底纹填充，如图6-2所示。操作步骤如下。

例6-1 数据列
突出显示

	A	B	C	D	E	F	G	H
1	工号	姓名	性别	部门	职务	出生日期	进公司时间	学历
2	AA001	张伟	男	采购部	职员	1974/2/2	2013/5/3	本科
3	AA010	李强	男	招商部	职员	1985/3/2	2014/5/2	本科
4	AA004	张红	女	人事部	职员	1983/3/1	2014/7/2	硕士研究生
5	AA101	赵刚	男	招商部	经理	1978/6/5	2012/2/1	本科
6	AA110	李曼	女	营运部	经理	1977/11/2	2012/4/2	硕士研究生
7	AA114	钱书	男	营运部	职员	1984/5/2	2016/5/3	博士研究生

图6-2 员工信息表

（1）选中单元格区域H2:H7，单击"开始"→"样式"→"条件格式"按钮，在下拉列表中选择"新建规则"选项，弹出"新建格式规则"对话框。

（2）将"选择规则类型"设为"使用公式确定要设置格式的单元格"，在"编辑规则说明"下方的文本框中输入公式"=$H2="硕士研究生 ""，单击"格式"按钮，如图6-3所示。在弹出的对话框中选择需要设置的格式，此处选择"填充"中的黄色底纹，单击"确定"按钮即可。

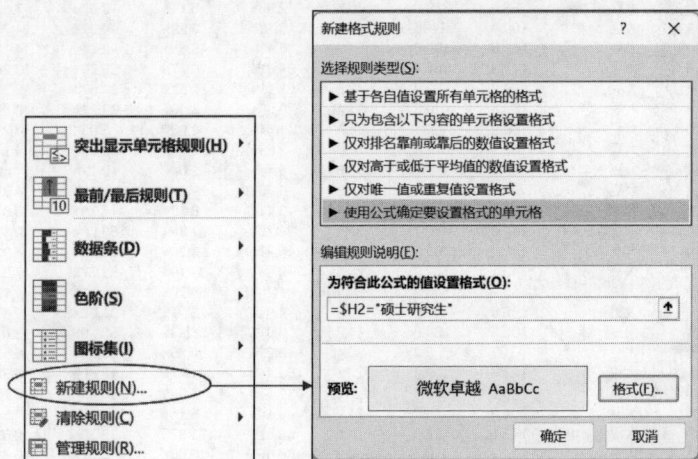

图6-3 新建格式规则

（3）为学历为博士研究生的单元格设置绿色底纹，操作与上一步类似。

（4）设置完成后，可以看到内容为"博士研究生"与"硕士研究生"的单元格在整个"学历"列中通过填充不同的底纹而突出显示出来了。

6.1.2 图标集

在一些有大量数据的列中，需要将某些数据标识后重点显示出来，此时除了可以使用"数据列突出显示"的方式外，还可以利用图标集的方式。下面举例进行说明。

例6-2 图标集

【例6-2】使用图标集，根据会员客户信息表中的购买总金额划分客户群体，大于等于15000元属于高消费群体，8000元～15000元属于中消费群体，小于8000元属于低消费群体，如图6-4所示。操作步骤如下。

（1）选中"购买总金额"列，单击"开始"→"样式"→"条件格式"→"新建规则"，弹出"新建格式规则"对话框。

	A	B	C	D	E	F
1	城市	入会通道	会员入会日	VIP建立日	购买总金额(单位：元)	购买总次数
2	石家庄	信用卡	2015/2/6	2016/1/22	☆ 1761.4	24
3	郑州	自愿	2014/9/30	2016/5/15	☆ 11160.2335	23
4	汕头	广告	2015/8/7	2016/1/22	★ 21140.56	45
5	呼和浩特	DM	2015/1/1	2015/8/12	☆ 288.56	30
6	呼和浩特	广告	2015/2/26	2015/10/11	☆ 1892.848	14
7	沈阳	DM	2015/7/27	2015/11/11	☆ 2484.7455	46
8	长春	广告	2014/3/15	2016/3/8	☆ 3812.73	32
9	武汉	自愿	2013/11/25	2014/11/4	★ 984108.15	141
10	郑州	DM	2015/4/12	2016/3/28	☆ 1186.06	42
11	南宁	自愿	2013/10/1	2014/8/9	☆ 4651.53	28
12	北京	DM	2015/4/14	2015/11/27	☆ 4590.05	48
13	兰州	自愿	2015/2/11	2015/11/22	☆ 804.53	26
14	汕头	DM	2013/11/5	2015/10/1	★ 34158.35	35
15	汕头	自愿	2013/8/8	2014/11/2	☆ 3475.57	26

图6-4 会员客户信息表

（2）在"新建格式规则"对话框中选择规则类型"基于各自值设置所有单元格的格式"，在格式样式中选择"图标集"，图标样式选择"三个星形"，按图6-5设置图标显示规则，单击"确定"按钮即可。

图6-5 "新建格式规则"对话框

6.1.3 数据条

Excel条件格式中的"数据条"功能，不仅可以通过带有颜色的数据条标识数据大小，还可以自动区分数据正负值，从而使数据差异更明显。

【例6-3】图6-6所示为2022年安徽省各种作物的种植面积以及同比增长速度，可以使用条件格式中的"数据条"功能清晰地展示各种作物种植面积同比增长速度，如图6-7所示。操作步骤如下。

例6-3 数据条

（1）将光标定位于F2单元格内，输入公式"=E2"，将光标放置于F2单元格右下角，等鼠标形状变成实心十字形后，向下复制公式，将E2:E13单元格区域数据引用至F2:F13单元格区域，以备数据条展示用。

	A	B	C	D	E
1	年份	省份	作物类型	种植面积（万亩）	面积的增长速度（%）
2	2022	安徽	大豆	1407	-2.60%
3	2022	安徽	稻谷	3307.8	1.83%
4	2022	安徽	豌豆	1526	-3.60%
5	2022	安徽	高粱	155	-37.50%
6	2022	安徽	谷子	2345	0.00%
7	2022	安徽	花生	259	-20.94%
8	2022	安徽	荞麦	9716.7	-0.24%
9	2022	安徽	小麦	3495.4	10.09%
10	2022	安徽	油菜籽	929.7	-25.83%
11	2022	安徽	向日葵	1296.4	-25.20%
12	2022	安徽	玉米	1065.6	2.44%
13	2022	安徽	芝麻	107.4	-28.47%

图6-6 2022年安徽省各种作物种植面积及同比增长速度

	A	B	C	D	E	F
1	年份	省份	作物类型	种植面积（万亩）	面积的增长速度（%）	数据条展示
2	2022	安徽	大豆	1407	-2.60%	
3	2022	安徽	稻谷	3307.8	1.83%	
4	2022	安徽	豌豆	1526	-3.60%	
5	2022	安徽	高粱	155	-37.50%	
6	2022	安徽	谷子	2345	0.00%	
7	2022	安徽	花生	259	-20.94%	
8	2022	安徽	荞麦	9716.7	-0.24%	
9	2022	安徽	小麦	3495.4	10.09%	
10	2022	安徽	油菜籽	929.7	-25.83%	
11	2022	安徽	向日葵	1296.4	-25.20%	
12	2022	安徽	玉米	1065.6	2.44%	
13	2022	安徽	芝麻	107.4	-28.47%	

图6-7 使用数据条展示各种作物种植面积同比增长速度

（2）选中F2:F13单元格区域，单击"开始"→"样式"→"条件格式"按钮，在下拉列表中选择"数据条"→"其他规则"选项，弹出"新建格式规则"对话框。

（3）将"选择规则类型"设为"基于各自值设置所有单元格的格式"，设置"格式样式"为"数据条"，设置"最小值"的"类型"为"最低值"，设置"最大值"的"类型"为"最高值"，设置"条形图外观"的"填充"为"实心填充"，颜色设置为"蓝色"，如图6-8所示，单击"负值和坐标轴"，设置"负值条形图填充颜色"为红色，单击"确定"按钮，勾选"仅显示数据条"复选框，单击"确定"按钮即可实现图6-7所示的效果。

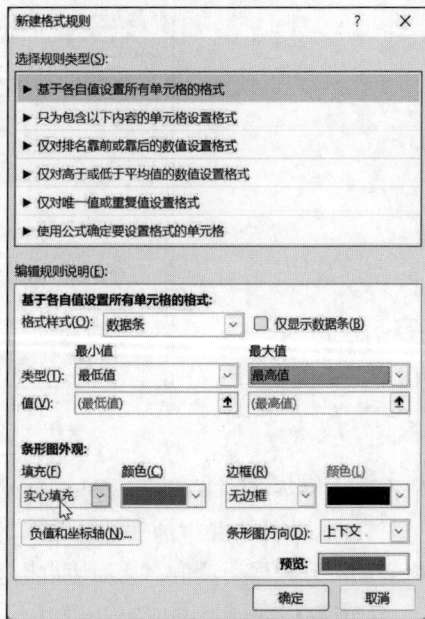

6.1.4 色阶

有时需要对大量数据进行分析和总结，以发现数据的趋势和意义。此时，可以使用"色阶"功能，用颜色的深浅表示数值的高低，帮助人们迅速了解数据的分布趋势。

图6-8 "新建格式规则"对话框

例6-4 色阶

【例6-4】在图6-6所示的数据表中，使用"色阶"功能标注不同作物种植面积同比增长速度，用绿色标注增长速度较快的数据，用黄色标注增长速度较慢或负增长的数据，如图6-9所示。操作步骤如下。

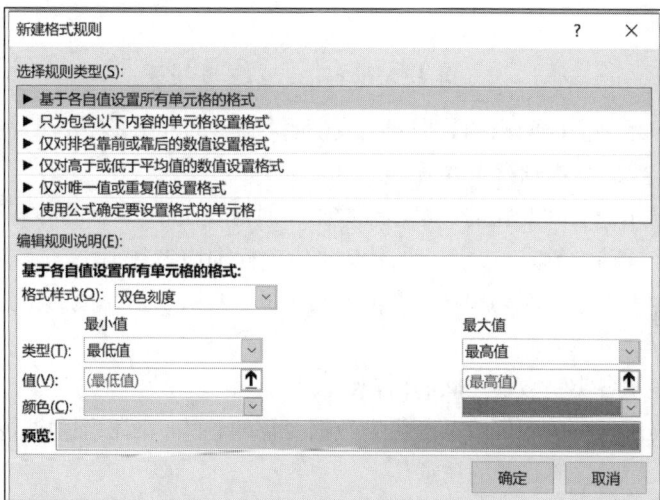

图 6-9　色阶效果

（1）选择 E2:E13 单元格区域，单击"开始"→"样式"→"条件格式"按钮，在下拉列表中选择"色阶"→"其他规则"选项，弹出"新建格式规则"对话框。

（2）将"选择规则类型"设为"基于各自值设置所有单元格的格式"，设置"格式样式"为"双色刻度"，设置"最小值"的"类型"为"最低值"，"最小值"的"颜色"选择黄色，设置"最大值"的"类型"为"最高值"，"最大值"的"颜色"选择绿色，如图6-10所示，单击"确定"按钮即可实现图6-9所示的效果。

图 6-10　"新建格式规则"对话框

6.1.5　迷你图

迷你图清晰简洁，是常规图表的缩小版。Excel工作表中的数据非常有用，但很难一眼就发现问题，如果在数据旁边插入迷你图，就可以迅速判断数据的小问题。迷你图占用的空间非常小，它镶嵌在单元格内，数据变化时，迷你图随之迅速变化，也可以随表格一起打印。

【例6-5】根据某单位2016年员工请假与加班数据表中的数据，使用"迷你图"功能创建员工请假与加班的趋势图，如图6-11所示。操作步骤如下。

（1）将光标定位于N2单元格，单击"插入"→"迷你图"→"折线"按钮，弹出"创建迷你图"对话框。

例6-5　迷你图

（2）将光标定位于"数据范围"文本框中，选取B2:M2单元格区域，如图6-12所示，单击"确定"按钮，即可创建事假趋势图。

（3）将光标定位于N2单元格中，将该单元格右下角填充柄向下拖曳，可以得到病假、工作日加班、双休日加班的趋势图，如图6-11所示。

图 6-11　2016 年员工请假与加班数据表

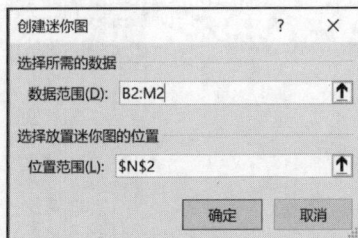

图 6-12　"创建迷你图"对话框

6.2　图表展示

图表是利用几何图形或具体形象表现数据的一种形式。它的特点是形象直观，便于理解。图表可以表明总体的规模、水平、结构、对比关系、依存关系、发展趋势和分布状况等，更有利于数据分析与研究。

6.2.1　图表基础操作

1. 图表的类型

Excel 提供了以下几大类图表，其中每个大类下又包含若干个子类型。

（1）柱形图：显示一段时间内的数据变化或说明各项之间的比较情况。在柱形图中，通常沿横坐标轴组织类别，沿纵坐标轴组织数值。

（2）折线图：显示随时间变化的一组连续数据，通常表明相等时间间隔下数据的趋势。在折线图中，类别沿横坐标轴均匀分布，所有的数值沿纵坐标轴均匀分布。

（3）饼图：显示一个数据系列中各项数值的大小、各项数值占总值的比例。饼图中的数据显示为百分比形式。

（4）条形图：显示各类型数值之间的比较情况。

（5）面积图：显示数值随时间或其他类别数据变化的趋势。面积图强调数量随时间变化的程度，也可用于引起人们对总值趋势的注意。

（6）XY 散点图：显示若干数据系列中各数值之间的关系，或者将两组数值绘制为散点图，沿横坐标轴（x轴）方向显示一组数值数据，沿纵坐标轴（y轴）方向显示另一组数值数据。散点图通常用于显示和比较数值。

（7）股价图：用来显示股价的波动，也可用于显示其他科学数据。

（8）曲面图：通过曲面图可以找到两组数据之间的最佳组合。当类别和数据系列都是数值时，可以使用曲面图。

（9）雷达图：用于比较若干数据系列的聚合值。

（10）树状图：一般用于展示数据之间的层级和占比关系，矩形的面积代表数值的大小，颜色和排列代表数据的层级关系。

（11）旭日图：用于展示多层级数据之间的占比及对比关系。同一个圆环代表同一级别的比例数据，离原点越近的圆环级别越高，最内层的圆环表示层次结构的顶级。

（12）直方图：数据统计中常用的一种图表，它可以清晰地展示一组数据的分布情况，让用户清楚地查看到数据的分类情况和各类别之间的差异，为分析和判断数据提供依据。

（13）箱形图：一种用于显示一组数据分布情况的统计图。图形由柱形、线段和数据点组成，这些线条指示超出四分位点上限和下限的变化程度，处于这些线条或虚线之外的任何点都被视为离群值。

（14）瀑布图：表现一系列数据的增减变化情况及数据之间的差异，通过显示各阶段的正值或者负值来显示数值的变化过程。

2. 创建图表

某班各科各分数段人数的分布情况已统计完成，如图6-13所示，现需要使用图表对其进行形象的展示。

分数段	语文人数	数学人数	英语人数	物理人数	化学人数
90分以上	6	9	12	3	6
80-89	17	12	8	11	9
70-79	15	21	14	13	13
60-69	8	6	12	17	16
60分以下	4	2	4	6	6

图 6-13　某班各科各分数段人数的分布情况表

【例6-6】请使用"三维簇状柱形图"展示语文、数学和英语3门学科的各分数段人数，操作步骤如下。

（1）选取A1:D6单元格区域。

（2）选择"插入"→"图表"→"插入柱形图或条形图"→"三维簇状柱形图"选项，相应的图表会插入当前工作表，如图6-14所示。

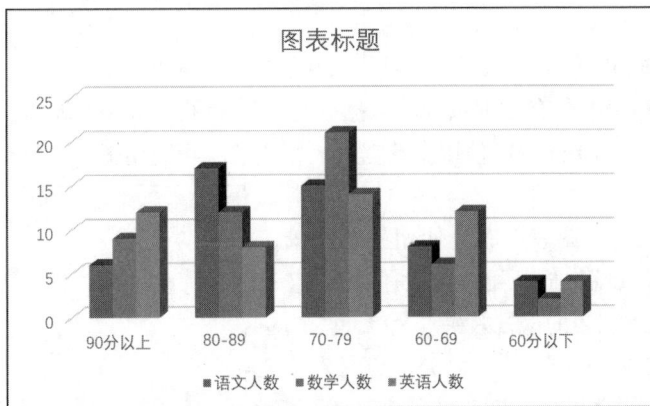

图 6-14　插入的图表

3. 编辑图表

图表创建完成后，可对其进行编辑，如更改图表类型、添加图表标题、移动图表位置等。

（1）图表的基本组成

图表由绘图区、标题、数据系列、坐标轴、图例等基本组成部分构成，如图6-15所示。此外，图表还包括数据表和三维背景等特定情况下才显示的对象。单击图表上的某个组成部分，就可以选定该部分。

① 图表区是指图表的全部范围。Excel默认的图表区是由白色填充区域和黑色细实线边框组成的。

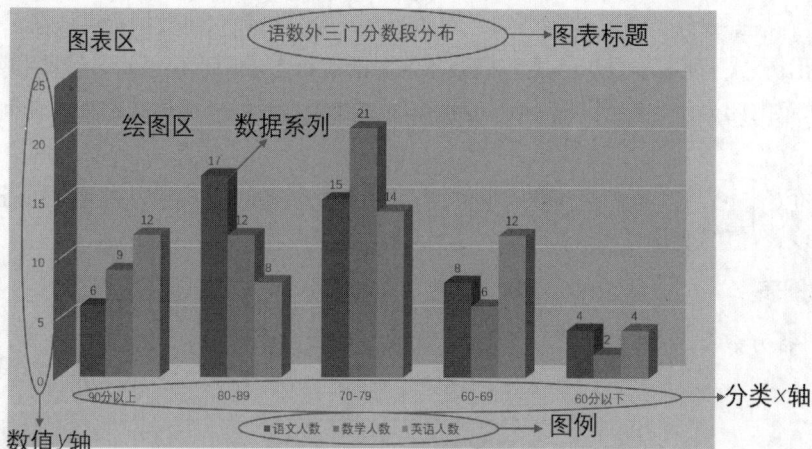

图 6-15　图表的组成

　　② 绘图区是指图表区内的图形表示的范围，即以坐标轴为边的长方形区域。设置绘图区格式可以改变绘图区边框的样式和内部区域的填充颜色及效果。

　　③ 标题包括图表标题和坐标轴标题。图表标题可在绘图区上方的文本框设置，坐标轴标题可在坐标轴边上的文本框设置。图表标题只有一个，而坐标轴标题最多有 4 个。Excel 默认的标题样式是无边框的黑色文字。

　　④ 数据系列是由数据点构成的，每个数据点对应工作表中一个单元格内的数据，数据系列对应工作表中的一行或一列数据。数据系列在绘图区中表现为彩色的点、线、面等。

　　⑤ 坐标轴按位置不同可分为主坐标轴和次坐标轴两类。Excel 默认显示的是绘图区左边的主 y 轴和下边的主 x 轴。

　　⑥ 图例由图例项和图例项标识组成，可显示在绘图区右侧或下方。

　　⑦ 数据表显示图表中所有数据系列的数据。对于设置了显示数据表的图表，数据表将固定显示在绘图区的下方。如果图表中使用了数据表，则一般不再使用图例。只有带有分类轴的图表才能显示数据表。

　　除了以上内容之外，图表有时会使用三维背景，三维背景由基底和背景墙组成。用户可以通过设置三维视图格式，调整二维图表的透视效果。

　　（2）更改图表布局和样式

　　创建图表后，用户可以更改图表的外观。为了避免手动进行大量的格式设置，Excel 提供了多种有用的预定义布局和样式，用户可以快速将其应用于图表中。

　　① 应用预定义的图表布局和样式。

　　单击需设置格式的图表，显示"图表工具"的"设计"和"格式"选项卡；打开"设计"选项卡"图表布局"组的"快速布局"下拉列表，如图 6-16 所示，选择要应用的图表布局；若应用预定义样式，选择"设计"选项卡"图表样式"组中的某个样式即可，如图 6-17 所示。

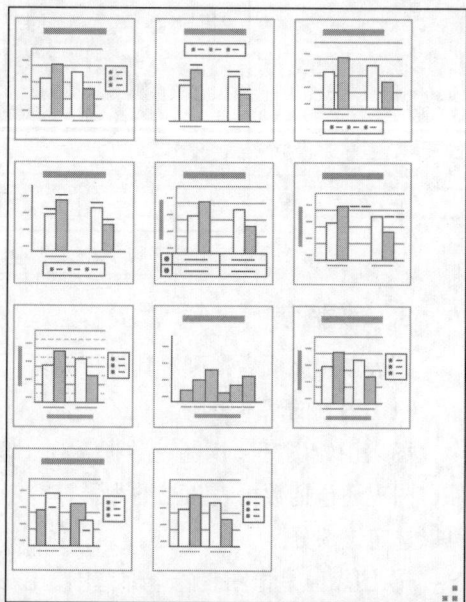

图 6-16　"图表布局"组的"快速布局"下拉列表

数据分析基础与案例实战（基于Excel软件）（第2版）（微课版）

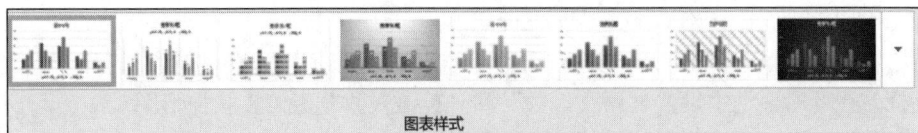

图 6-17　"图表样式"组

② 手动更改图表元素的布局。

单击图表中的任意位置，或单击要更改的图表元素，在"设计"选项卡的"图表布局"组中单击"添加图表元素"按钮，在下拉列表选择与图表元素相对应的选项即可。

③ 手动更改图表元素的格式。

单击要更改的图表元素，在图6-18所示的"格式"选项卡中执行下列操作之一。

a.在"当前所选内容"组中单击"设置所选内容格式"按钮，然后在"设置图表区格式"对话框中设置所需的格式。

b.在"形状样式"组中单击右下角的按钮，然后选择一种样式。

c.在"形状样式"组中单击"形状填充""形状轮廓""形状效果"按钮，然后选择所需的格式。

d.在"艺术字样式"组中，选择一个艺术字样式，或单击"文本填充""文本轮廓""文本效果"按钮，然后选择所需的文本格式。

图 6-18　"图表工具"的"格式"选项卡

（3）更改图表类型

可以更改大多数二维图表的图表类型，也可以为任何单个数据系列选择另一种图表类型，使图表转换为组合图表。将图表更改为柱形图与折线图的组合图，其中，"数学人数"数据系列用折线图表示，如图6-19所示。操作步骤如下。

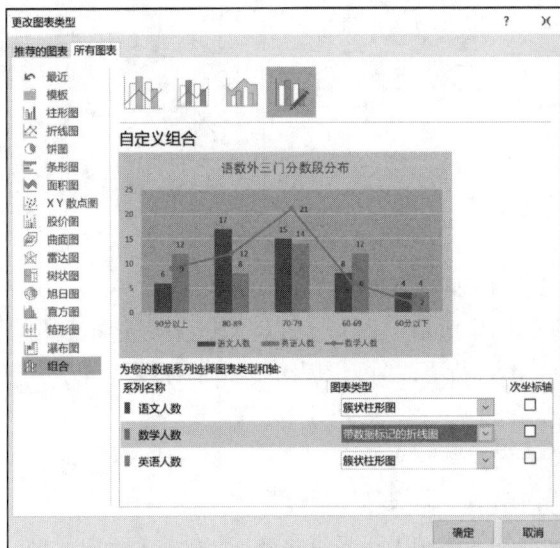

图 6-19　更改数据系列图表类型

① 单击图表的图表区或绘图区以显示图表工具。

② 在"图表设计"选项卡的"类型"组中单击"更改图表类型"按钮，打开"更改图表类型"对话框，在此对话框中设置"语文人数"和"英语人数"为"簇状柱形图"。

③ 单击"数学人数"数据系列。

④ 在"图表设计"选项卡的"类型"组中单击"更改图表类型"按钮，打开"更改图表类型"对话框，在此对话框中设置"数学人数"为"带数据标记的折线图"，如图6-19所示，单击"确定"按钮。

（4）添加图表标题

图表创建完成后，若未显示图表标题，可通过以下操作步骤添加，使图表易于理解。

① 单击需要添加标题的图表，使其显示图表工具。

② 在"图表设计"选项卡的"图表布局"组中单击"添加图表元素"按钮，在下拉列表中选择"图表标题"→"居中覆盖"或"图表上方"选项。

③ 图表的相应位置出现"图表标题"文本框，可根据需要在其中输入图表标题。

④ 在"图表设计"选项卡中选择"添加图表元素"→"图表标题"→"更多标题选项"，弹出"设置图表标题格式"面板，如图6-20所示。为图表设置标题"语数外分数段分布情况"，放置位置为图表上方。

⑤ 在"设置图表标题格式"面板中，可根据需要设置图表标题的填充色、边框颜色、边框样式等。

⑥ 添加坐标轴标题、图例、数据标签等图表元素的操作步骤与上述步骤类似。

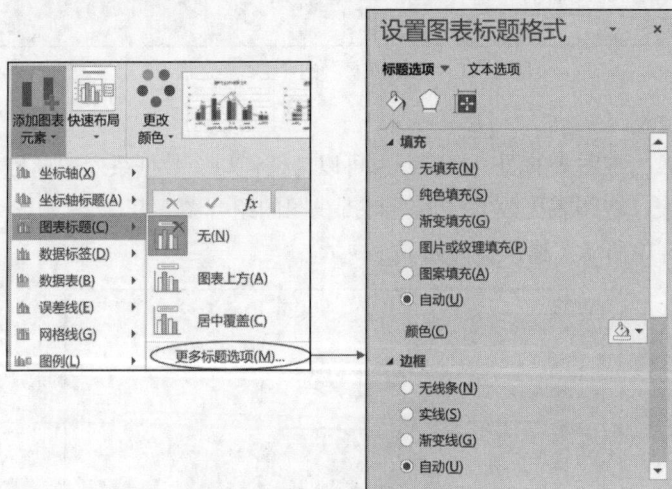

图6-20　添加图表标题

（5）将图表标题链接到工作表中的文本

如果要将工作表中的文本用于图表标题，可以将图表标题链接到包含相应文本的工作表单元格。在对工作表中相应的文本进行更改时，图表中链接的标题将自动更新。将图表标题链接到工作表的L18单元格，操作步骤如下。

① 在工作表中单击"图表标题"文本框。

② 在工作表的编辑栏内单击，输入等号"=。"

③ 选择要链接图表标题的文本的工作表单元格，此处为L18单元格，按Enter键确认。此时，若更改L18单元格的内容，图表中的图表标题将会同步变化，如图6-21所示。

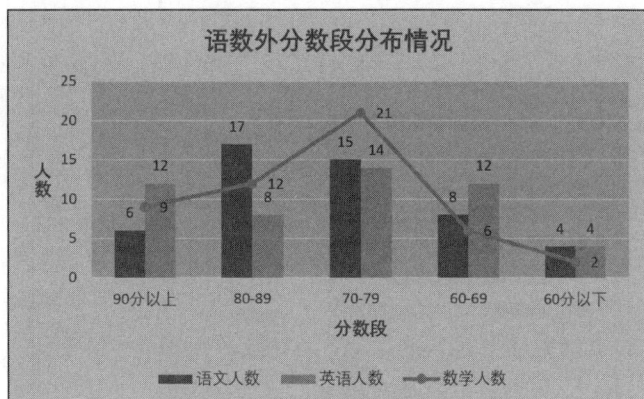

图 6-21　编辑后的图表

6.2.2　折线图

　　折线图用于显示数据在某个时期内的趋势变化状态。例如，数据在一段时间内呈增长趋势，在另一段时间内呈下降趋势。通过折线图，可以预测未来数据。图6-22包含某单位各部门男女人数分布数据表，使用了常规数据图表中的折线图进行分析，若对折线图做一些美化，可使图表更加专业，如图6-23所示。操作步骤如下。

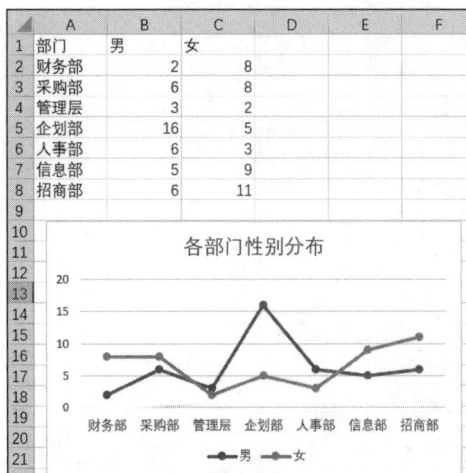

6.2.2　折线图

图 6-22　各部门性别分布

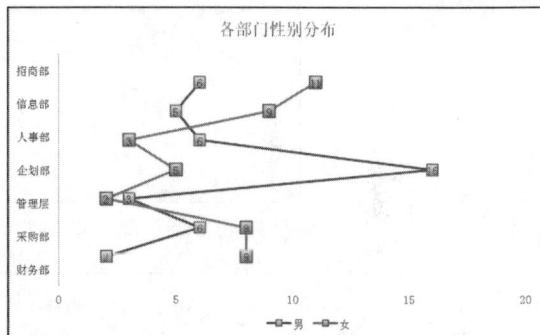

图 6-23　美化以后的效果

　　① 加工处理源数据，在数据表中加入辅助数据列，如图6-24所示。

　　② 选中表中的所有数据，选择"插入"→"图表"→"插入柱形图或条形图"→"簇状条形图"选项。

　　③ 在创建出的可视化图表中右击"男"或"女"数据系列，在弹出的快捷菜单中选择"更改系列图表类型"命令，如图6-25所示。

　　④ 在打开的"更改图表类型"对话框中，单击系列名称对应的图表类型下拉按钮，在弹出的图表类型下拉列表中选择"XY散点图"中的第4种类型，即"带直线和数据标记的散点图"，其他设置如图6-26所示，单击"确定"按钮。调整图例和图表标题后，得到图6-27所示的效果。

图 6-24　增加辅助数据列后的数据表

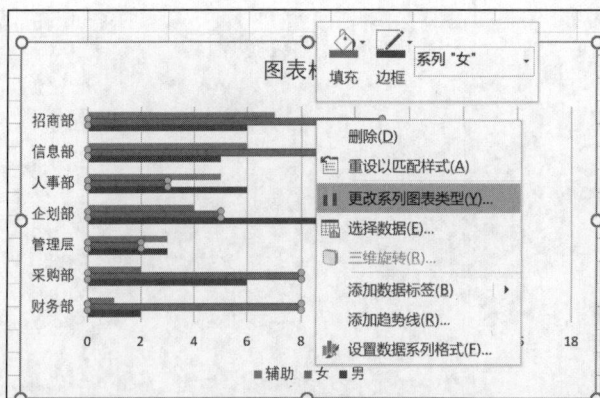

图 6-25 选择"更改系列图表类型"命令

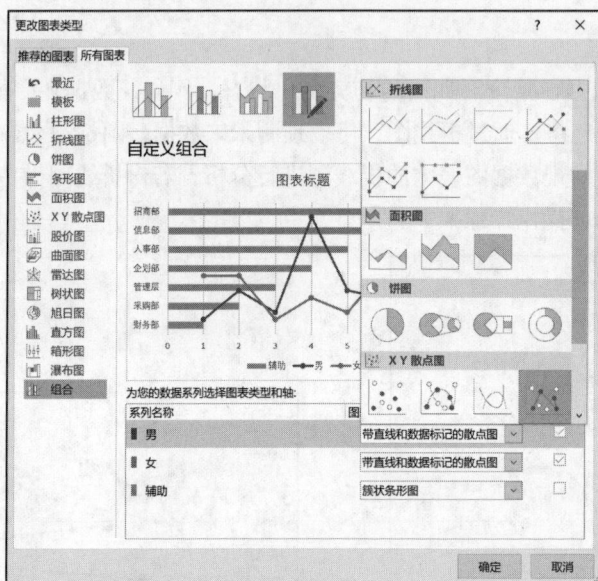

图 6-26 更改数据系列对应的图表类型

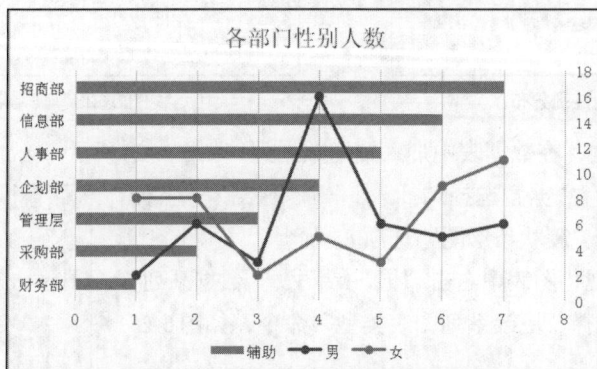

图 6-27 各部门性别人数散点图效果

⑤ 选中"男"或"女"数据系列,右击,在弹出的快捷菜单中选择"选择数据"命令,分别单击男、女系列,单击"编辑"按钮,在打开的对话框中进行 x、y 轴系列值的修改,如图 6-28 所示,单击"确定"按钮。

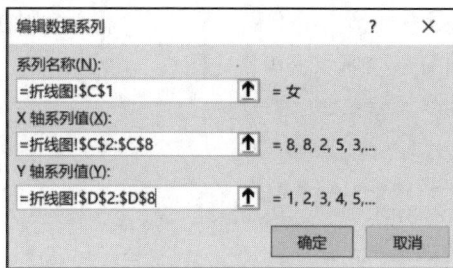

图 6-28　编辑数据系列

⑥ 选中"辅助"数据系列，右击，在弹出的快捷菜单中选择"设置数据系列格式"命令，设置数据系列无填充、边框无线条。再在图例中选中"辅助"，按Delete键把它删掉。

⑦ 在"设置数据系列格式"面板中设置"数据标记选项"为"内置"正方形，调整数据标记大小，添加数据标签。修改样式后的效果如图6-23所示。

6.2.3　柱形图

柱形图可以有效地对一个系列或几个系列的数据进行直观的对比，簇状柱形图则更适用于对比多个系列的数据。图6-29所示为销售数据表。使用柱形图可形象地展示每名员工全年销售目标达成情况，如图6-30所示。操作步骤如下。

6.2.3 柱形图

	A	B	C	D	E	F
1	员工	销售目标	第一季度	第二季度	第三季度	第四季度
2	韩正	300	55	99	87	20
3	金汪洋	300	67	120	78	98
4	刘磊	400	65	78	143	78
5	马欢欢	80	12	45	41	12
6	石静芳	500	121	210	120	98
7	苏桥	100	31	23	19	29
8	谢兰丽	230	52	36	44	62

图 6-29　销售数据表

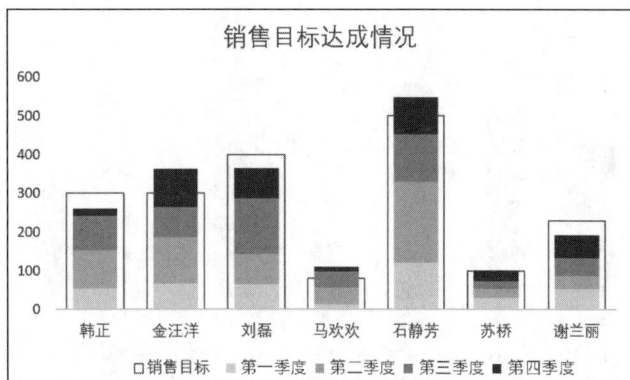

图 6-30　销售目标达成情况

① 选中销售数据表中的所有数据，选择"插入"→"图表"→"插入柱形图或条形图"→"簇状柱形图"选项。

② 在可视化图表中右击某一数据系列，在弹出的快捷菜单中选择"更改系列图表类型"命令，弹出"更改图表类型"对话框。

③ 在打开的"更改图表类型"对话框中，单击系列名称对应的图表类型下拉按钮，设置"销售目标"数据系列的图表类型为"簇状柱形图"；设置"第一季度""第二季度""第三季

度""第四季度"数据系列的图表类型为"堆积柱形图",系列绘制在"次坐标轴",如图6-31所示。单击"确定"按钮,得到图6-32所示的可视化图表。

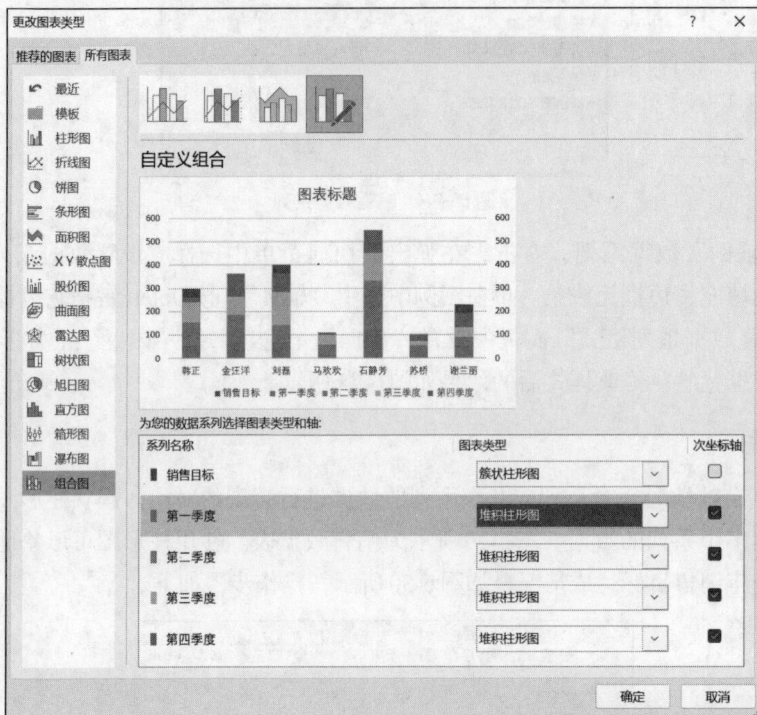

图 6-31 "更改图表类型"对话框

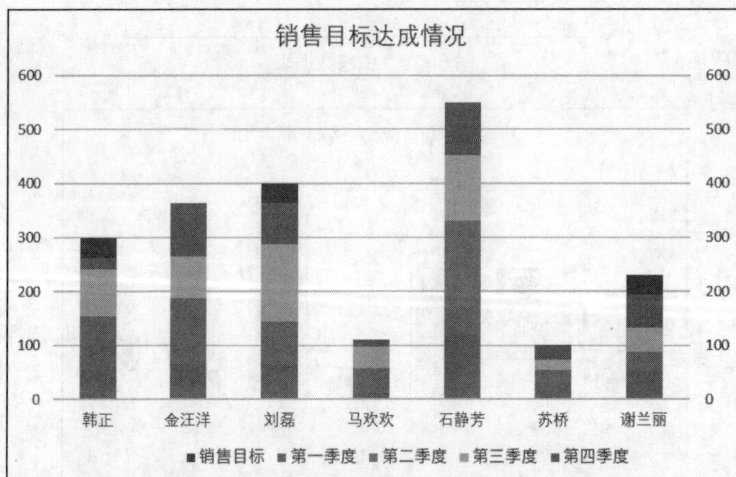

图 6-32 更改完数据系列图表类型的可视化图表

④ 选中"第一季度"数据系列,在"图表工具"的"格式"选项卡中,设置其"形状填充"颜色;右击,单击"数据系列格式",在弹出的"设置数据系列格式"中设置其"间隙宽度"为"150%";同理设置"第二季度""第三季度"和"第四季度"数据系列格式。

⑤ 选中"销售目标"数据系列,右击,在弹出的快捷菜单中选择"设置数据系列格式"命令,修改"系列重叠"为100%,"间隙宽度"为80%,设置实线边框、无填充,删除次坐标轴及网格线,最终效果如图6-30所示。

6.2.4 饼图

饼图用于对比几个数据在其形成的总和中所占的百分比。整个饼代表总和，每一个数用一个扇形代表。如果要在同一饼图中显示两组数据，就需要用子母饼图。

图6-33所示为某花店2022年8月的销售数据汇总，现需要通过饼图展示各类别产品销量及每一种产品的销售情况，如图6-34所示。操作步骤如下。

① 选中A2:B5单元格，选择"插入"→"图表"→"插入饼图或圆环图"→"饼图"选项，插入一个空白饼图。

2022年8月小花匠多肉馆销售数据汇总表			
类别	销量	名称	销量
花盆	144	陶瓷花盆	52
多肉	286	铁艺花盆	63
营养土	18	木质花盆	29
		虹之玉	65
		玉露	78
		熊童子	83
		红宝石	60
		赤玉土	10
		鹿沼土	8

图 6-33　销售数据汇总表

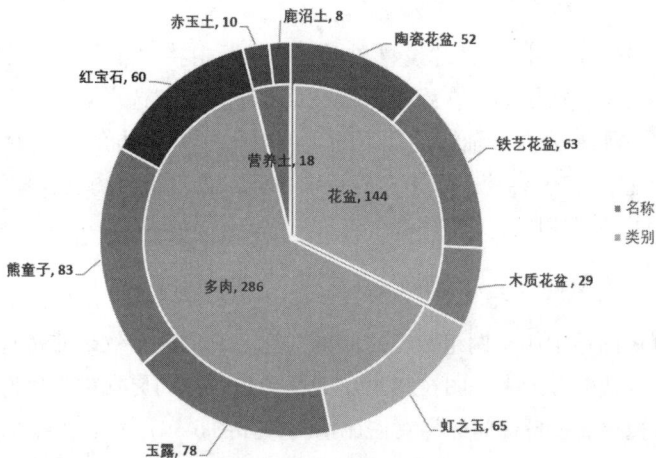

6.2.4 饼图

图 6-34　销售情况饼图

② 在图表的空白区域右击，在弹出的快捷菜单中选择"选择数据"命令，在"选择数据源"对话框"图例项"中添加"销量"，在"编辑数据系列"对话框中设置"系列名称"为"=子母饼图!\$D\$2"，设置"系列值"为"=子母饼图!\$D\$3:\$D\$11"，单击"确定"按钮；选中之前已存在的"销量"，单击"水平（分类）轴标签"下的"编辑"，在"轴标签"对话框中设置"轴标签区域"为"=子母饼图!\$C\$3:\$C\$11"，单击"确定"按钮，如图6-35所示。效果如图6-36所示，两个饼图完全重合在一起。

③ 选择饼图，右击，在弹出的快捷菜单中选择"设置数据系列格式"命令，设置"系列绘制在"为"次坐标轴"，设置"饼图分离"为50%，如图6-37所示。

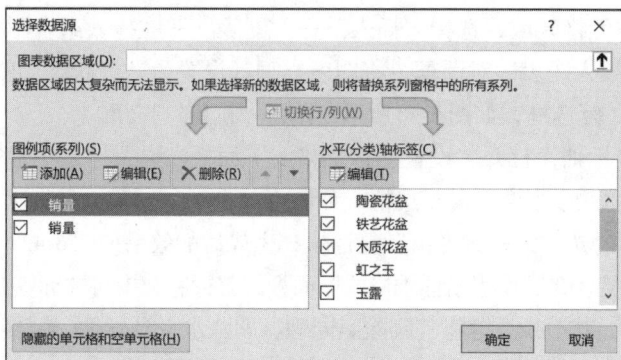

图 6-35　"选择数据源"对话框

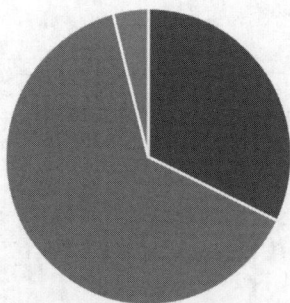

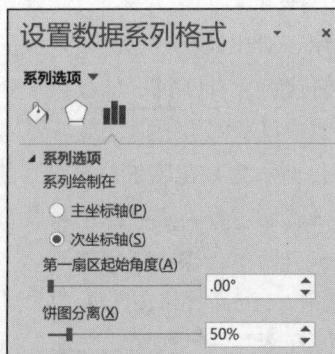

图6-36 选择数据源后效果　　　　　　图6-37 "设置数据系列格式"面板

④ 分别选择3块分离的饼图，在"设置数据点格式"中将"点分离"设置为0，即不分离；同时添加数据标签，右击上层饼图，在弹出的快捷菜单中选择"选择数据"命令，在"选择数据源"对话框中单击"水平（分类）轴标签"下的"编辑"，在"轴标签"对话框中设置"轴标签区域"为"=子母饼图!\$A\$3:\$A\$5"，单击"确定"按钮，再右击饼图设置标签格式，删去图例，即可形成图6-34所示的子母饼图。

6.2.5　旋风图

6.2.5 旋风图

旋风图通常用于两组数据之间的对比，它的展示效果非常直观，两组数据孰强孰弱一眼就能看出来。图6-38所示为某单位各部门男女员工比例数据，可以通过旋风图可视化展示各部门的男女占比情况，如图6-39所示。操作步骤如下。

图6-38　部门男女比例

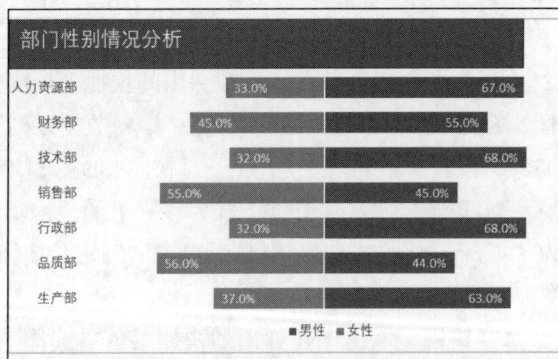

图6-39　各部门男女占比情况展示

① 选中A1:C8单元格区域，选择"插入"→"图表"→"插入组合图"→"创建自定义组合图"选项，打开"插入图表"对话框，将图表类型都设置为"簇状条形图"，勾选"女性"数据系列的"次坐标轴"复选框，如图6-40所示，单击"确定"按钮。

② 双击上面的坐标轴，打开"设置坐标轴格式"面板，设置"最小值"和"最大值"分别为-0.8、0.8，并勾选"逆序刻度值"复选框，如图6-41所示。同理，设置下面的坐标轴的"最小值"和"最大值"，不勾选"逆序刻度值"复选框，完成后的效果如图6-42所示。

③ 单击坐标轴标签，在"设置坐标轴格式"面板的"标签"中将"标签位置"设置为"低"。

④ 单击图表标题，按Delete键将其删除。同理，删除水平坐标轴、网格线。完成后的效果如图6-43所示。

数据分析基础与案例实战（基于Excel软件）（第2版）（微课版）

⑤ 设置数据系列的"间隙宽度"为70%，如图6-44所示。

⑥ 选择绘图区，将绘图区缩小，在"格式"选项卡"插入形状"组中选择矩形，并输入文字"部门性别情况分析"。

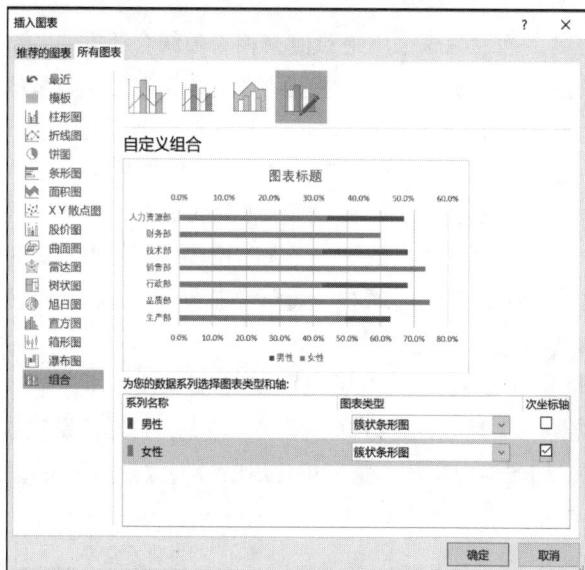

图6-40 "插入图表"对话框

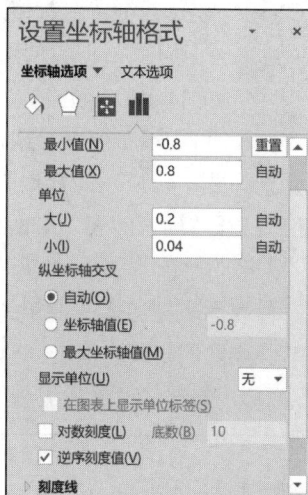

图6-41 "设置坐标轴格式"面板

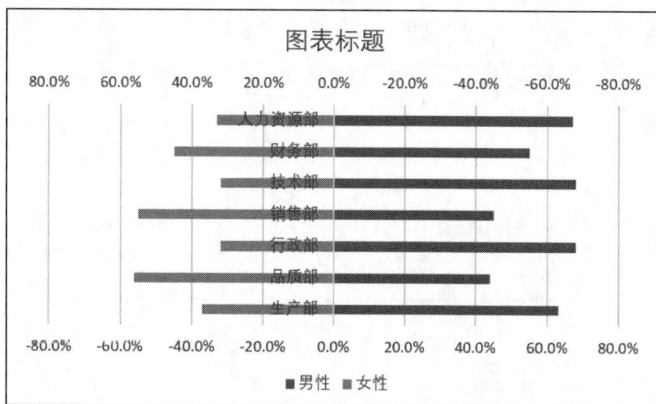

图6-42 设置坐标轴后效果

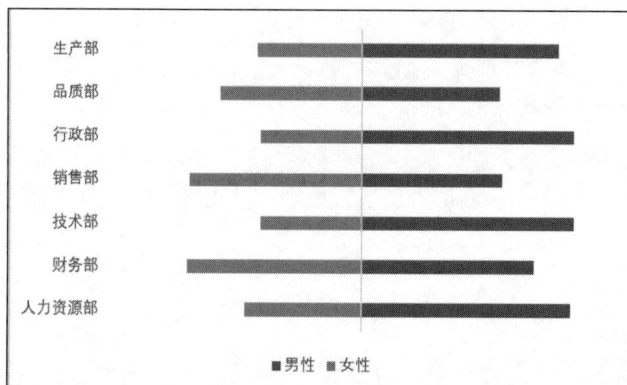

图6-43 删除图表标题、水平坐标轴、网格线后的效果

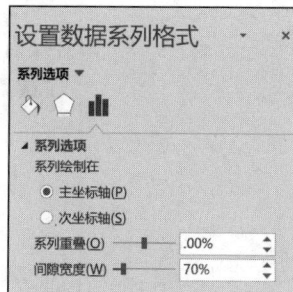

图6-44 设置数据系列的"间隙宽度"

⑦ 添加数据标签，设置"标签位置"为"数据标签内"，设置图表和形状的填充色、文字格式等，完成后的效果如图6-39所示。

6.2.6 瀑布图

6.2.6 瀑布图

瀑布图因形似瀑布而得名。这种图表采用绝对值与相对值结合的方式，适用于表达数个特定数值之间的数量变化关系。当用户想表达两个数据点之间数量的演变过程时，即可使用瀑布图。例如，在供货发货单中，1月的订单数量是1470，2月的订单数量是1277（较上月少193），3月的订单数量是934（较上月少343）。此时可用瀑布图表示这种数据的演变，如图6-45所示。操作步骤如下。

① 选择图6-46所示的数据表的A2:B15单元格区域，单击"插入"选项卡"图表"组右下角的按钮，打开"插入图表"对话框，单击"所有图表"选项卡，选择"瀑布图"选项，如图6-47所示，单击"确定"按钮。效果如图6-48所示。

② 修改图表标题为"一年的订单数量变化"，打开"格式"选项卡，插入文本框，输入"单位：单"，删除网格线。双击"总计"数据点，选择"设置数据点格式"命令，打开"设置数据点格式"面板，勾选"设置为汇总"复选框，如图6-49所示。整理美化后的最终效果如图6-45所示。

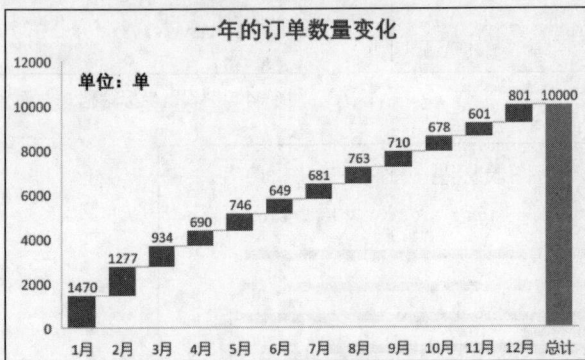

图6-45 最终效果

	A	B
1	供货发货单	
2	月份	订单数量
3	1月	1470
4	2月	1277
5	3月	934
6	4月	690
7	5月	746
8	6月	649
9	7月	681
10	8月	763
11	9月	710
12	10月	678
13	11月	601
14	12月	801
15	总计	10000

图6-46 某单位一年每个月的订单数据

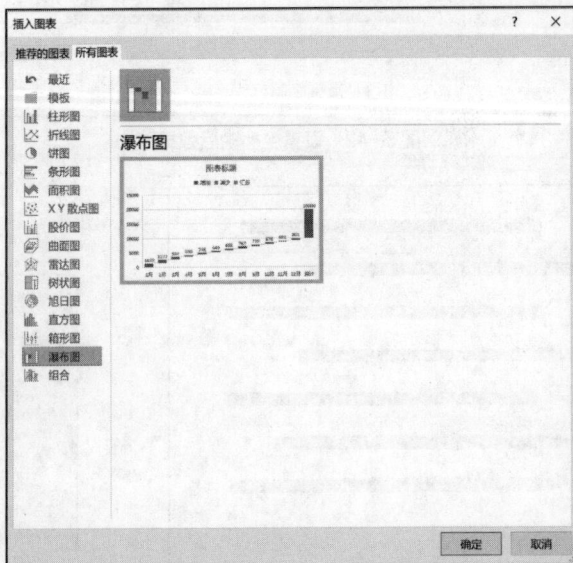

图6-47 "插入图表"对话框

数据分析基础与案例实战（基于Excel软件）（第2版）（微课版）

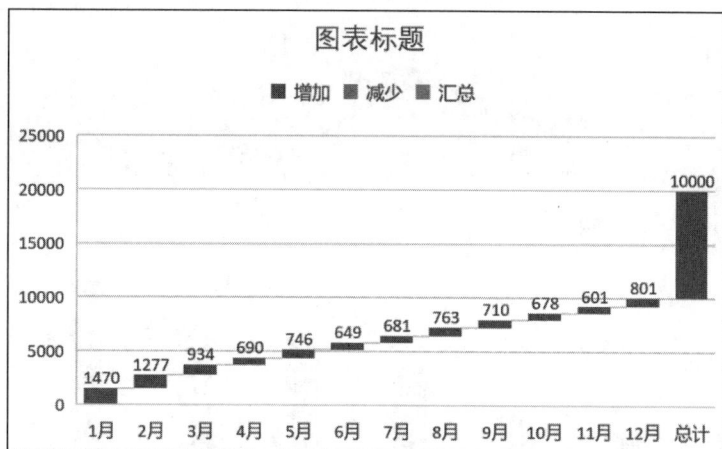

图6-48　一年的订单数据瀑布图

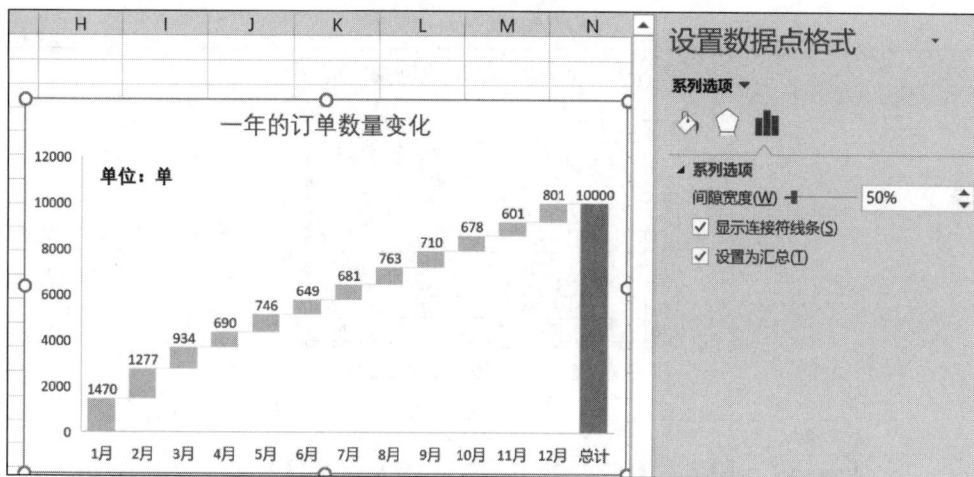

图6-49　将"总计"设置为汇总

6.2.7　折线图与柱形图的组合

组合图是两种或两种以上不同的图表类型组合在一起来表现数据的一种图表。最常见的是折线图与柱形图的组合，这样展示出来的数据更为直观。在图6-50所示的某产品2021年和2022年每季度销售数额数据表中，需要根据销售数额计算增长率，公式为"（下一季度销售数额－上一季度销售数额）/上一季度销售数额"，并进行可视化展示，如图6-51所示。操作步骤如下。

6.2.7 折线图与柱形图的组合

	A	B	C
1	季度	销售数额	增长率
2	2021年第一季度	1300	
3	2021年第二季度	1400	
4	2021年第三季度	2100	
5	2021年第四季度	3600	
6	2022年第一季度	4500	
7	2022年第二季度	5000	
8	2022年第三季度	6500	
9	2022年第四季度	7500	

图6-50　某产品2021年和2022年每季度销售数额

① 将表中的原始数据进行整理、计算，得到图6-52所示的数据结果。

② 选中A1:C9单元格区域，选择"插入"→"图表"→"插入组合图"→"创建自定义组合图"选项，设置"增长率"数据系列的图表类型为"带数据标记的折线图"，并勾选"次坐标轴"复选框，如图6-53所示，单击"确定"按钮。效果如图6-54所示。

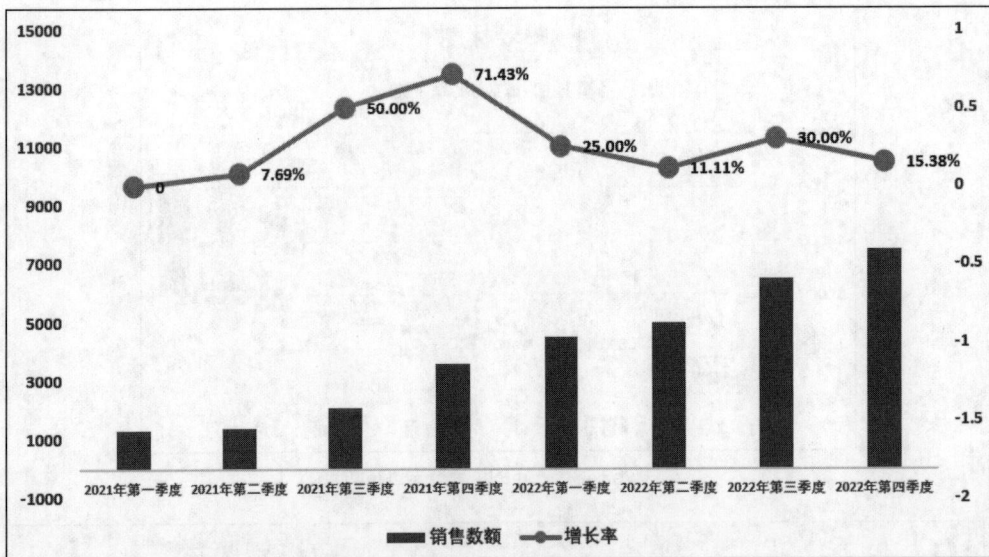

图 6-51　销售数额与增长率可视化展示

	A	B	C
1	季度	销售数额	增长率
2	2021年第一季度	1300	
3	2021年第二季度	1400	7.69%
4	2021年第三季度	2100	50.00%
5	2021年第四季度	3600	71.43%
6	2022年第一季度	4500	25.00%
7	2022年第二季度	5000	11.11%
8	2022年第三季度	6500	30.00%
9	2022年第四季度	7500	15.38%

图 6-52　产品销售数额与增长率

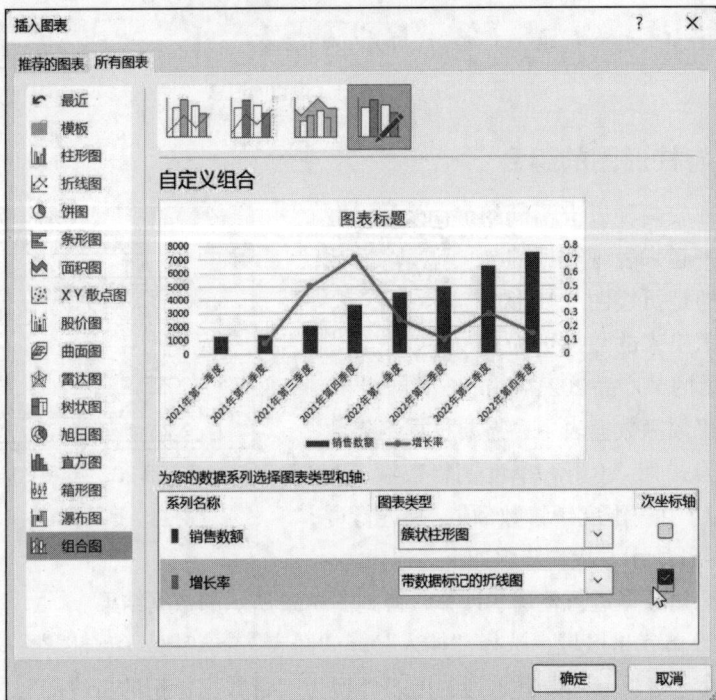

图 6-53　设置组合图参数

数据分析基础与案例实战（基于Excel软件）（第2版）（微课版）

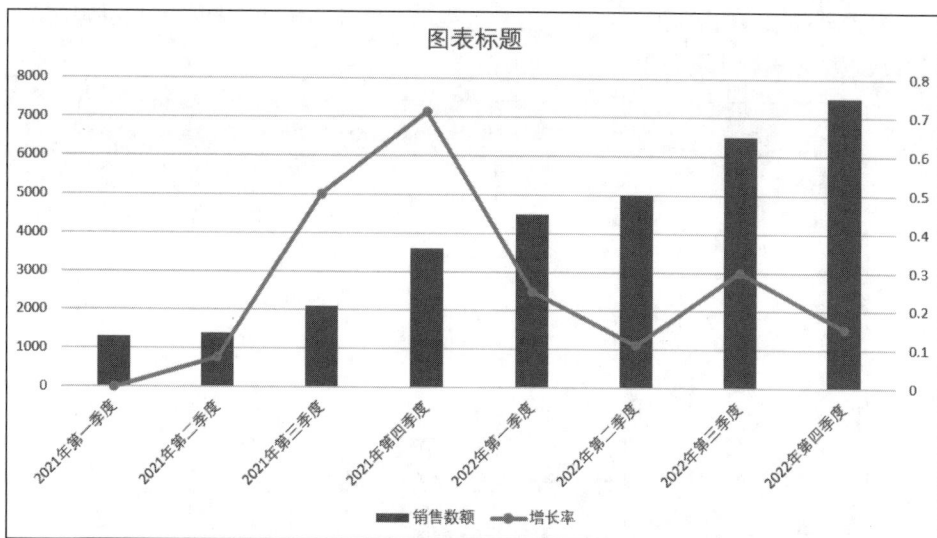

图 6-54　柱形图与折线图的组合图

③ 将柱形图与折线图分开显示。单击左侧的主坐标轴，设置主坐标轴的"最小值"为-1000，"最大值"为15000，同理，设置次坐标轴的"最小值"为-2，"最大值"为1，得到图6-55所示的效果。

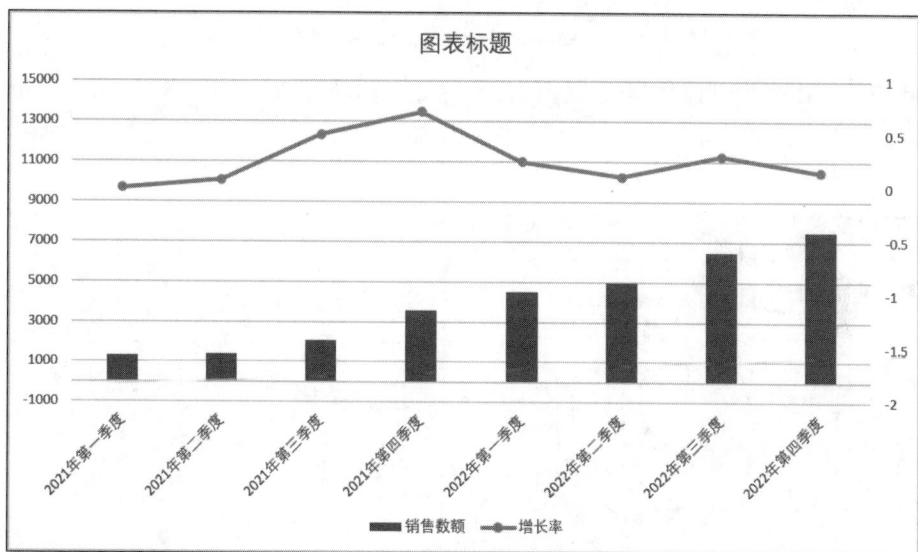

图 6-55　柱形图与折线图分开显示

④ 删除图表标题、网格线，调整 *x* 轴坐标轴标签字体大小，为折线图添加数据标签，设置折线图的数据标记大小，得到图6-51所示的效果。

6.2.8　数据透视图

数据透视图可以对数据透视表中的汇总数据添加可视化效果，以便用户轻松查看、比较。图6-56所示为2020年、2021年、2022年这3年安徽、江苏、上海、浙江4省（市、自治区）各作物产量数据表，现需要根据该表数据可视化展示某省某年各作物总产量。操作步骤如下。

6.2.8 数据
透视图

① 选中数据区域，单击"插入"→"数据透视图"按钮，弹出"创建数据透视图"对话框，设置"选择放置数据透视图的位置"为"新工作表"。

年份	省(自治区、直辖市)	作物类型	单位亩产(公斤)	种植面积(万亩)	总产量(万吨)	亩产的增长速度(%)	面积的增长速度(%)	产量的增长速度(%)	面积占粮食比重(%)	产量占粮食比重(%)
2022	安徽	大豆	80.7	1407	113.6	-6.74%	-2.60%	-9.12%	14.48%	3.92%
2022	安徽	稻谷	410.1	3307.8	1356.4	1.92%	1.83%	3.78%	34.04%	46.75%
2022	安徽	豌豆	79.6	1526	121.5	-4.69%	-3.60%	-8.09%	15.30%	16.09%
2022	安徽	高粱	200	1.5	0.3	-4.00%	-37.50%	-40.00%	0.02%	0.01%
2022	安徽	谷子	0	0.2	0	0.00%	0.00%	0.00%	0.00%	0.00%
2022	安徽	花生	238.4	259	61.8	-8.04%	-20.94%	-27.23%	2.67%	2.13%
2022	安徽	荞麦	298.6	9716.7	2901.4	1.67%	-0.24%	1.42%	0.00%	0.00%
2022	安徽	小麦	317.9	3495.4	1111.3	4.40%	10.09%	14.95%	35.97%	38.30%
2022	安徽	油菜籽	139.7	929.7	129.9	5.62%	-25.83%	-21.65%	9.57%	4.48%
2022	安徽	向日葵	153.6	1296.4	199.2	1.74%	-25.20%	-23.87%	13.34%	6.87%
2022	安徽	玉米	234.6	1065.6	250	-18.08%	2.44%	-16.08%	10.97%	8.62%
2022	安徽	芝麻	68.4	107.4	7.3	-3.93%	-28.47%	-31.71%	1.11%	0.25%
2021	安徽	大豆	86.53513	1444.5	125	34.04%	5.02%	40.77%	14.83%	4.37%
2021	安徽	稻谷	402.3705	3248.25	1307	3.70%	0.76%	4.49%	33.35%	45.69%
2021	安徽	小麦	304.4991	3175.05	966.8	19.16%	0.40%	19.64%	32.60%	33.80%
2021	安徽	荞麦	293.6988	9740.25	2860.7	8.41%	1.29%	9.80%	0.00%	0.00%
2020	安徽	大豆	64.55834	1375.5	88.8	-23.62%	3.25%	-21.14%	14.30%	3.41%
2020	安徽	稻谷	388.0074	3223.65	1250.8	-4.07%	0.91%	-3.20%	33.52%	48.01%
2020	安徽	荞麦	270.924	9616.35	2605.3	-6.48%	1.56%	-5.02%	0.00%	0.00%
2020	安徽	小麦	255.5297	3162.45	808.1	-0.07%	2.35%	2.28%	32.89%	31.02%
2020	安徽	玉米	263.5034	1005.3	264.9	-18.40%	1.19%	-17.43%	10.45%	10.17%
2022	江苏	大豆	168.8	334	56.4	1.04%	3.90%	5.03%	4.27%	1.80%
2022	江苏	稻谷	526.9	3342.2	1761.1	-1.49%	-0.28%	-1.76%	42.72%	56.23%
2022	江苏	豌豆	169.3	482	81.6	-1.65%	-4.96%	-6.53%	6.16%	2.61%
2022	江苏	高粱	0	0.2	0	0.00%	0.00%	0.00%	0.00%	0.00%
2022	江苏	花生	235.7	143.6	33.8	1.43%	-50.06%	-49.41%	1.84%	1.08%
2022	江苏	荞麦	400.4	7823.4	3132.2	-1.56%	4.62%	2.99%	0.00%	0.00%
2022	江苏	小麦	318.4	3058.6	973.8	1.32%	17.53%	19.08%	39.10%	31.09%
2022	江苏	油菜籽	168	651.6	109.5	2.65%	-28.62%	-26.71%	8.33%	3.50%
2022	江苏	向日葵	178.8	811.2	145.1	-0.15%	-33.42%	-33.50%	10.37%	4.63%
2022	江苏	玉米	336.2	586.8	197.3	-3.15%	3.30%	0.05%	7.50%	6.30%
2022	江苏	芝麻	110.5	15.9	1.8	4.02%	-7.02%	-0.91%	0.20%	0.06%
2021	江苏	大豆	167.0555	321.45	53.7	10.52%	-0.23%	10.27%	4.30%	1.77%
2021	江苏	稻谷	534.8789	3351.6	1792.7	3.86%	1.14%	5.04%	44.82%	58.94%

图6-56 各省各年度作物产量数据表（部分数据）

② 新工作表中出现创建数据透视图的操作界面，如图6-57所示，将"年份"字段添加到"筛选"区域，将"省（自治区、直辖市）"字段添加到"轴（类别）"区域，将"作物类型"字段添加到"图例（系列）"区域，将"总产量（万吨）"字段添加到"值"区域。

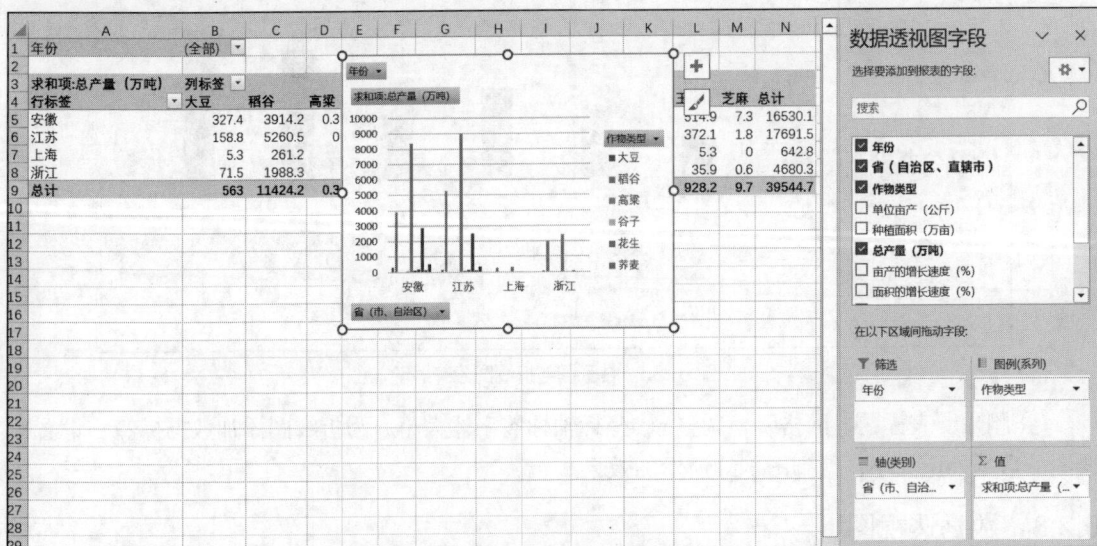

图6-57 创建数据透视图界面

③ 创建数据切片器，进行数据筛选。单击"分析"→"插入切片器"按钮，在弹出的"插入切片器"对话框中勾选"年份"和"省（自治区、直辖市）"复选框，单击"确定"按钮。

④ 调整切片器格式。选择其中一个切片器，右击，选择"大小和属性"命令，在弹出的

"格式切片器"面板中对需要调整的相关属性进行设置。例如将"省（自治区、直辖市）"的"列数"改为2，将"年份"的"列数"改为3，再调整切片器的高度和宽度，"格式切片器"面板如图6-58所示。

⑤ 任意选择年份和省份信息进行数据比较，既可单选也可多选。图6-59所示为将2021年度安徽、江苏、浙江3省部分作物总产量进行对比的效果。

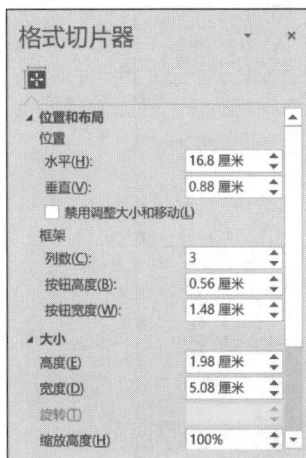

图6-58 "格式切片器"面板

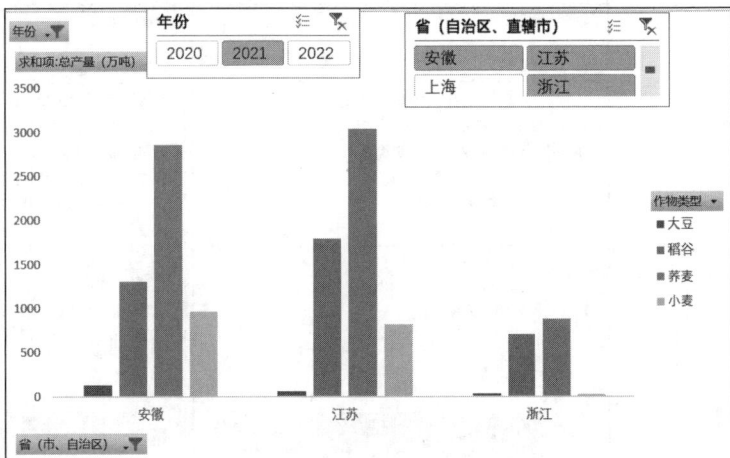

图6-59 数据对比效果

【任务实现】

任务6.1 数据表格图形化

1. 使用"条件格式"功能为全国部分地区大豆作物单位亩产最高的3个省份标注绿色，为单位亩产最低的3个省份标注红色。具体操作步骤如下。

（1）选择"单位亩产（公斤）"列数据，单击"开始"→"条件格式"按钮，在下拉列表中选择"最前/最后规则"→"其他规则"选项，打开"新建格式规则"对话框，如图6-60所示。

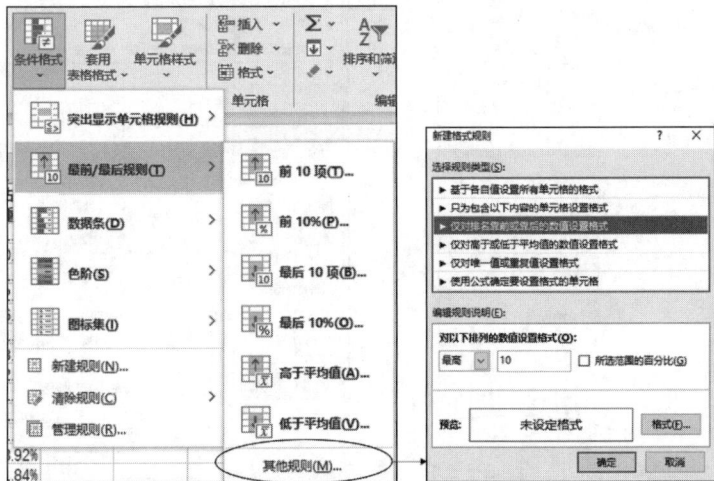

任务6.1 数据表格图形化

图6-60 打开"新建格式规则"对话框

（2）在"新建格式规则"对话框中，将"选择规则类型"设为"仅对排名靠前或靠后的数值设置格式"，"最高"设置为3，单击"格式"按钮，在弹出的"设置单元格格式"对话框中设置填充色为绿色，单击"确定"按钮即可。同理，为单位亩产最低的3个省份填充红色，如图6-61所示。

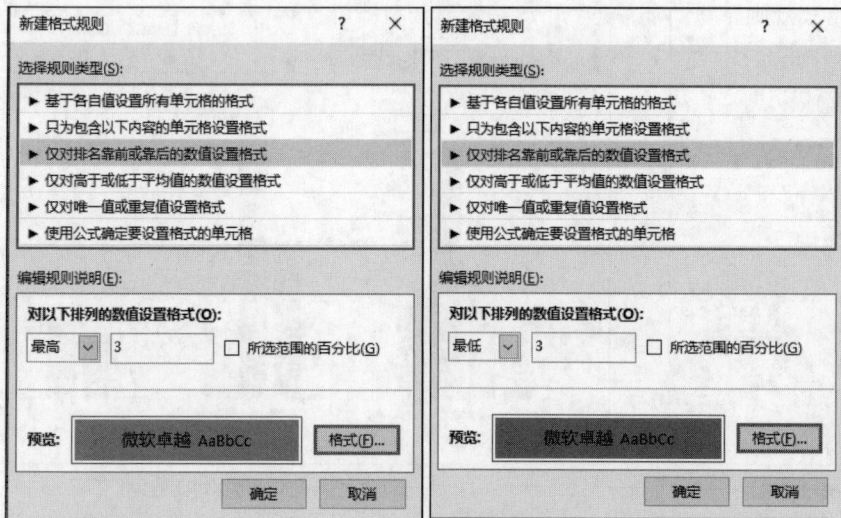

图6-61 规则设置及格式设计

2. 使用"数据条"标注"亩产的增长速度（%）""面积的增长速度（%）""产量的增长速度（%）"列的数据，负值用红色标注，正值用绿色标注。具体操作步骤如下。

（1）选取"亩产的增长速度（%）""面积的增长速度（%）""产量的增长速度（%）"3列数据，单击"开始"→"条件格式"按钮，在下拉列表中选择"数据条"→"其他规则"选项，打开"新建格式规则"对话框，如图6-62所示。

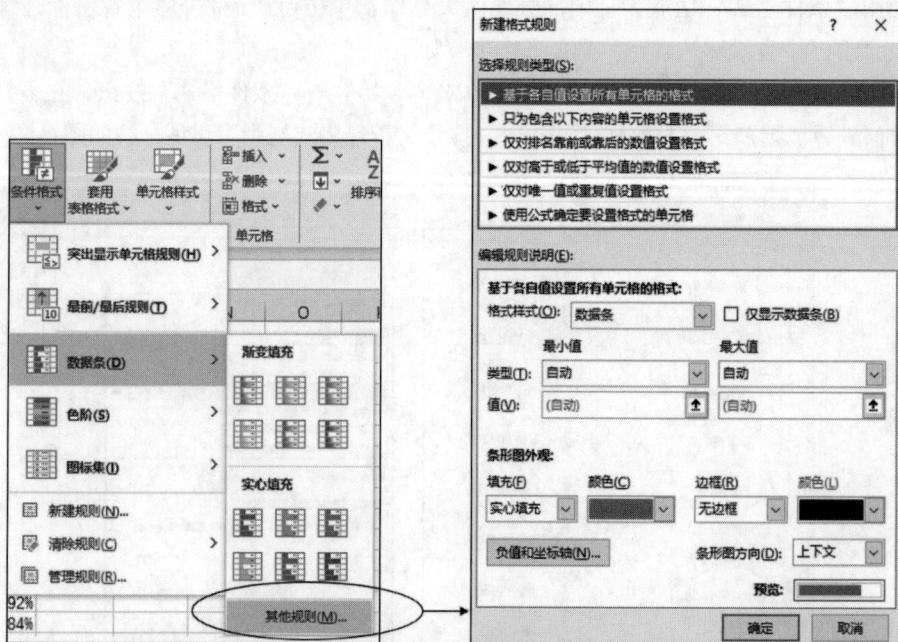

图6-62 打开数据条的"新建格式规则"对话框

（2）在"新建格式规则"对话框中，将"选择规则类型"设为"基于各自值设置所有单元格的格式"，设置"最小值"的"类型"为"最低值"，"最大值"的"类型"为"最高值"，"条形图外观"的"填充"为"实心填充"、"颜色"为绿色，单击"负值和坐标轴"按钮，在打开的"负值和坐标轴设置"对话框中，设置"填充颜色"为红色，如图6-63所示，单击"确定"按钮回到"新建格式规则"对话框，再单击"确定"按钮即可。

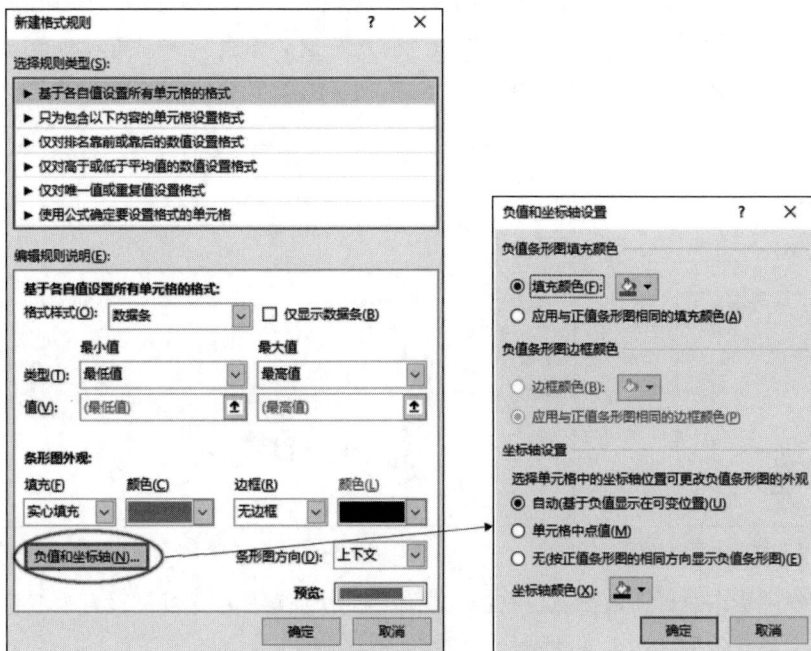

图6-63　数据条的规则设置及格式设置

3. 以"图标集"中的"五象限图"标注总产量，具体操作步骤如下。

（1）选择"总产量（万吨）"列数据，单击"开始"→"条件格式"按钮，在下拉列表中选择"图标集"→"五象限图"选项，如图6-64所示。

（2）条件格式设置完成，效果如图6-65所示。

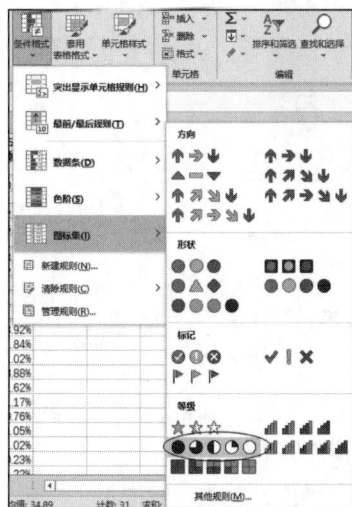

图6-64　"图标集"中的"五象限图"

年份	省（自治区、直辖市）	作物类型	单位亩产（公斤）	种植面积（万亩）	总产量（万吨）	亩产的增长速度（%）	面积的增长速度（%）	产量的增长速度（%）	面积占粮食比重（%）	产量占粮食比重（%）
2022	北京	大豆	113.6	13.2	1.5	-18.89%	-5.67%	-20.30%	4.46%	1.47%
2022	天津	大豆	76.9	13.8	1.1	-1.60%	-57.69%	-57.69%	3.15%	0.75%
2022	河北	大豆	128.7	282.8	36.4	3.02%	-20.78%	-18.39%	3.06%	1.28%
2022	山西	大豆	83.6	318.3	26.6	2.36%	-6.15%	-3.97%	7.01%	2.64%
2022	内蒙古	大豆	100.4	1135	114	8.73%	0.29%	9.09%	14.78%	6.30%
2022	辽宁	大豆	163.6	195.6	32	66.41%	-41.55%	-2.74%	4.17%	1.74%
2022	吉林	大豆	117.3	667.4	78.3	-35.01%	-0.77%	-35.50%	10.26%	3.19%
2022	黑龙江	大豆	419.8	5713.2	73.5	263.11%	10.82%	-87.67%	35.20%	2.12%
2022	上海	大豆	150.5	9.3	1.4	-26.00%	5.08%	-22.22%	3.66%	1.28%
2022	江苏	大豆	168.8	334	56.4	1.04%	3.90%	5.03%	4.27%	1.80%
2022	浙江	大豆	157.1	75.8	11.9	2.69%	-61.60%	-60.60%	4.14%	1.63%
2022	安徽	大豆	80.7	1407	113.6	-6.74%	-2.60%	-9.12%	14.48%	3.92%
2022	福建	大豆	150	78	11.7	4.80%	-39.32%	-36.41%	4.33%	1.84%
2022	江西	大豆	121.2	160	19.4	-0.41%	8.18%	7.78%	3.03%	1.02%
2022	山东	大豆	252.8	40.7	161	36.78%	-87.89%	159.26%	0.39%	3.88%
2022	河南	大豆	120.9	703.2	85	44.27%	-9.20%	30.97%	4.95%	1.62%
2022	湖北	大豆	148.1	172.2	25.5	-0.98%	-33.10%	-33.77%	2.88%	1.17%
2022	湖南	大豆	156.7	130.2	20.4	1.25%	-52.70%	-52.11%	1.92%	0.76%
2022	广东	大豆	146.8	92	13.5	-4.91%	-28.27%	-31.82%	2.47%	1.05%
2022	广西	大豆	105.5	134.6	14.2	6.97%	-56.33%	-53.29%	3.01%	1.02%
2022	海南	大豆	127	3.2	0.4	-8.21%	-59.75%	-63.64%	0.53%	0.23%
2022	重庆	大豆	121.6	109.4	13.3	50.44%	-24.42%	13.68%	3.32%	1.22%
2022	四川	大豆	146.1	314.8	46	11.53%	4.93%	17.05%	3.25%	1.52%
2022	贵州	大豆	81.9	182	14.9	-0.10%	-6.16%	-6.25%	4.30%	1.35%
2022	云南	大豆	147.1	121.6	17.9	68.51%	-21.37%	32.59%	2.03%	1.23%
2022	西藏	大豆	222.2	0.9	0.2	66.65%	-40.00%	0.00%	0.35%	0.21%
2022	陕西	大豆	91.4	270.3	24.7	3.81%	-43.74%	-41.61%	5.81%	2.31%
2022	甘肃	大豆	104.4	148.5	15.5	6.39%	11.24%	18.32%	3.68%	1.88%
2022	宁夏	大豆	51.3	11.7	0.6	-10.55%	-58.06%	-62.50%	0.91%	0.19%
2022	新疆	大豆	197.3	80.1	15.8	3.44%	-25.11%	-22.55%	3.87%	1.82%

图6-65　表格展示效果

用瀑布图展示华东各省（市）大豆总产量的情况。具体操作步骤如下。

（1）将大豆总产量数据按华东、华中、华南、华北、西南、西北、东北进行划分，其中华东地区数据如图6-66所示。

（2）选中数据区域，选择"插入"→"图表"→"插入瀑布图或股价图"→"瀑布图"选项，形成图6-67所示的初步的瀑布图。

地区	总产量（万吨）
上海	1.4
江苏	56.4
浙江	11.9
安徽	113.6
福建	11.7
江西	19.4
山东	161
华东总计	375.4

图 6-66　华东地区大豆总产量

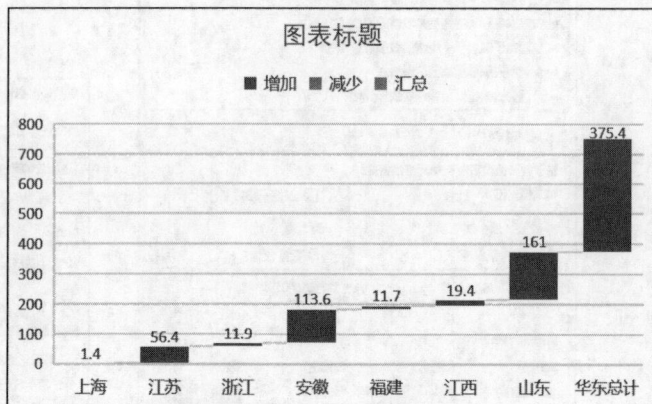

图 6-67　初步的瀑布图

（3）选中"华东总计"数据点，右击，在弹出的快捷菜单中选择"设置为汇总"命令，整理美化瀑布图，最终效果如图6-68所示。

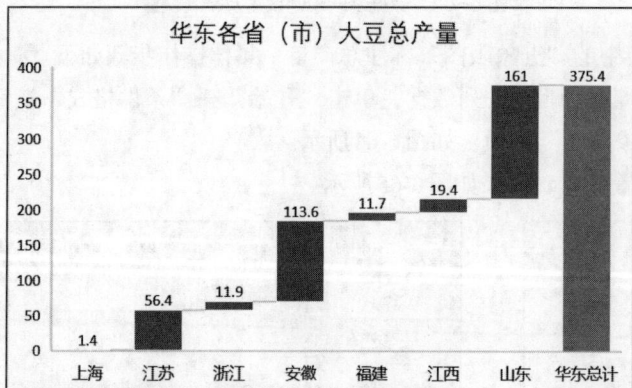

图 6-68　瀑布图最终效果

任务 6.3　子母饼图应用

用子母饼图展示华东、华南、华中、华北、西南、西北、东北及各省（自治区、直辖市）2022年大豆作物的总产量情况。具体操作步骤如下。

（1）将大豆总产量数据按华东、华南、华中、华北、西南、西北、东北进行划分，如图6-69所示。

数据分析基础与案例实战（基于Excel软件）（第2版）（微课版）

任务6.2 瀑布图应用

任务6.3 子母饼图应用

（2）将光标定位于工作表空白单元格内，选择"插入"→"图表"→"插入饼图或圆环图"→"饼图"选项，插入一个空白饼图。在图表的空白区域右击，在弹出的快捷菜单中选择"选择数据"命令，在"选择数据源"对话框中进行图6-70所示的设置。

图6-69　各区域大豆产量

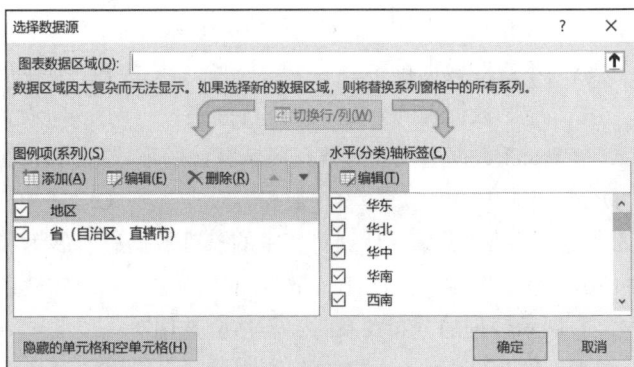

图6-70　"选择数据"对话框

（3）单击"确定"按钮，两个饼图完全重合在一起。选择"地区"饼图，右击，在弹出的快捷菜单中选择"设置数据系列格式"命令，设置"系列绘制在"为"次坐标轴"，设置"饼图分离"为50%，移动7块分离的地区饼图，同时添加数据标签，即可形成图6-71所示的子母饼图。

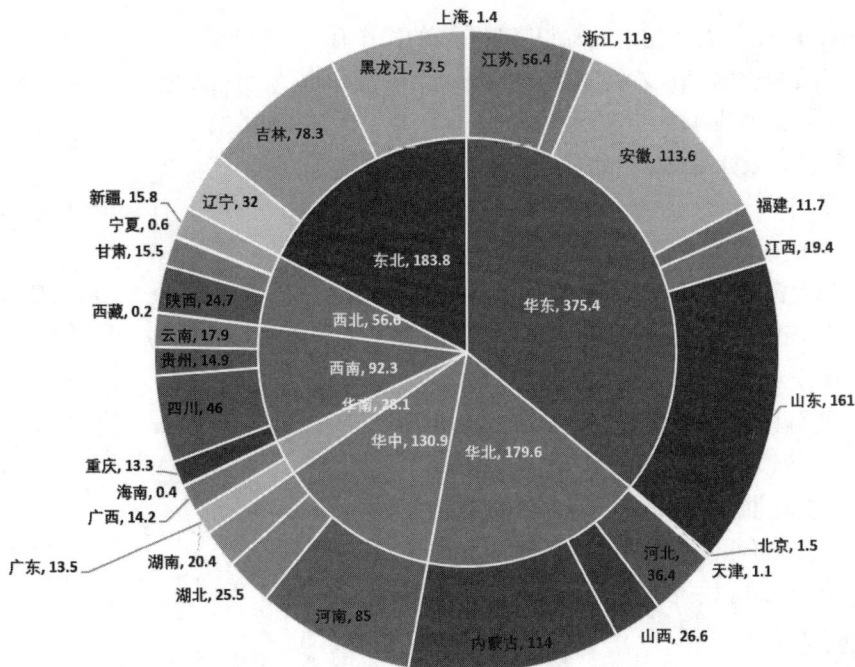

图6-71　各地区各省（自治区、直辖市）大豆作物总产量饼图最终效果

【单元小结】

本单元主要讲解了Excel中的数据可视化展现形式，包括表格和图表两种。在表格展示中，主要讲解了"条件格式"中的"图标集""数据条""色阶"等功能。在图表展示中，主要讲解了柱形图、折线图、饼图、旋风图、瀑布图、折线图与柱形图的组合以及数据透视图等。

【拓展训练】

一、单选题

1. 在Excel中对某个数据表进行分类汇总之前，（   ）。
   A. 不应对数据排序
   B. 应使用数据记录单
   C. 应对数据表的分类字段进行排序
   D. 应设置筛选条件
2. 在Excel数据透视表的数据区域默认的字段汇总方式是（   ）。
   A. 平均值   B. 乘积   C. 求和   D. 最大值
3. 现有三维数据集，计划对其中的二维数据进行展示和比较，选用（   ）较为合适。
   A. 柱形图   B. 散点图   C. 雷达图   D. 折线图
4. 在展示数据的分布关系时，不适合选用（   ）。
   A. 散点图   B. 气泡图   C. 热力图   D. 折线图
5. 现计划在图表中展现某店铺第四季度的销售额在全年销售额中的占比情况，适合选用（   ）。
   A. 热力图   B. 雷达图   C. 折线图   D. 饼图

二、多选题

1. 在Excel中，下面可用来设置和修改图表的操作有（   ）。
   A. 改变分类轴中的文字内容
   B. 改变背景墙的颜色
   C. 改变系列图标的类型及颜色
   D. 改变系列类型
2. 下列属于Excel图表类型的有（   ）。
   A. 饼图   B. 曲面图   C. 圆环图   D. XY散点图
3. 在规范的数据图表中，应包含的图表元素有（   ）。
   A. 图表标题   B. 图例   C. 单位   D. 资料来源
4. 下列属于图表中的非数据元素的有（   ）。
   A. 曲线   B. 填充色   C. 扇形   D. 坐标轴
5. 关于百分比堆积柱形图，下列表述正确的有（   ）。
   A. 百分比堆积柱形图是堆积柱形图的变体
   B. 百分比堆积柱形图的各子类按频数进行堆叠
   C. 百分比堆积柱形图每个柱形的长度均为1
   D. 百分比堆积柱形图用到的可视化元素不包括位置

三、判断题

1. 雷达图仅适用于四维数据，且每个维度必须可以排序。（   ）

数据分析基础与案例实战（基于Excel软件）（第2版）（微课版）

2．饼图适用于二维数据，主要用来反映各个数值在总量中的比例。（　　　）

3．图表中的标题属于数据元素，曲线属于非数据元素。（　　　）

4．时间型数据包含时间属性，不仅要表现数据随时间变化的规律，还需表现数据分布的时间规律。（　　　）

5．数据间的关系大多可分为3类：数据间的比较、数据的构成、数据的分布或联系。（　　　）

四、实操题

图6-72所示为某网上订购平台的酒店预约住宿房间信息，请综合运用图标集和图表，可视化展示该平台上的房间类型。

	A	B	C	D	E	F	G	H	I	J	K	L
1	id	酒店描述的标题	房主ID	房主名称	所属区域	房间类型	价格	最少住宿天数	访问人数	最近一次访问日期	每月访问次数	一年中可以出租的天数
59	10457818	Unique:3-Bed Entire Apt.in HKG	53882044	Elizabeth	South	Entire home/apt	1388	2	1	2016/4/1	0.23	15
60	13662299	Luxury beachside 3-bedroom flat + v	79037143	Martina	South	Entire home/apt	1505	1	5	2016/8/3	4.05	2
61	5100486	Your Own Yacht	26340286	Nicolas	South	Entire home/apt	1303	3	6	2015/9/7	0.34	365
62	1233830	DISCOUNT: Rare Flat near Beaches	6728909	Sertac	South	Entire home/apt	752	1	33	2016/7/31	0.9	172
63	5526639	Out of this world new Superyacht !	24178833	Eric	South	Entire home/apt	58005	1	0			363
64	12865974	Cosy and comfy flat at 'Fragrant Harb	45181402	Kitharin	South	Entire home/apt	551	2	0			307
65	10344180	Spacious Single room with View	53239697	Cathy	South	Private room	403	1	5	2016/6/19	0.75	110
66	2935762	ATTN Design Lover: Southside Studio	12626070	Rebecca	South	Private room	900	1	0			365
67	8373164	Modern Designer 2 bdrm Loft 1800 s	6252577	Valeriya	South	Entire home/apt	2714	2	1	2016/1/2	0.14	234
68	10283821	Pok Fu Lam Villa	52894786	David	South	Entire home/apt	1202	1	1	2016/7/30	1	35
69	8701833	New 2-bedroom with 180° seaview	35191498	K T	South	Entire home/apt	799	1	3	2016/5/3	0.51	8
70	1115990	Southern Apt in Ap Lei Chau	6124834	Lolita	South	Entire home/apt	900	1	3	2015/8/1	0.09	217
71	12814144	温馨的住家	69782768	钦泉	North	Entire home/apt	719	1	0			365
72	12399510	粉岭dawning views	67046934	Matt	North	Private room	295	1	0			365
73	7501081	Home stay with a private room	17350567	Chris	North	Private room	248	1	2	2016/5/25	0.19	343
74	8575136	Home sweet home	45130476	Leo	North	Entire home/apt	403	1	0			346
75	764696	Single bed room with green view	4031260	Jen Ai	North	Private room	302	2	26	2016/6/19	0.57	365
76	11742243	贴近罗湖口岸的房间，豪华双人房	49464266	Xingfan	North	Entire home/apt	959	1	0			365
77	11609354	Cozy Stay at Fanling Station nearby	17634287	妙婕	North	Entire home/apt	931	7	0			362
78	11645787	高端简约公寓　高大上的落地玻璃窗	53379566	Syndy	North	Private room	216	1	2	2016/7/20	0.61	365
79	1631158	welcome	8459725	Wallace	North	Private room	184	1	1	2013/12/6	0.03	365
80	2594894	Quiet & fresh air single room	8812805	May	North	Private room	302	1	3	2015/1/7	0.11	316
81	10196511	Cozy Room near Man Kam To and L	43208475	Evie	North	Private room	216	1	20	2016/7/15	3.17	341
82	10862237	活力青春的青年旅舍 有趣的氛围 温	56151092	立英	North	Private room	176	1	0			365
83	13935334	Cozy flat near Sheung Shui Station	51737226	Chui Yi	North	Entire home/apt	318	1	1	2016/7/22	1	362
84	13904209	Home stay at 100 meters to Fanling	19638608	Anto	North	Private room	202	1	0			22
85	3444963	Home Stay with bed at living room	17350567	Chris	North	Private room	155	1	61	2016/7/23	2.45	336
86	6941345	Very countryside see nobody but sky	1264604	Kin	North	Entire home/apt	683	1	0			86
87	487197	Deluxe Apt w/ Stunning Seaview	1979817	Angelina	North	Private room	1901	1	0			365
88	4472754	房间干净清爽，木地板，超大双人床	17324375	Tony	North	Private room	1101	1	3	2015/2/10	0.14	365
89	14063808	a Secret sky garden Next to Luohu Pr	51652685	Oscar	North	Private room	264	1	0			173
90	1832930	Single bed room with green view	4031260	Jen Ai	North	Private room	302	2	10	2016/1/6	0.39	363
91	11211185	A cosy private room in Sheung Shui	28741711	Jennifer	North	Private room	147	1	0			146
92	11603938	上水独立豪华别墅屋，明星居住	61404914	Alvin	North	Private room	1497	7	0			365
93	9781868	高级豪华舒适幸人套房	60426197	Kutkul	North	Private room	318	1	8	2016/7/11	1.13	298

图6-72　酒店预约住宿房间信息（部分）

（1）使用"三色旗"标注不同价格的房间，价格高于或等于1000元的房间标以红色小旗，低于或等于200元的房间标以绿色小旗，其余价格的房间标以黄色小旗。

（2）用柱形图展示各区域不同类型的房间数。

（3）用瀑布图展示North地区的房间总数及各种类型房间数。

（4）用子母饼图展示各地区各类型房间占比。

第7单元

新零售数据分析案例

07

【学习目标】

☞ 知识目标

➢ 掌握数据分析的工作流程。

➢ 熟练运用Excel数据处理功能进行数据处理。

➢ 熟练运用各种数据分析法进行数据分析。

➢ 熟练运用Excel数据图表功能进行数据展示。

☞ 技能目标

➢ 能够针对实际问题构建数据处理与分析框架。

➢ 能够熟练运用数据分析方法与方法论分析问题、解决问题。

➢ 能够熟练运用Excel工具进行数据处理与分析。

☞ 素养目标

➢ 培养职业素养与敬业精神。

➢ 树立科学数据分析、坚持以数据说话的理念。

➢ 培养数字经济意识和思维能力。

【思维导图】

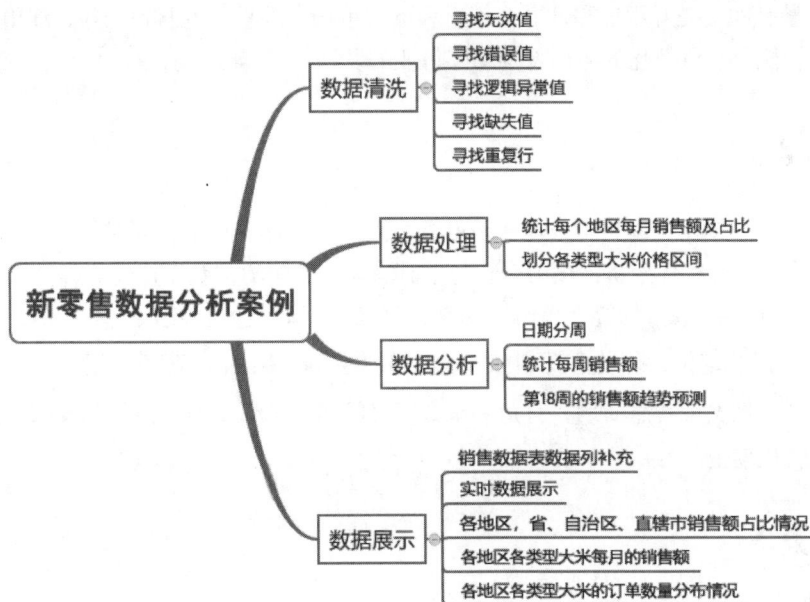

【案例引入】

近年来，随着全球消费需求、消费渠道、消费方式的转变，全球零售额迅猛增长的时代已经过去，零售额增速放缓趋势明显。数据显示，2013～2018年全球零售总额保持小幅增长，增速放缓，2019年和2020年全球零售总额出现下滑，而2021年开始持续增长，2022年全球零售总额达到27.3万亿美元。

在过去的几十年里，中国的零售业态创新成为全球商业的亮点之一，已带动零售业的转型升级、数据驱动、跨界融合、价值重塑。作为中国零售业态的重要环节，中国超市零售业态包括综合超市、社区超市、便利店商店、折扣超市、高端超市、生鲜超市。

1. 市场规模：2022年中国社会消费品零售总额达44万亿元，零售业发展态势较为乐观。

数据显示，2022年全球零售业市场规模达27.3万亿美元，中国社会消费品零售总额达44万亿元，2022年中国社会消费品零售额占GDP比重下降至36.7%，市场总体增速放缓。全球电子商务零售额持续增长，增速逐年下降，预计2025年降至9%。随着消费主力群体崛起、新消费需求出现、新技术发展，中国未来零售业发展情况较为乐观。

2. 行业现状：零售行业数字化转型成为关键，中国企业迈向国际市场。

随着互联网和电商的高速发展，零售行业涌起一波又一波的革新浪潮，对线下传统零售商的商品、渠道、服务都提出更高的要求，数字化转型成为关键。全球零售巨头业绩稳定增长，中国零售巨头与全球零售巨头差距较大。在激烈的市场竞争、传统零售模式的挑战、渠道变革等发展困境下，部分中国企业成功顺应时代潮流，打开国际市场，迈向全球。

3. 发展趋势："线上+线下+物流"深度融合，打造新零售商业模式。

在新消费趋势下，个性化需求成为关键，消费式体验成为竞争优势，物流优化与店门升级需同步进行。个性化的产品推荐和购物体验、创新门店的互动体验和增值服务、高效的配送效率和优质的服务质量有助于提升用户黏性。全球化和下沉市场布局重要性日益凸显，线上线下渠道整合成为趋势，智能化、科技化的应用将推动零售业的发展。

【引思明理】

党的二十大报告提出，坚持把发展经济的着力点放在实体经济上，同时强调，加快发展数字经济，促进数字经济和实体经济深度融合，打造具有国际竞争力的数字产业集群。

未来，零售企业应该由传统经营方式向现代经营方式转变，强化供应链思维，立足市场需求，找准企业的服务定位，优化和深耕供应链，着力提高商品经营管理的能力。在数字化转型中，零售企业要积极发展智慧商店，打造一批数字经济与实体经济融合发展的样板，拓展智能化应用，打造智慧化场景。

【任务描述】

米粒超市自成功入驻某知名电商平台以来，逐渐进入稳定运营阶段。该超市目前需要构建一套可视化系统，通过分析和展示已有数据，向企业展示关键业务指标和整体运营状况，并基于此做深入的商业洞察和业务预测。

从电商平台导出该超市的数据（不包括港、澳、台地区的数据），包括销售数据表、商品表、区域表3张源数据表，各字段汇总如表7-1、表7-2、表7-3所示。

表7-1　销售数据表各字段汇总

序号	字段名	字段类型	序号	字段名	字段类型
1	订单编号	文本	10	客户编号	文本
2	下单日期	日期	11	商品评分	数值
3	发货日期	日期	12	流量入口	文本
4	商品编号	文本	13	流量来源	文本
5	订单数量	数值	14	销售渠道	文本
6	单价（元）	数值	15	付款方式	文本
7	金额(元)	数值	16	配送方式	文本
8	销售地编号	文本	17	配送时段	文本
9	销售员编号	文本			

表7-2　商品表各字段汇总

序号	字段名	字段类型	序号	字段名	字段类型
1	商品编号	文本	3	商品类型	文本
2	品名	文本			

表7-3　区域表各字段汇总

序号	字段名	字段类型	序号	字段名	字段类型
1	销售地编号	文本	3	地区	文本
2	省自治区直辖市	文本			

如果你将负责本次的数据分析与可视化工作，根据超市的相关数据，你将如何完成数据清洗、数据处理、数据分析以及数据展示等工作呢？

【任务实现】

任务 7.1　数据清洗

数据分析前，首先需要采集数据。从各渠道采集的数据可能会存在诸多问题，例如数据缺失问题、数据不一致问题、数值异常问题等，不能满足后续数据分析和利用的需求。想要得到高质量数据，为后期数据分析服务，就必须对这些数据进行清洗。

常见数据错误类型有以下5种。

（1）无效值：有值但无效，如日期无效、数字无效等。

（2）错误值：有值但错误，如计算错误。

（3）逻辑异常值：数据逻辑异常，如发货日期早于下单日期。

（4）缺失值：单元格数据缺失值，例如订单金额值缺失。

（5）重复行：存在完全相同的两行或多行数据。

根据最近4个月的销售数据，完成以下数据清洗工作：

第一，对数据进行审查和校验，检查数据一致性；

第二，处理无效值和缺失值、删除重复信息、纠正存在的错误。

任务7.1 数据清洗

任务 7.1.1　寻找无效值

仔细分析案例数据源中的销售数据表、商品表、区域表3张表中的字段，发现商品表、区域表中的字段都是文本，销售数据表中字段类型比较丰富，有文本、日期、数值等类型。可以通过设置数据验证的范围，圈释无效数据来寻找无效值。

1. 文本数据

对于有特征的文本数据，可以通过设置文本属性特征以达到规范数据的目的。例如，订单编号、商品编号、销售地编号等编号数据，长度固定，特征范围也固定。可以设置订单编号为8位数，销售数据表中的商品编号是商品表中的商品编号，不能超出其范围等。设置销售数据表中的商品编号均来自商品表中的商品编号。操作步骤如下。

（1）选择"商品编号"列数据区域，单击"数据"→"数据工具"→"数据验证"按钮，弹出"数据验证"对话框，设置"验证条件"组中的"允许"为"序列"、"来源"为"=商品表!$A$2:$A$15"，如图 7-1 所示，单击"确定"按钮。

183

（2）单击"数据"→"数据工具"→"数据验证"的下拉按钮，在下拉列表中选择"圈释无效数据"选项，圈出"PD015"是无效数据，如图7-2所示。经前后数据比对，"PD015"应为"PD005"。

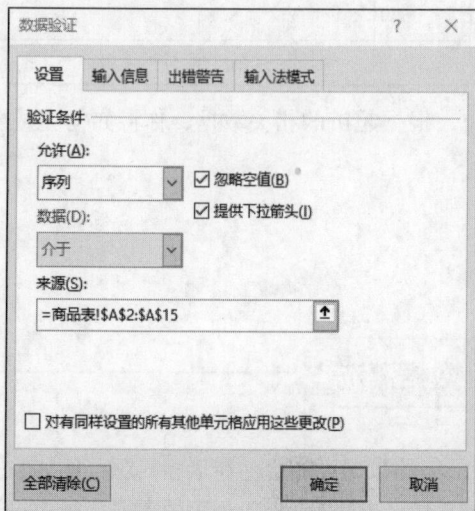

图 7-1　序列数据验证设置

图 7-2　圈释无效数据

（3）文本数据的长度、区间也可以通过数据验证设置限制，方便找出问题数据。

2. 日期数据

可以设置日期数据的范围，排除无效的日期。操作步骤如下。

（1）选择"下单日期""发货日期"两列数据，单击"数据"→"数据工具"→"数据验证"按钮，弹出"数据验证"对话框，设置"验证条件"组中的"允许"为"日期"、"数据"为"介于"、"开始日期"为"2023/01/01"、"结束日期"为"2023/05/10"，如图7-3所示，单击"确定"按钮。

（2）单击"数据"→"数据工具"→"数据验证"的下拉按钮，在下拉列表中选择"圈释无效数据"选项，圈出B6819单元格中的无效日期数据"2023-02-29"，如图7-4所示。

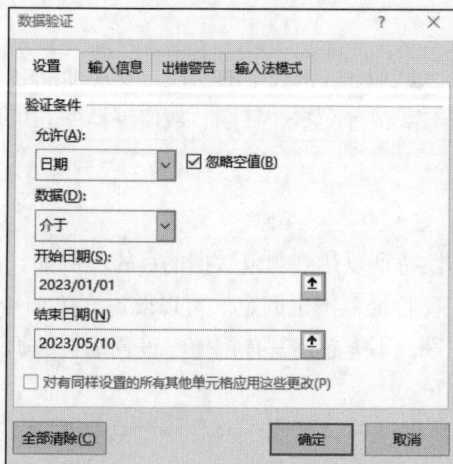

图 7-3　日期数据验证设置

图 7-4　圈释日期无效数据

数据分析基础与案例实战（基于Excel软件）（第2版）（微课版）

任务 7.1.2　寻找错误值

在 Excel 中，如果出现一些计算错误，该如何准确定位呢？可以通过错误检查来跟踪错误。操作步骤如下。

（1）单击"公式"→"公式审核"→"错误检查"按钮，弹出"错误检查"对话框，如图 7-5 所示，可以发现 G415 单元格中出错。

（2）单击"显示计算步骤"按钮，弹出"公式求值"对话框，如图 7-6、图 7-7 所示，再单击"求值"按钮，可以一步步发现问题所在，这里发现是 F415 单元格中出现非法数值导致错误。

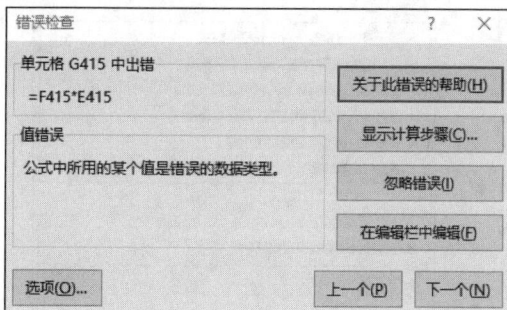

图 7-5　"错误检查"对话框

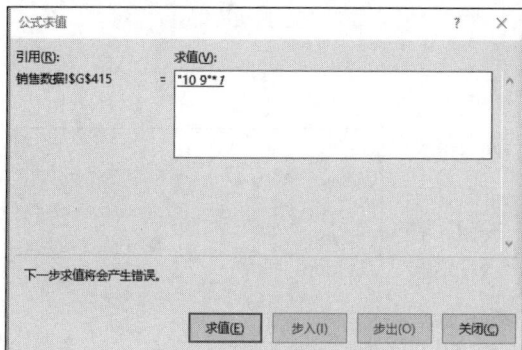

图 7-6　公式求值（一）

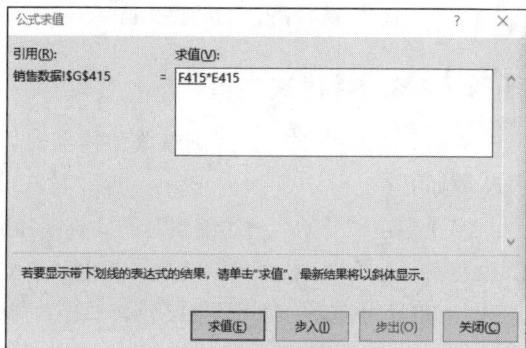

图 7-7　公式求值（二）

任务 7.1.3　寻找逻辑异常值

仔细分析销售数据表中各字段间的关系，可以发现，字段间存在一定的关联逻辑，例如，发货日期是不能早于下单时间的，否则不符合逻辑。将发货日期早于下单日期的单元格数据标注出来。具体步骤如下。

（1）选中表格数据，单击"开始"→"样式"→"条件格式"按钮，在下拉列表中选择"突出显示单元格规则"→"其他规则"选项，如图 7-8 所示。弹出"新建格式规则"对话框，将"选择规则类型"设为"使用公式确定要设置格式的单元格"，在"编辑规则说明"中的文本框中输入"=B2>C2"，单击"格式"按钮，设置单元格填充背景色为"红色"，如图 7-9 所示，单击"确定"按钮。

（2）找到不符合逻辑的单元格 B10，其中的下单日期晚于发货日期，如图 7-10 所示。

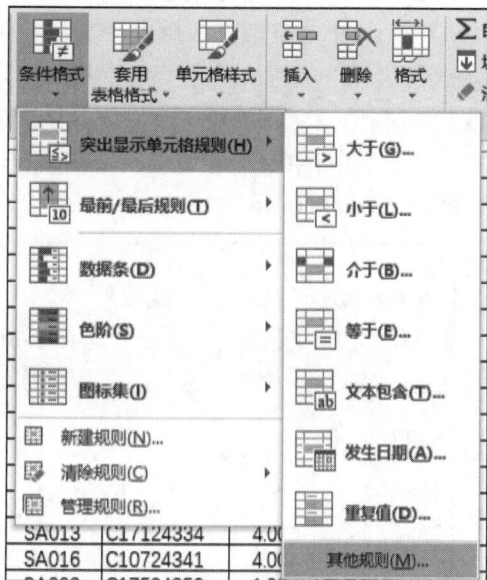

图 7-8　选择"其他规则"选项

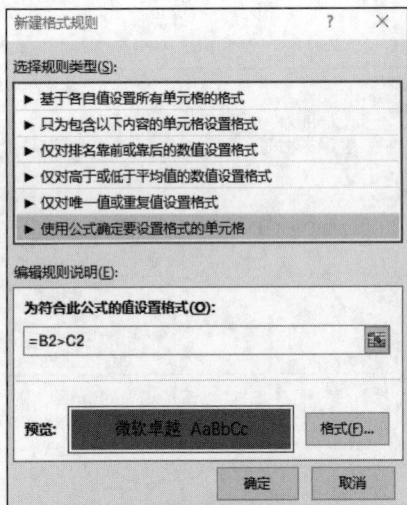

图 7-9 "新建格式规则"对话框

图 7-10 逻辑异常值

任务 7.1.4 寻找缺失值

在进行数据清洗时,遇到缺失值需及时填补,缺失值查找步骤如下。

(1)单击"开始"→"编辑"→"查找和选择"按钮,在下拉列表中选择"定位条件"选项,弹出"定位条件"对话框,选择"空值"单选项,如图 7-11 所示,单击"确定"按钮。

(2)表中的空值均显示出来了,D43 单元格缺失值。

任务 7.1.5 寻找重复行

删除重复行数据的操作步骤如下。

(1)选中表格数据,单击"数据"→"数据工具"→"删除重复项"按钮,弹出"删除重复项"对话框,勾选包含重复值的字段,如图 7-12 所示,单击"确定"按钮。

(2)表中存在 1 个重复值,系统会自动删除,并弹出提示框,如图 7-13 所示,单击"确定"按钮。

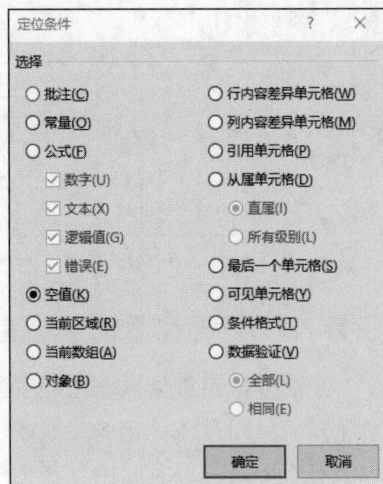

图 7-11 "定位条件"对话框

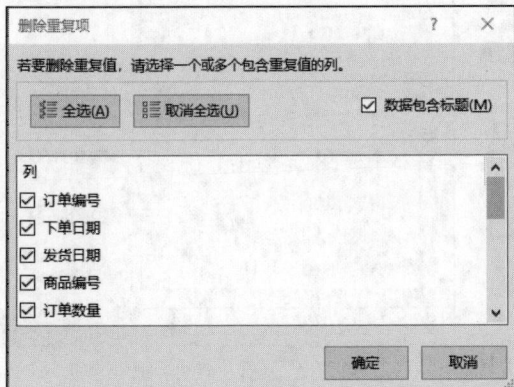

图 7-12 "删除重复项"对话框

图 7-13 提示框

任务 7.2 数据处理

为了给后期的数据分析提供更详细的数据支撑，对各类大米数据进行汇总、统计，得到不同维度的统计数据。

（1）统计出每个地区每月的销售额及占比。

（2）统计出每种大米的价格，划分大米价格区间。

任务 7.2.1 统计每个地区每月销售额及占比

仔细分析销售数据表，发现表中只有销售地编号，缺少地区数据，因此必须在销售数据表中添加"地区"列，可以对照区域表的内容进行匹配，然后再利用数据透视表统计每个地区销售额及占比。操作步骤如下。

（1）选中"销售地编号"I列，右击，弹出快捷菜单，选择"插入"，插入一个新列，输入列名"地区"。将光标定位于I2单元格，单击"公式"选项卡最左侧的"插入函数"按钮，弹出"插入函数"对话框，设置"或选择类别"为"查找与引用"，在"选择函数"列表框中选择VLOOKUP函数，单击"确定"按钮，弹出"函数参数"对话框，其参数设置如图7-14所示。

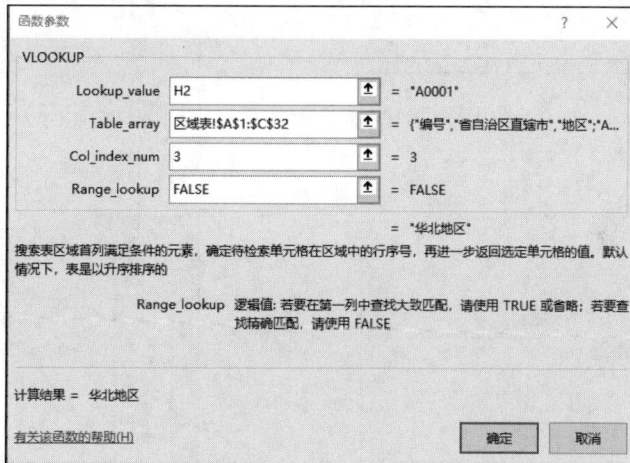

图 7-14 VLOOKUP 函数的"函数参数"对话框

（2）鼠标指针移动到I2单元格右下角，变成填充柄时双击，填充该列数据。

（3）选择销售数据表中所有数据，单击"插入"→"数据透视表"按钮，弹出"创建数据透视表"对话框，将数据透视表放置在新的工作表中，如图7-15所示，单击"确定"按钮。

（4）将"地区""下单日期"字段拖曳到"行"区域，将"金额（元）"字段拖曳到"值"区域。为得出金额占比情况，再拖曳一个"金额（元）"字段到"值"区域，如图7-16所示，右击，弹出快捷菜单，选择"值字段设置"命令，如图7-17所示。弹出"值字段设置"对话框，设置"自定义名称"为"销售额占比"、"值显示方式"为"总计的百分比"，如图7-18所示。单击"确定"按钮，形成的数据透视表如图7-19所示。

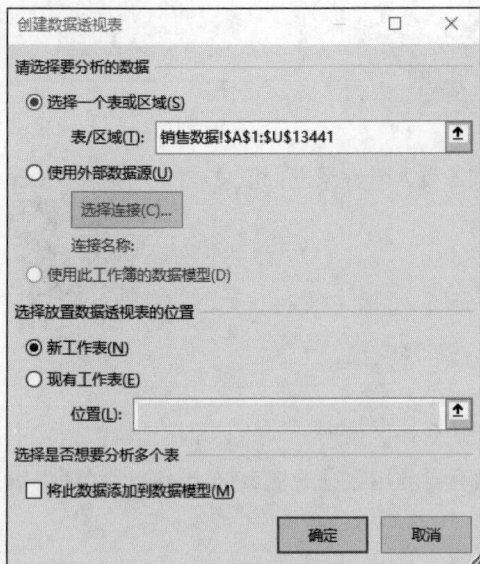

图 7-15 创建数据透视表

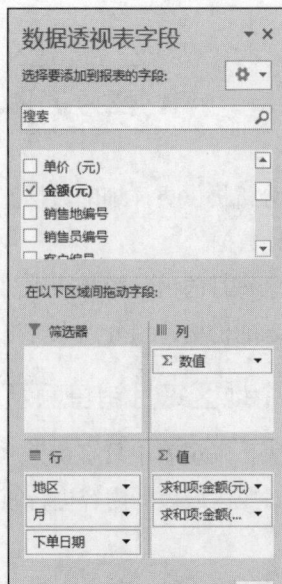

图 7-16 数据透视表字段设置

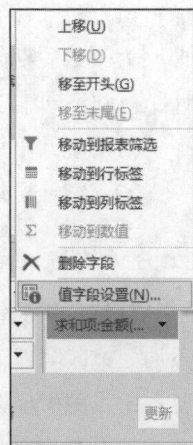

图 7-17 选择"值字段设置"命令

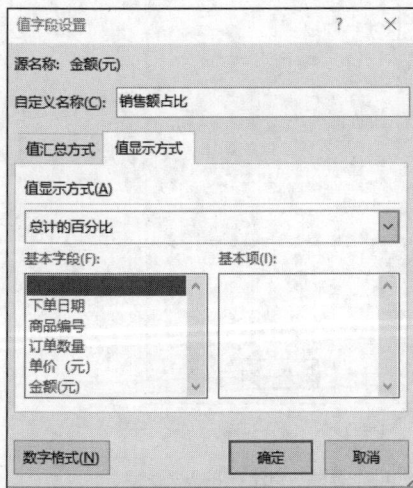

数据分析基础与案例实战（基于Excel软件）（第2版）（微课版）

图 7-18 值字段设置

行标签	求和项:金额(元)	销售额占比
⊞东北地区	50037.2	5.89%
⊞1月	9414	1.11%
⊞2月	10187.6	1.20%
⊞3月	11675.7	1.38%
⊞4月	18759.9	2.21%
⊞华北地区	203708.6	23.99%
⊞华东地区	154897	18.24%
⊞1月	38960.1	4.59%
⊞2月	41735.1	4.92%
⊞3月	39100.8	4.61%
⊞4月	35101	4.13%
⊞华南地区	79927.3	9.41%
⊞华中地区	102821.3	12.11%
⊞1月	28322.8	3.34%
⊞2月	24761.7	2.92%
⊞3月	25804	3.04%
⊞4月	23932.8	2.82%
⊞西北地区	96863.8	11.41%
⊞1月	18000.6	2.12%
⊞2月	16972.2	2.00%
⊞3月	31207	3.68%
⊞4月	30684	3.61%
⊞西南地区	160821.8	18.94%
⊞1月	49175.2	5.79%
⊞2月	47837.9	5.63%
⊞3月	31077.5	3.66%
⊞4月	32731.2	3.85%
总计	849077	100.00%

图 7-19 数据透视表效果

任务 7.2.2 划分各类型大米价格区间

分析销售数据表与商品表，可以发现，表中只有每种商品的价格，而每种商品的重量不同，商品的价格不具有可比性，因此，需计算出每种商品每500克的价格。具体步骤如下。

1. 获取每种商品的价格，添加到商品表

可以通过VLOOKUP函数，参考销售数据表，依据商品编号查找到价格。在商品表D1单元格中添输入列名为"商品价格"，在D2单元格中输入公式"=VLOOKUP(A2,销售数据表!$D$1:$F$13441,3,FALSE)"，填充该列，得到该列所有商品的价格。

2. 从商品名称中获取商品的重量

分析"品名"字段，可以发现商品重量都是以"kg"形式出现的，可以将"kg"前面的两位数截取出来。利用FIND函数确定"kg"的位置，参数设置如图7-20所示。再利用MID函数提取附近的数据，参数设置如图7-21所示。

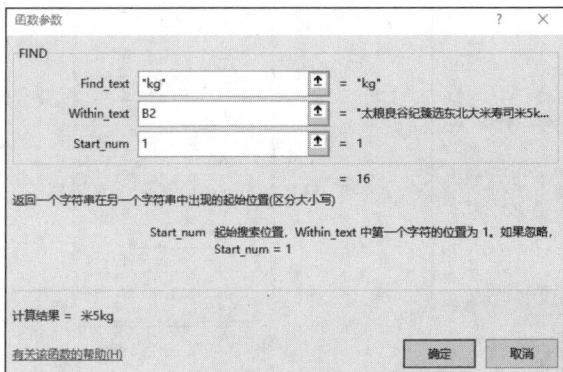

图 7-20 FIND 函数的参数设置

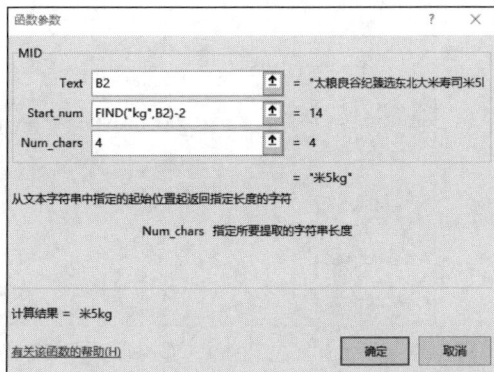

图 7-21 MID 函数的参数设置

在E2单元格中输入公式"=MID(B2,FIND("kg",B2,1)-2,4)"。填充该列，得到图7-22所示的结果。但"商品重量"这一列数据中还存在许多无关文本，为清洗文本以留下有用的数据在F2单元格中根据E2单元格内容输入5，光标移动到F3单元格，按Ctrl+E组合键，填充该列，并为F列设置列名，即在F1单元格中输入"商品重量（kg）"，接下来在G2单元格中输入公式"=D2/F2/2"，得到每500克大米的价格，如图7-23所示。

	A	B	C	D	E
1	商品编号	品名	商品类型	商品价格（元）	商品重量
2	PD001	太粮良谷纪臻选东北大米寿司米5kg优质细腻软香煮饭煮粥家	五常大米	109	米5kg
3	PD002	五米常香新米稻花香2号五常大米5kg官方旗舰店东北大米	稻花香2号	78.9	米5kg
4	PD003	金龙鱼臻选长粒香大米东北大米5kg当季新米香稻稻	长粒香大米	38.9	米5kg
5	PD004	福临门大米苏软香5kg苏北粳米软糯香醇煮粥	苏北粳米	28	香5kg
6	PD005	新米上市 福临门大米苏软香10kg苏北粳米软糯香醇煮粥大包装	苏北粳米	49.9	10kg
7	PD006	金龙鱼臻选长粒香大米东北大米5kg当季新米香稻	长粒香大米	48.9	米5kg
8	PD007	福临门大米泰玉香尚品茉莉香5kg长粒香米茉莉香米泰国米	茉莉香米	59.9	香5kg
9	PD008	江苏常州粳米稻5055大米10kg太湖软香米珍珠米包邮	珍珠米	66	10kg
10	PD009	东北大米5kg圆粒珍珠米黑龙江农家鲜粳新大米秋田小町	珍珠米	26	米5kg
11	PD010	中褚香稻褚峰东北香米黑龙江长粒香大米5kg方正大米东北米	长粒香大米	33	米5kg
12	PD011	秋田满满有机胚芽米谷物营养真空大米粥米2kg搭配婴儿幼儿	胚芽米	37	米2kg
13	PD012	金龙鱼乳玉皇妃长香思贡米稻花香东北大米真空包装5kg	五常大米	99	装5kg
14	PD013	金龙鱼软香稻香米苏北大米人气爆款绵软香醇5kg正宗粳米	苏北粳米	29.9	醇5kg
15	PD014	长粒稻花香2号新米东北大米五常大米农家大米5kg	稻花香2号	99	米5kg

图 7-22 清洗数据

E	F
商品重量	商品重量（kg）
米5kg	5
米5kg	5
米5kg	5
香5kg	5
10kg	10
米5kg	5
香5kg	5
10kg	10
米5kg	5
米5kg	5
米2kg	2
装5kg	5
醇5kg	5
米5kg	5

图 7-23 商品重量数据

3. 对大米的单价进行区间划分

（1）设计价格区间表

将大米的单价分为6个区间，设计价格区间表，如图7-24所示。

（2）利用VLOOKUP函数对价格进行划分

在H1单元格输入列名"价格区间"，将光标定位于H2单元格，单击"公式"选项卡最左侧的"插入函数"按钮，弹出"插入函数"对话框，将"或选择类别"设置为"查找与引用"，选择VLOOKUP函数，单击"确定"按钮，弹出"函数参数"对话框，其参数设置如图7-25所示。填充H列，得到相应数据，如图7-26所示。

分组依据	价格区间
0	0~3元
3	3~5元
5	5~7元
7	7~9元
9	9~10元
10	10元以上

图7-24 价格区间表

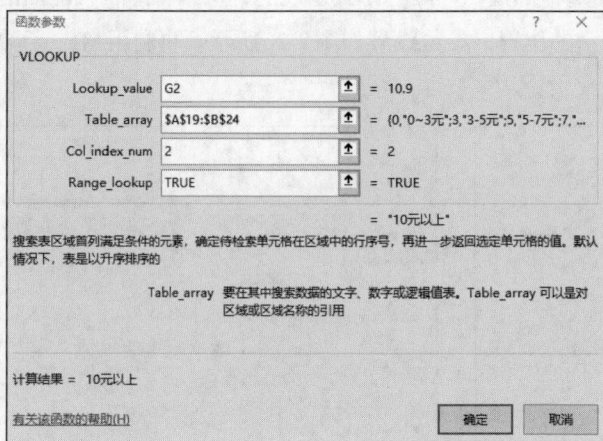

图7-25 VLOOKUP函数的参数设置

G	H
大米单价（元）	价格区间
10.9	10元以上
7.89	7-9元
3.89	3-5元
2.8	0~3元
2.495	0~3元
4.89	3-5元
5.99	5-7元
3.3	3-5元
2.6	0~3元
3.3	3-5元
9.25	9-10元
9.9	9-10元
2.99	0~3元
9.9	9-10元

图7-26 价格划分

任务 7.3 数据分析

根据现有的销售数据，进行趋势预测，预测第18周的销售数据。

（1）对日期分周，以周为单位统计数据。

（2）统计2023年每周的销售数据。

（3）利用移动平均做趋势预测。

任务7.3 数据分析

任务 7.3.1 日期分周

分析现有的销售数据，只有下单日期，因此，需统计出每个订单属于哪一周。可以通过WEEKNUM函数确定每一个订单属于哪一周。具体操作步骤如下。

（1）在"下单日期"列右侧增加一个空列，名为"周数"。

（2）插入WEEKNUM函数，参数设置如图7-27所示，其中第二个参数值为1表示一周从周日开始，为2表示一周从周一开始。填充该列数据后，如果显示的数据不是周数而是日期，需要将单元格格式调整为数值格式，小数位数设置为0，得到图7-28所示的数据。

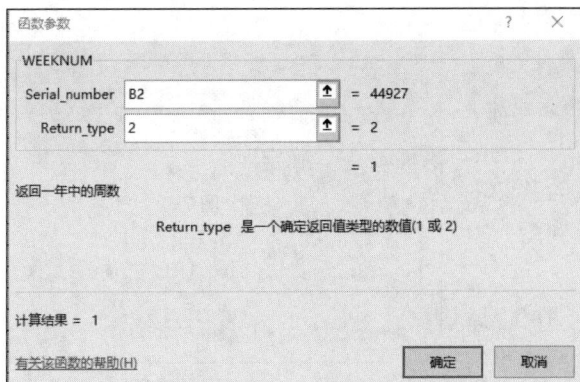

图 7-27　WEEKNUM 函数的参数设置

图 7-28　计算"周数"列

任务 7.3.2　统计每周销售额

根据现有的数据，建立数据透视表，操作步骤如下。

（1）选中销售数据表中的所有数据，单击"插入"选项卡中的"数据透视表"按钮，弹出图 7-29 所示的"创建数据透视表"对话框，单击"确定"按钮即可。

（2）打开"数据透视表字段"面板，拖曳"周数"字段至"行"区域，拖曳"金额（元）"字段至"值"区域，如图 7-30 所示，结果如图 7-31 所示。注意，本次分析中第 1 周与最后 1 周均不是一个整周，在后期进行分析时可以排除掉。

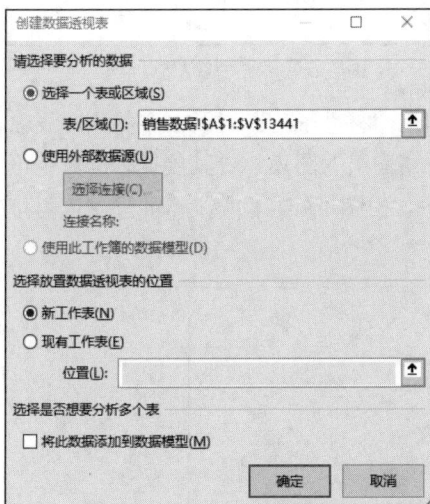

图 7-29　创建数据透视表

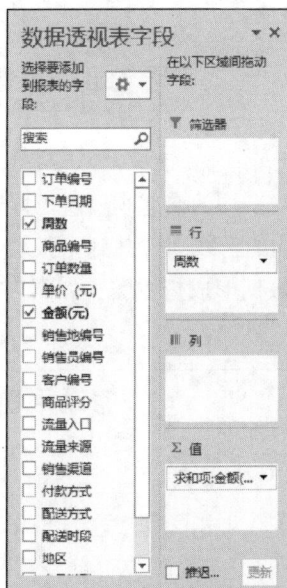

图 7-30　数据透视表字段设置

图 7-31　数据透视表结果

任务 7.3.3　第 18 周的销售额趋势预测

分析从第 2 周到第 17 周的数据，可以发现，每周销售数据相对均衡，可以采用移动平均法进行趋势分析。假设以 4 周为周期，进行移动平均。操作步骤如下。

（1）单击"数据"→"分析"→"数据分析"按钮，弹出"数据分析"对话框，选择"移动平均"选项，单击"确定"按钮，弹出"移动平均"对话框，其设置如图 7-32 所示。单击"确定"按钮，得到两列数据，如图7-33所示，C列为4周的移动平均数据，D列为移动平均的标准误差。其中C6是B3:B6移动平均，也就第是2～5周的移动平均，是第6周预测值。

（2）为了更好地进行数据对比，需要更适合移动平均的间隔。设计间隔为6，重复上述操作，得到图7-34所示的结果。

（3）观察标准误差值，相对来说，间隔为6时误差值更小，因此以6为间隔进行移动平均，预测数据更精准。F18单元格中的49987.68333是第18周的销售数据的预测值。

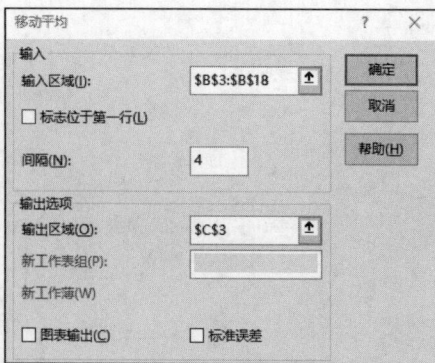

图7-32 移动平均设置

	A	B	C	D
1	行标签 ▼	求和项:金额(元)	4周移动平均	标准误差
2	1	7946.9		
3	2	47732.7	#N/A	#N/A
4	3	50219.5	#N/A	#N/A
5	4	55516.4	#N/A	#N/A
6	5	43094.3	49140.725	#N/A
7	6	50505.5	49833.925	#N/A
8	7	60618.9	52433.775	#N/A
9	8	47668.1	50471.7	5288.353
10	9	46955.5	51437	4883.423
11	10	48463.8	50926.575	5025.076
12	11	53126.8	49053.55	3556.706
13	12	53728	50568.525	3630.522
14	13	47461	50694.9	3282.416
15	14	50091.9	51101.925	3084.311
16	15	55944.5	51806.35	3105.834
17	16	50403.9	50975.325	2689.288
18	17	42296.8	49684.275	4273.34
19	18	37302.5		
20	总计	849077		

图7-33 4周移动平均

	A	B	C	D	E	F	G
1	行标签 ▼	求和项:金额(元)	4周移动平均	标准误差		6周移动平均	标准误差
2	1	7946.9					
3	2	47732.7	#N/A	#N/A		#N/A	#N/A
4	3	50219.5	#N/A	#N/A		#N/A	#N/A
5	4	55516.4	#N/A	#N/A		#N/A	#N/A
6	5	43094.3	49140.725	#N/A		#N/A	#N/A
7	6	50505.5	49833.925	#N/A		#N/A	#N/A
8	7	60618.9	52433.775	#N/A		51281.21667	#N/A
9	8	47668.1	50471.7	5288.353		51270.45	#N/A
10	9	46955.5	51437	4883.423		50726.45	#N/A
11	10	48463.8	50926.575	5025.076		49551.01667	#N/A
12	11	53126.8	49053.55	3556.706		51223.1	#N/A
13	12	53728	50568.525	3630.522		51760.18333	4528.939
14	13	47461	50694.9	3282.416		49567.2	2592.023
15	14	50091.9	51101.925	3084.311		49971.16667	2134.992
16	15	55944.5	51806.35	3105.834		51469.33333	2350.751
17	16	50403.9	50975.325	2689.288		51792.68333	2377.073
18	17	42296.8	49684.275	4273.34		49987.68333	3860.667
19	18	37302.5					
20	总计	849077					

图7-34 4周与6周移动平均结果

（4）观察间隔不同的移动平均的误差程度。可以通过勾选"移动平均"对话框中的"图表输出"复选框，将两个移动平均的折线图合并到一张表上，观察输出的图表，看其接近程度。也可以通过B列、C列、F列3列数据形成折线图，如图7-35所示，由图可知，间隔为6的预测值更接近实际值。

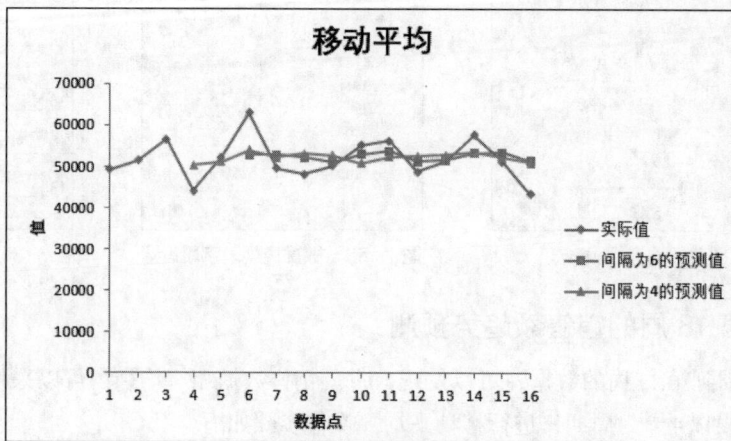

图7-35 移动平均图表

数据分析基础与案例实战（基于Excel软件）（第2版）（微课版）

任务 7.4　数据展示

　　该超市正在设计可视化大屏，用来监控企业整体运营情况，请根据销售数据设计可视化大屏。具体包括以下内容。

　　（1）实时数据：包括今日实时销售额、本月销售额、今年销售额、年度销售目标。假设今日为2023年4月29日，本月为2023年4月，年度销售目标为280万元。

　　（2）全国各地区，省、自治区、直辖市销售额占比情况。

　　（3）各地区各类型大米每月的销售额。

　　（4）大米价格区间的订单数量分布情况。

　　（5）各地区各类型大米的订单数量分布情况。

　　（6）不同地区不同流量入口的销售额情况。

　　可视化大屏设计如图7-36所示。

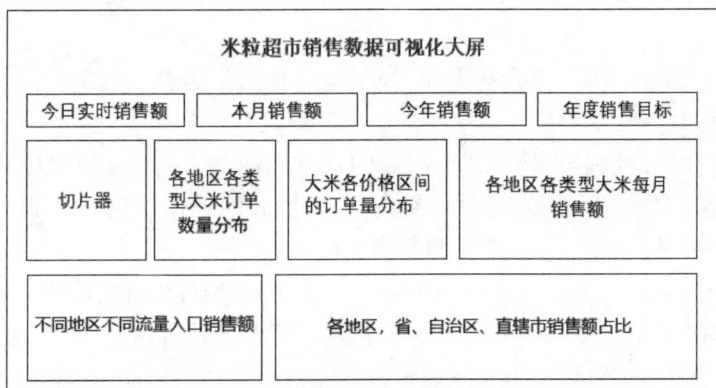

图 7-36　可视化大屏设计

任务 7.4.1　销售数据表数据列补充

　　为了便于数据大屏的可视化操作，需在销售数据表中补充一些数据列。在后面的操作中用到了"地区""商品类型""省自治区直辖市""价格区间""大米单价"等数据列，这些字段值在前面数据处理部分都已计算完成，此处只需要用VLOOKUP函数查找匹配一下即可。以添加"商品类型"列为例，其操作步骤如下。

任务7.4.1 销售数据表数据列补充

　　（1）在表格的S1单元格输入列名"商品类型"，将光标定位到S2单元格，通过VLOOKUP函数，依据"商品编号"查找匹配商品表，VLOOKUP函数的参数设置如图7-37所示，单击"确定"按钮。

　　（2）将鼠标指针移动到S2单元格右下角，变成填充柄，双击即可填充。

　　（3）"省自治区直辖市""地区""价格区间""大米单价"等列的数据可参照上述步骤得到。

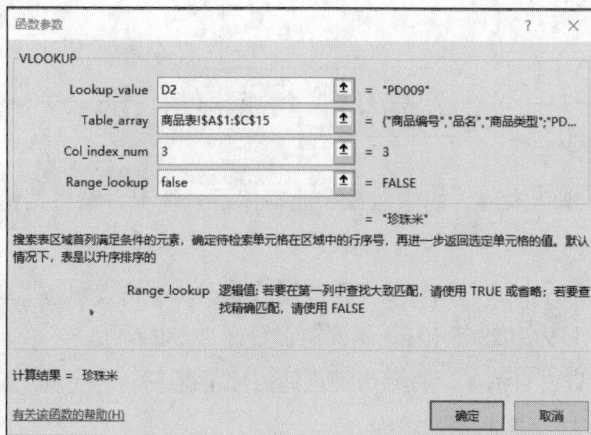

图 7-37　VLOOKUP 函数的参数设置

任务 7.4.2　实时数据展示

可视化大屏中展示的实时数据可以以文本框的形式显示，先利用函数计算出需要显示的数值，然后将计算结果所在单元格与相应的文本框绑定即可。操作步骤如下。

（1）在当前工作簿中新建"可视化大屏"工作表，之后所有的操作均在此表中完成。

（2）今日实时销售额数据是指 2023 年 4 月 29 日的销售总额。可以通过 SUMIF 函数计算其值。将光标定位到需要计算的单元格处，例如 B4 单元格，插入 SUMIF 函数，其参数设置如图 7-38 所示。单击"确定"按钮，得到今日实时销售额为 5461.4 元。

（3）本月销售额是指 2023 年 4 月销售额，可以用 SUMIFS 函数计算。本月销售额的计算公式为"=SUMIFS(销售数据!G2:G13441,销售数据!B2:B13441,">=2023/04/01",销售数据!B2:B13441,"<=2023/04/30")"。其设置如图 7-39 所示。

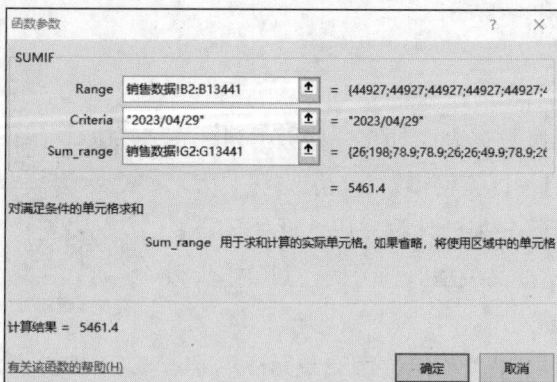

图 7-38　SUMIF 函数的参数设置

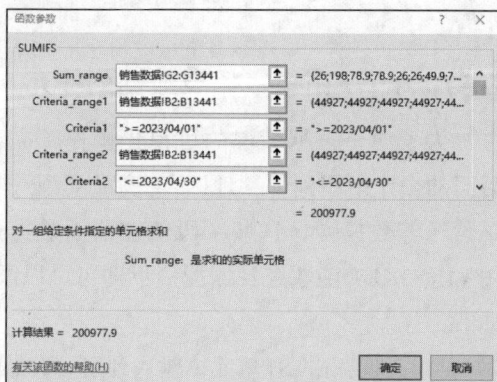

图 7-39　SUMIFS 函数的参数设置

（4）今年销售额统计即为对销售数据表中 G 列求和，其计算公式为"=SUM(G2:G13441)"，其结果为"849077"。

（5）插入 3 个文本框，进行简单设置，选中显示"今日实时销售额"数值的文本框，在编辑框中输入"=B4"，如图 7-40 所示，即可显示数据。

194

数据分析基础与案例实战（基于 Excel 软件）（第 2 版）（微课版）

任务7.4.2 实时数据展示

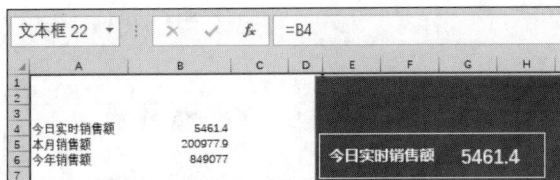

图 7-40　实时销售额设置

（6）其他几个数据也可以进行同样的操作，最终效果如图7-41所示。

图 7-41　实时数据展示效果

任务 7.4.3　各地区，省、自治区、直辖市销售额占比情况

各地区，省、自治区、直辖市销售额可以通过创建数据透视表得到。拖曳"地区""省自治区直辖市"字段至"行"区域，拖曳"金额（元）"字段至"值"区域，设置"值字段汇总方式"为"求和"，值显示方式为"总计的百分比"，修改字段名为"金额占比"，得到图 7-42 所示的数据透视表。

任务7.4.3 各地区，省、自治区、直辖市销售额占比情况

为方便制作图表，将透视表的布局进行重新设计，单击"设计"→"布局"，在"报表布局"中选择"以表格形式显示""重复所有项目标签"，在"总计"中选择"对行和列禁用"，在"分类汇总"中选择"不显示分类汇总"，形成图 7-43 所示的数据表。

为丰富可视化大屏的设计，采用树状图展示数据。数据透视表不支持进行树状图的转化，因此，将数据透视表中的数据复制到其他区域，形成图 7-44 所示的树状图。制作树状图的操作步骤如下。

（1）选中"地区""省自治区直辖市""占比"3列数据区域，选择"插入"→"图表"中的下拉框，弹出对话框，单击"树状图"，即可形成各地区，省、自治区、直辖市销售额占比的树状图。

行标签	金额占比
⊟东北地区	
黑龙江	1.89%
吉林	1.87%
辽宁	2.12%
⊟华北地区	
北京	12.01%
河北	3.04%
内蒙古	3.24%
山西	2.85%
天津	2.85%
⊟华东地区	
安徽	3.06%
福建	2.99%
江苏	3.13%
山东	3.01%
上海	3.08%
浙江	2.98%
⊟华南地区	
广东	3.09%
广西	3.44%
海南	2.89%
⊟华中地区	
河南	2.96%
湖北	3.20%
湖南	3.03%
江西	2.92%
⊟西北地区	
甘肃	2.20%
宁夏	2.18%
青海	2.51%
陕西	2.49%
新疆	2.03%
⊟西南地区	
贵州	3.38%
四川	6.62%
西藏	2.88%
云南	3.04%
重庆	3.02%
总计	100.00%

图 7-42　各地区，省、自治区、直辖市销售额数据透视表

地区	省自治区直辖	金额占比
⊟东北地区	黑龙江	1.89%
东北地区	吉林	1.87%
东北地区	辽宁	2.12%
⊟华北地区	北京	12.01%
华北地区	河北	3.04%
华北地区	内蒙古	3.24%
华北地区	山西	2.85%
华北地区	天津	2.85%
⊟华东地区	安徽	3.06%
华东地区	福建	2.99%
华东地区	江苏	3.13%
华东地区	山东	3.01%
华东地区	上海	3.08%
华东地区	浙江	2.98%
⊟华南地区	广东	3.09%
华南地区	广西	3.44%
华南地区	海南	2.89%
⊟华中地区	河南	2.96%
华中地区	湖北	3.20%
华中地区	湖南	3.03%
华中地区	江西	2.92%
⊟西北地区	甘肃	2.20%
西北地区	宁夏	2.18%
西北地区	青海	2.51%
西北地区	陕西	2.49%
西北地区	新疆	2.03%
⊟西南地区	贵州	3.38%
西南地区	四川	6.62%
西南地区	西藏	2.88%
西南地区	云南	3.04%
西南地区	重庆	3.02%

图 7-43　各地区，省、自治区、直辖市销售额数据表

（2）在"设计"选项卡"图表样式"组中，可挑选合适的图表样式进行应用，形成图7-44所示的树状图。

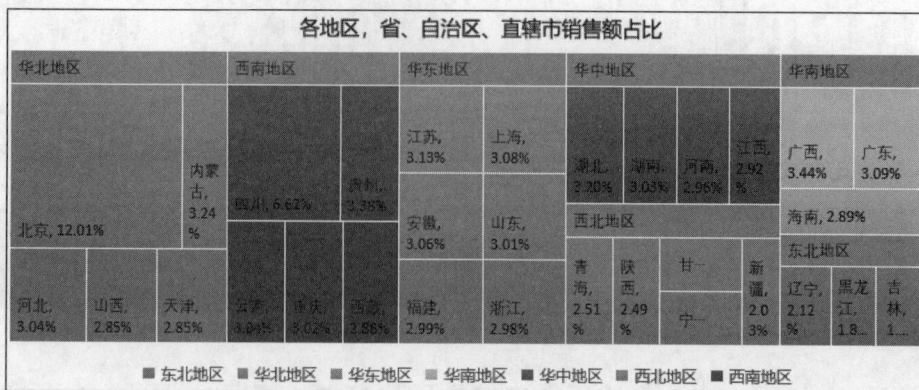

图7-44 各地区，省、自治区、直辖市销售额占比

任务7.4.4 各地区各类型大米每月的销售额

通过创建数据透视表可以得到销售额的分类数据。拖曳"下单日期"字段至"行"区域，拖曳"金额（元）"字段至"值"区域，设置"值字段汇总方式"为"求和"，得到图7-45所示的数据透视表。

（1）选中生成的数据透视表中的数据，选择"插入"→"图表"→"插入柱形图或条形图"→"簇状条形图"选项，即可形成每月销售额的条形图，设置图表标题、数据标签、坐标轴等，形成图7-46所示的图表。

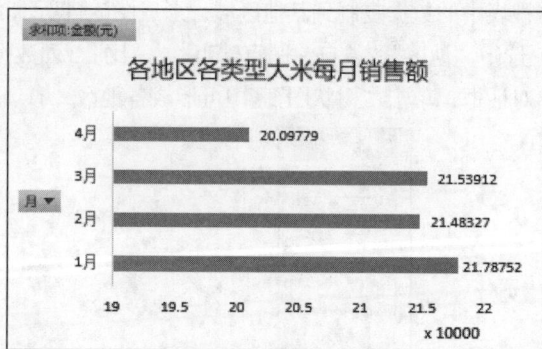

行标签	▾	求和项:金额(元)
⊞1月		217875.2
⊞2月		214832.7
⊞3月		215391.2
⊞4月		200977.9
总计		849077

图7-45 每月销售额数据透视表

图7-46 每月销售额条形图

（2）为更深入追踪数据的分布情况，可以添加各维度的切片器，以动态显示图表。例如要筛选各地区的每月销售额，可以添加地区切片器。单击"插入"→"筛选器"→"切片器"按钮，弹出"插入切片器"对话框，勾选"地区"复选框，如图7-47所示。单击"确定"按钮，即可添加图7-48所示的地区切片器。

（3）设置切片器的版式。选中地区切片器，打开"选项"选项卡，设置切片器样式，可以通过"按钮"组中的"列"设置每行显示的列数，也可以设置"高度""宽度"等。要形成图7-49所示的切片器，进行图7-50所示的设置即可。

（4）通过同样的操作，可以添加多个切片器。不同切片器之间是"并且"关系。图7-51所示的地区切片器与商品类型切片器，显示的是华东地区稻花香2号大米的每月销售额。

数据分析基础与案例实战（基于Excel软件）（第2版）（微课版）

任务7.4.4 各地区各类型大米每月的销售额

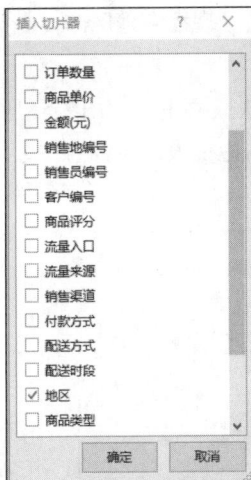

图 7-47　"插入切片器"对话框

图 7-48　地区切片器（一）

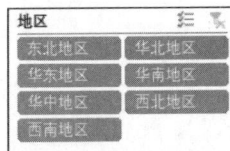

图 7-49　地区切片器（二）

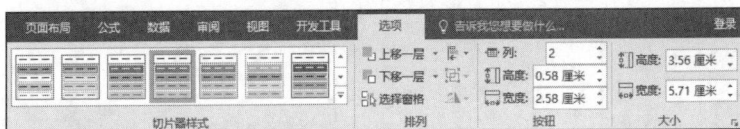

图 7-50　切片器设置

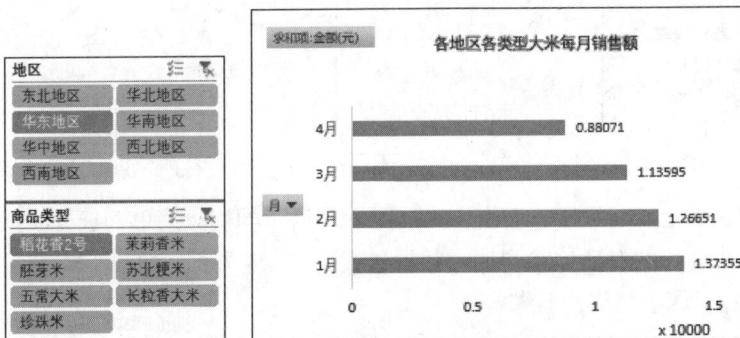

图 7-51　华东地区稻花香 2 号大米的每月销售额

任务 7.4.5　各地区各类型大米的订单数量分布情况

　　以"商品类型"为"行"区域的字段，"订单数量"为"值"区域的字段，采用"求和"方式，创建各类型大米订单数量的数据透视表，如图7-52所示。根据数据透视表创建图7-53所示的饼图。

行标签	求和项:订单数量
稻花香2号	2943
茉莉香米	286
胚芽米	216
苏北粳米	5445
五常大米	1061
长粒香大米	4079
珍珠米	3877
总计	17907

图 7-52　各类型大米订单数量

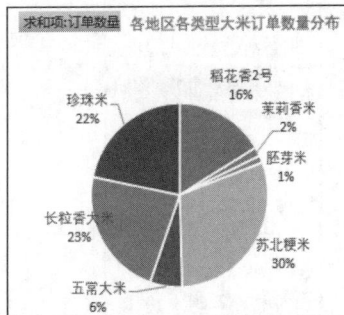

图 7-53　各地区各类型大米订单数量分布

为进一步了解多维度的数据，可以为当前的数据透视表添加切片器。现已有地区与商品类型两个切片器，可以同时绑定到其他数据透视表上使用，绑定操作如下。

（1）明确当前数据透视表的名称。选中数据透视表，右击，弹出快捷菜单，如图7-54所示；选择"数据透视表选项"命令，弹出对话框，如图7-55所示，可见数据透视表的名称为"数据透视表1"。

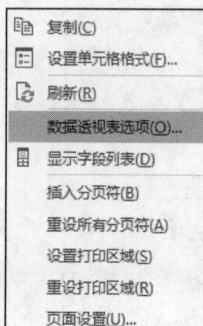

图7-54　快捷菜单（一）

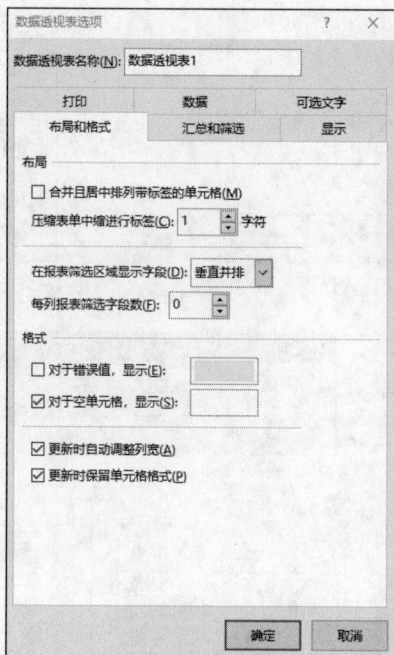

图7-55　"数据透视表选项"对话框

（2）选中需要绑定的切片器，右击，弹出图7-56所示的快捷菜单；选择"报表连接"命令，弹出"数据透视表连接"对话框，勾选"数据透视表1"复选框，如图7-57所示，单击"确定"按钮，即可将数据透视表与切片器绑定。

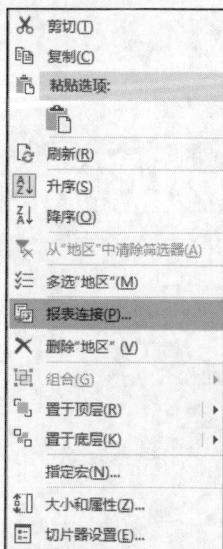

图7-56　快捷菜单（二）

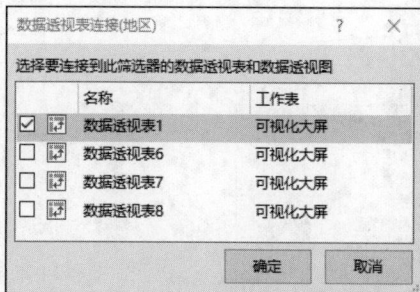

图7-57　"数据透视表连接"对话框

各地区大米的价格区间分布情况、各地区不同流量入口的销售额情况的统计图表制作方法与任务 7.4.4、任务 7.4.5 类似，价格区间分布、不同流量入口的销售额图表都可以与切片器进行绑定，从而动态显示数据，这里不再赘述操作步骤。

为了美化可视化大屏，调整各个图表的位置与大小，为可视化大屏添加底纹图片，形成图7-58 所示的可视化大屏。

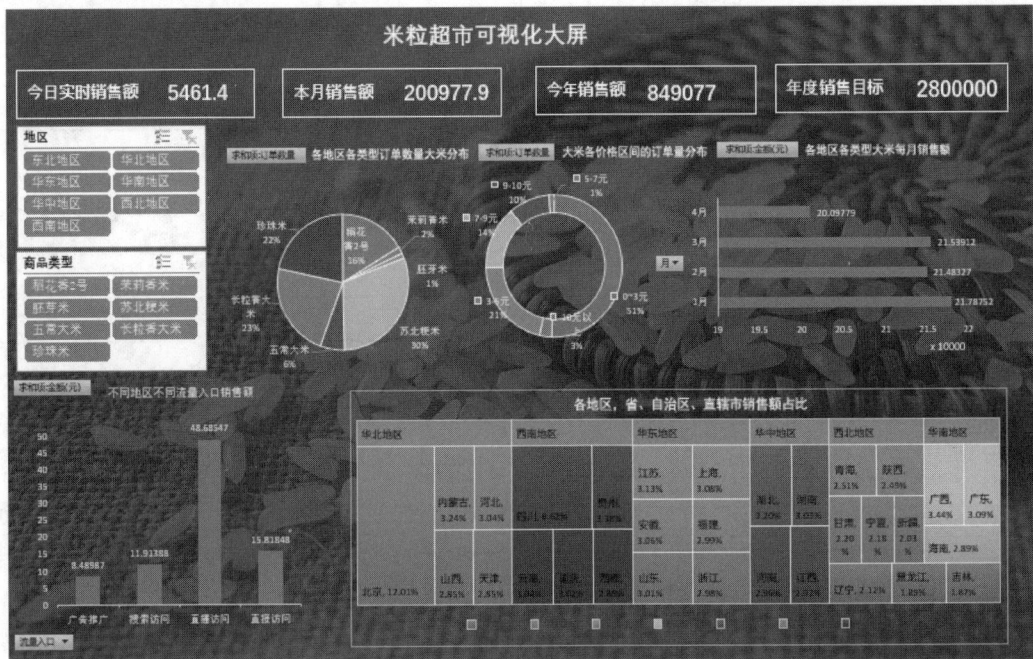

图 7-58　米粒超市销售数据可视化大屏

【单元小结】

本单元以新零售超市的销售数据分析为例，按照数据清洗、处理、分析的流程，制作了可视化大屏。

（1）运用了去空值、设置数据区间等操作进行数据清洗。

（2）运用了函数、筛选、数据透视表等功能进行数据处理。

（3）运用了 Excel 分析工具库中的移动平均工具等进行数据分析。

（4）运用了条形图、柱形图、饼图、树状图等进行数据展示。

【拓展训练】

某生活用品连锁超市在某市各区有多家加盟店铺，现从该连锁超市数据后台导出了 2023 年 9 月的销售数据，请通过对这一个月销售数据的处理与分析，展示该连锁超市关键业务指标和整体运营状况，并基于此做深入的商业洞察和业务预测。

从数据平台导出销售数据，包括订单详情数据表、库存数据表、周销售额表 3 张数据表，各字段汇总如表 7-4、表 7-5、表 7-6 所示。

表7-4 订单详情数据表各字段汇总

序号	字段名	字段类型	序号	字段名	字段类型
1	店铺ID	文本	7	商品名称	文本
2	区域	文本	8	商品类别	文本
3	店铺名称	文本	9	成本单价	数值
4	订单编号	文本	10	销售单价	数值
5	订单时间	日期时间	11	销售数量	数值
6	订单日期	日期	12	销售额	数值

表7-5 库存数据表各字段汇总

序号	字段名	字段类型	序号	字段名	字段类型
1	日期	日期	3	商品类型	文本
2	商品名称	文本	4	库存数量	数值

表7-6 周销售额表各字段汇总

序号	字段名	字段类型	序号	字段名	字段类型
1	周次	数值	3	销售额	数值
2	时间段	文本			

请根据上述数据，完成连锁超市的营运数据分析与可视化工作。具体任务如下。

（1）统计出每日的销售额，并计算出销售额日环比，日环比的计算公式为：（当日销售额－前一日销售额）/前一日销售额。

（2）统计出每日的毛利率，毛利率的计算公式为：（销售额－成本）/销售额。

（3）统计出各类商品总销售量，并统计出每个自然周的销售量。

（4）已知本月白云区的销售额目标为20000元，其他区是15000元，计算出本月每个区的销售目标达成率。绘制出各区销售额、销售目标、销售目标达成率的组合图。

（5）统计出各区域各类别商品销售量，并绘制树状图。

（6）以2023年9月24日闭店数据为准，统计出当前各类别的库存数量和销售量，计算出库销比，库销比的计算公式为：库存数量/销售量。绘制出库存数量、销售量、库销比的组合图。

（7）根据近期的周销售额数据，做模型趋势预测，利用多项式模拟趋势线，并推测出第9、10周的销售数据。

（8）综合上述各项营运数据进行分析，设计该连锁超市的可视化大屏，及时展示整体运营情况。